대학수학

개정판

대학수학

강승필 지음

한국학술정보㈜

머리말

이 책은 수학을 전공하거나 수학을 필요로 하는 대학 1학년생들을 위한 한 학기 강의용 교재입니다.

제1장에는 앞으로 다루게 될 기본적인 함수들의 정의 및 성질을 정리했고, 제2장에서는 극한의 개념을 수학적인 정의가 아닌 직관적인 정의로 다루었습니다. 극한의 개념을 직관적으로 다루었을 때 가장 큰 문제가 되는 것은 극한에 관련된 여러 가지 결과들을 이론적으로 엄밀하게 설명할 수 없다는 데 있습니다. 따라서 극한으로 정의되는 연속, 미분, 적분에 대한 것은 이론적으로 엄밀하게 다룰 수는 없지만 이 책이 이론적인 것을 다루려고 했던 것이 아니기 때문에 문제가 되지 않습니다.

제3장, 제4장에서는 이 책에서 가장 중요한 미분과 적분에 대해 다루었는데, 이론적인 것은 생략하고 주로 미분과 적분하는 방법, 그리고 계산 위주의 응용에 대해 다루었습니다. 제1장에서 제4장까지는 대부분 고등학교 과정과 중복되는 것이므로 수강생들에게 부담이 없을 것 같습니다.

제5장에서 제7장까지는 다변수함수의 미분과 적분, 그리고 벡터함수에 대해 다루었습니다. 이 부분은 수강생들이 다소 어려움을 느끼는 부분입니다. 지금까지 일변수함수에만 익숙해 있던 수강생들에게는 다변수함수 자체가 생소한데, 거기에다 미분과 적분을 다루어야 하기 때문에 더 어렵게 느끼는 것 같습니다. 그러나 수학을 필요로 하는 분야에서는 일변수함수보다 오히려 다변수함수에 대한 다양한 지식을 요구할 것이므로 다변수함수에 대한 기본적인 이해와 결과들은 반드시 필요하다고 생각하고 있습니다. 그래서 다변수함수에서 기본적으로 알아야 할 몇 가지를 간단하게 다루었습니다.

제8장은 행렬에서 기본적으로 알아야 할 행렬의 연산, 행렬식 및 역행렬, 크래머 공식, 가우스-조르당 소거법, 그리고 대각화정리 등을 복잡한 증명은

생략하고 계산을 위주로 다루었습니다.

교양수학의 교재들 대부분이 정리의 증명 등과 같은 이론적인 것에 많은 부분을 할애하고 있습니다. 물론 수학을 전공하는 학생들이라면 이론적인 내용이 반드시 필요한 것이겠지만, 수학을 전공하지 않는 수강생들에게 이론적인 것까지 설명하는 하는 것은 수강생들과 강의 담당자 모두에게 힘든 일입니다. 그래서 학생들이 증명에 얽매이지 않고 좀 더 쉽게 접근할 수 있는 교재를 만들어 보고 싶었습니다. 그러나 쉽지가 않습니다. 여러 가지 원인이 있겠지만 무엇보다 수학의 방대한 내용을 한 학기 강의분량으로 요약해야 하는 것이 가장 큰 원인인 것 같습니다.

이 책은 이론적인 증명은 생략하고 간단한 계산에 의한 증명만 수록하였습니다. 그리고 이 책에서 생략한 복잡하고 어려운 정리의 증명을 공부할 수 있는 참고문헌을 명시하였습니다.

연습문제를 풀어보는 것은 수학을 공부하는 데는 가장 효과적인 방법입니다. 연습문제는 반드시 독자 스스로 풀어보시기 바라며 뒤에 수록된 연습문제풀이는 참고하는 수준에서 활용하시기 바랍니다.

이 책은 LaTeX으로 제작되었습니다. 편집과정에서 생긴 어려운 문제들을 신속하게 해결하여 주신 KTUG(Korea Tex Users Group) 운영자님 및 익명으로 도움을 주신 여러 관계자분께 감사드립니다.

부족한 점이 많음에도 불구하고 이 책의 출간을 쾌히 승낙하여 주신 한국학술정보(주) 채종준 사장님과 여러 관계자분께 감사드립니다.

그리고 언제나 저를 위해 기도하시는 사랑하는 어머님, 아내 그리고 늘 우리 가족에게 기쁨을 주는 딸 혜진에게 감사드립니다.

2007년 1월

강 승 필

차 례

제 1 장

함수

1.1 실함수

$\mathbb{R}$을 모든 실수들의 집합이라 하자.

정의 1.1

실수의 부분집합 D 위에서 정의된 **실함수**란 집합 D의 임의의 원소 x에 대하여 단 하나의 실수 $f(x)$를 정해주는 대응관계를 뜻한다.

이 대응관계를 $y = f(x)$로 나타내고 $f(x)$를 x에서 f의 **함수값**이라 하며 D를 함수 f의 **정의역**, 함수값들의 집합 $\{f(x) : x \in D\}$를 f의 **치역**, $\mathbb{R}$을 f의 **공역**이라 한다. 그리고 좌표평면의 부분집합 $\{(x, f(x)) : x \in D\}$를 f의 **그래프**라 한다.

예제 1.1 $D = \{x \in \mathbb{R} : 0 \le x \le 1\}$에서 $y = f(x) = 2x$이면 f는 x를 $y = 2x$에 대응함을 의미한다. 즉

$$
\begin{array}{ccccccc}
x & & 0 & \cdots & \dfrac{1}{2} & \cdots & 1 \\
\downarrow & & \downarrow & \cdots & \downarrow & \cdots & \downarrow \\
f(x) & & 0 & \cdots & 1 & \cdots & 2
\end{array}
$$

따라서 f의 정의역은 D, f의 치역은 0과 2사이의 모든 실수, 즉

$$R = \{y \in \mathbb{R} : 0 \le y \le 2\}$$

임을 알 수 있다. ∎

예제 **1.2** $\mathbb{R}$이 f의 정의역이고 $y = f(x) = x + 1$일 때, $0, \dfrac{1}{2}, 1$에 대응하는 값과 f의 치역을 구하고 그래프를 그려라.

풀이 $f(x) = x + 1$이므로 x는 $x + 1$에 대응한다. 따라서

$$f(0) = 0 + 1 = 1, \quad f\left(\frac{1}{2}\right) = 1 + \frac{1}{2} = \frac{3}{2}, \quad f(1) = 1 + 1 = 2.$$

$y = x + 1$은 $(0, 1), \left(\dfrac{1}{2}, \dfrac{3}{2}\right), (1, 2)$를 지나는 직선이므로 그래프는 다음과 같다. (그림 1.1) ∎

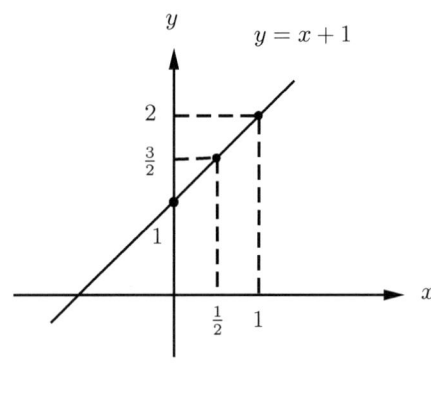

그림 1.1:

예제 **1.3** $D = \mathbb{R}$이고

$$y = f(x) = \begin{cases} 1, & x \text{가 유리수,} \\ -1, & x \text{가 무리수} \end{cases}$$

일 때, $0, \sqrt{2}, \dfrac{1}{2}, 1$에서 함수값들과 치역을 구하고 그래프를 그려라.

풀이 $y = f(x)$는 x가 유리수이면 함수값이 1, x가 무리수이면 함수값이 -1이므로 유리수 $0, \dfrac{1}{2}, 1$에서 함수값은 1이고 무리수 $\sqrt{2}$에서 함수값은 -1이다. 따라서 치역은 $\{-1, 1\}$이고 그래프는 그림 1.2와 같다. 그림 1.2에서 윗쪽 점선의 x좌표는 유리수고 아랫쪽 점선의 x좌표는 무리수다. ∎

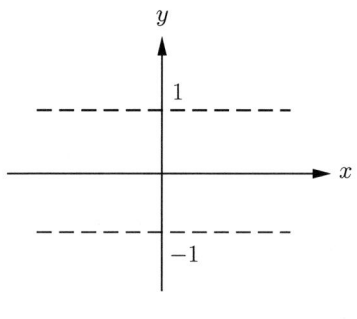

그림 1.2:

················· 연습문제 1.1 ·················

1. 함수

$$f(x) = |x| = \begin{cases} -x \ (x < 0) \\ x \ (x \geq 0) \end{cases}$$

을 **절대값함수**라고 한다. 이때 $f(1), f(-1)$의 값을 구하고 그래프를 그려라.

2. $f(x) = [x]$(단 $[x]$는 x를 넘지 않는 최대정수)를 **가우스**(Gauss)**함수**라고 한다. $f(1.2), f(2), f(-1.2)$의 값을 구하고 그래프를 그려라.

1.2 여러 가지 함수

1.2.1 다항함수, 유리함수, 무리함수

정의 1.2

n은 0 또는 자연수이고 $a_0, a_1, \ldots, a_n$이 실수일 때 함수

$$f(x) = a_0 + a_1 x + \cdots + a_n x^n$$

을 **다항함수**라 한다. 특히, $a_n \neq 0$이면 **n 차함수**, $a_1 = a_2 = \cdots = a_n = 0$이면 **상수함수**라고 한다.

예제 **1.4** $f(x) = x+1$은 일차함수, $g(x) = x^2+2x+5$는 이차함수이고, $h(x) = 3$ 은 상수함수이다. ∎

일차함수의 그래프   일차함수

$$y = ax + b \ (a \neq 0)$$

의 그래프는 다음 순서에 따라 그리면 된다.

> 1. $y = 0$일 때 x값과 $x = 0$일 때 y값을 구한다. (절편구하기)
> 2. 직교좌표상에서 x축과 y축 위에 1에서 구한 x값과 y값을 표시한다.
> 3. 2에서 표시한 두 점을 잇는 직선을 그린다. (그림 1.3)

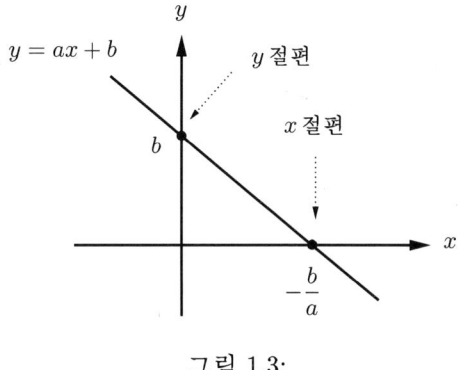

그림 1.3:

참고 $y = f(x) = 0$일 때 x값을 $y = f(x)$의 **x절편**, $x = 0$일 때 y값을 $y = f(x)$ 의 **y절편**이라 한다. 따라서 일차함수 $y = ax + b(a \neq 0)$에서 x절편은 $-\dfrac{b}{a}$, y 절편은 b이다. 그리고 a를 이 직선의 **기울기**라고 한다. ∎

이차함수의 그래프   이차함수 $y = ax^2(a \neq 0)$의 그래프 그림 1.4와 같다.

$y = ax^2$의 꼭지점은 $(0,0)$, 중심축은 y축이며 이 함수의 그래프는 중심축에 대칭인 곡선이다.

이차함수 $y = ax^2+bx+c(a \neq 0)$의 그래프는 다음 순서에 따라 그리면 된다.

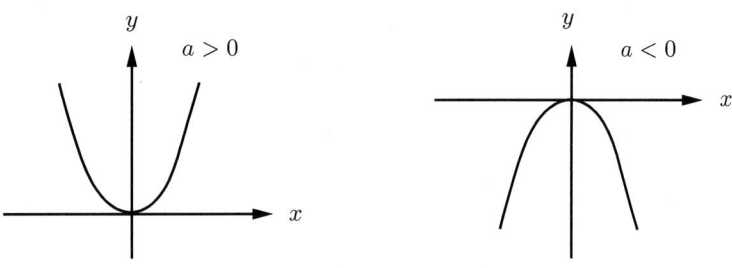

그림 1.4:

> 1. $y = a(x - \alpha)^2 + \beta$로 변형한다.
>
> 2. 포물선 $y = ax^2$의 그래프를 x축으로 α만큼, y축으로 β만큼 평행이동한다.

그런데

$$y = ax^2 + bx + c = a\left(x + \frac{b}{2a}\right)^2 - \frac{b^2 - 4ac}{4a}$$

이므로 $y = ax^2 + bx + c$의 그래프는 $y = ax^2$의 그래프를 x축으로 $\alpha = -\dfrac{b}{2a}$ 만큼, y축으로 $\beta = -\dfrac{b^2 - 4ac}{4a}$만큼 평행이동하면 얻을 수 있다. 따라서 포물선 $y = ax^2 + bx + c$의 꼭지점은

$$\left(-\frac{b}{2a}, -\frac{b^2 - 4ac}{4a}\right)$$

이고 중심축은 $x = -\dfrac{b}{2a}$ 이다.

간단함 삼차함수의 그래프   간단한 삼차함수

$$y = ax^3 (a \neq 0), \quad y = a(x - \alpha)^3 + \beta$$

의 그래프에 대해 알아보자.

$y = ax^3$의 그래프는 원점에 대칭이고, $a > 0$이면 증가함수, $a < 0$이면 감소함수이다. (그림 1.5) 그리고 $y = a(x - \alpha)^3 + \beta$의 그래프는 $y = ax^3$의 그래프를 x축으로 α만큼, y축으로 β만큼 평행이동하면 얻을 수 있다.

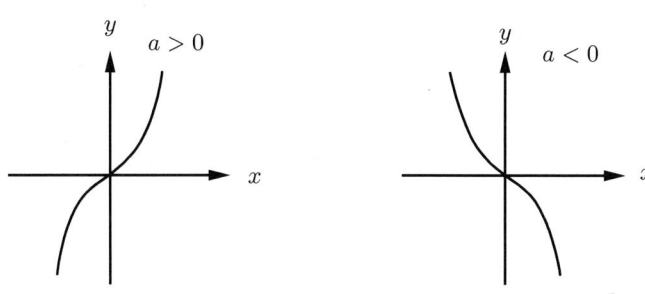

그림 1.5:

예제 1.5 $y = (x-1)^3 + 1$의 그래프는 $y = x^3$의 그래프를 x축으로 1, y축으로 1 만큼 평행이동한 것이다. $y = 0$이면 $x = 0$이므로 원점을 지난다. (그림 1.6) ▌

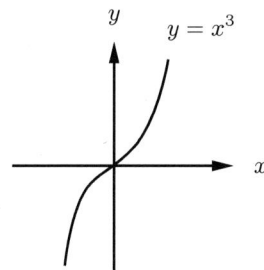 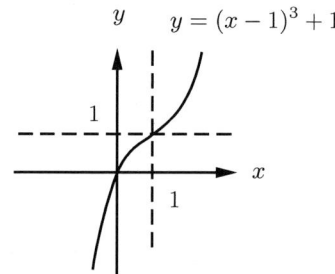

그림 1.6:

예제 1.6 $y = (x+1)^3$의 그래프는 $y = x^3$의 그래프를 x축으로 -1만큼 평행이 동한 것이다. (그림 1.7) ▌

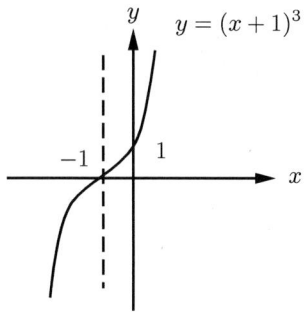

그림 1.7:

간단한 유리함수의 그래프 간단한 유리함수의 그래프에 대해 알아보자.

정의 1.3

$f(x)$와 $g(x)$가 다항함수일 때

$$q(x) = \frac{f(x)}{g(x)}$$

를 **분수함수**라 한다. 그리고 다항함수와 분수함수를 **유리함수**라 한다.

유리함수 $y = \dfrac{k}{x}(k \neq 0)$의 그래프는 원점에 대칭인 직각쌍곡선이며 점근선은 x축과 y축이다.

$k > 0$이면 제 1사분면과 제 3사분면, $k < 0$이면 제 2사분면과 제 4사분면에 그래프가 위치하며 $|k|$가 클수록 곡선은 원점에서 멀어져 간다. (그림 1.8)

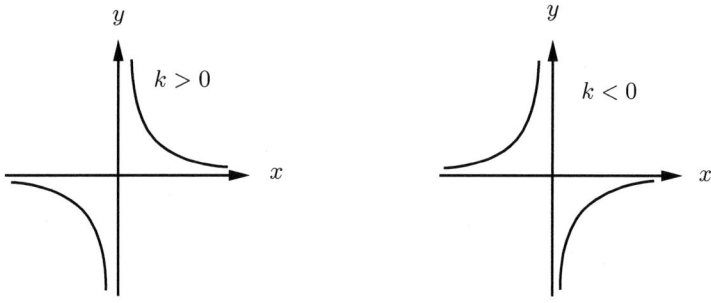

그림 1.8:

유리함수

$$y = \frac{k}{x - \alpha} + \beta(k \neq 0)$$

의 그래프는 $y = \dfrac{k}{x}$의 그래프를 x축으로 α만큼, y축으로 β만큼 평행이동한 것이며 점 (α, β)에 대해서 대칭인 직각쌍곡선이다. 점근선은 $x = \alpha, y = \beta$ 이다.

참고 그림 1.8에서 그래프 위의 점들이 원점에서 멀어짐에 따라 x축과 y축에 한없이 가까워 가는데 이러한 성질을 가지는 직선을 **점근선**이라 부른다. 특히, 점근선이 서로 수직인 쌍곡선을 **직각쌍곡선**이라 한다. 여기서는 x축과 y축이

점근선이다. ∎

예제 1.7 $y = \dfrac{1}{x-1} + 1$의 그래프는 그림 1.9와 같다. ∎

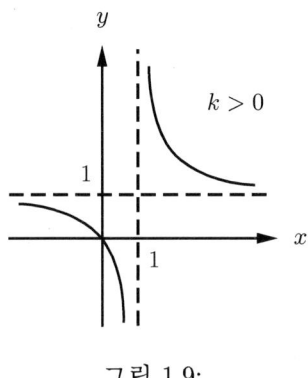

그림 1.9:

정의 1.4

$f(x)$가 x의 무리식일 때 $y = f(x)$를 **무리함수**라 한다. [a]

[a] $\sqrt{x+1}, \sqrt{x} - 2$와 같이 근호안에 문자를 포함하는 식을 x에 대한 무리식이라 한다.

예제 1.8 $y = \sqrt{x^2 + 1} - x$는 무리함수이다. ∎

················· **연습문제** 1.2.1 ·························

1. 다음 일차함수의 그래프를 그려라.

   (1) $y = x + 1$ (2) $x + y = 2$ (3) $\dfrac{x}{2} + \dfrac{y}{2} = 1$

2. 다음 이차함수의 그래프를 그려라.

   (1) $y = (x-1)^2 + 1$ (2) $y = x^2 + 2x + 3$ (3) $y = (x-1)(x-2)$

3. 다음 삼차함수의 그래프를 그려라.

   (1) $y = (x-1)^3 + 1$ (2) $y = x^3 + 3x^2 + 3x + 4$

4. 다음 유리함수의 그래프를 그려라.

$$(1)\ y = \frac{1}{x} + 2 \qquad\qquad (2)\ y = \frac{3}{x-1} + 1 \qquad\qquad (3)\ y = \frac{3x}{x+1}$$

5. $f(x) = x - \sqrt{x^2 - 1}$ 일 때 다음 물음에 답하여라.

(1) 함수값이 존재하지 않는 x의 값을 두 개만 구하여라.

(2) $f(x)$의 정의역을 구하여라.

1.2.2 삼각함수

일반각 그림1.10과 같이 반직선 OX를 고정하고 반직선 OP를 점 O을 중심으로 회전하여 $\angle XOP$를 만들 때, 반직선 OX를 **시초선**, 반직선 OP를 $\angle XOP$의 **동경**이라 한다.

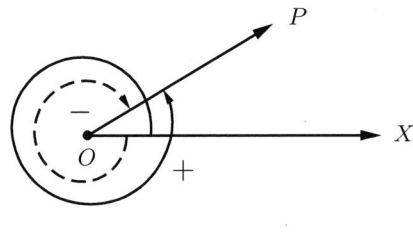

그림 1.10:

동경 OP가 시계 반대방향으로 회전하여 생긴 각의 크기에는 "+" 부호를, 시계 방향으로 회전하여 생긴 각의 크기에는 "−" 부호를 붙인다.

각의 크기가 주어지면 그 각의 크기를 나타내는 동경의 위치는 단 하나 결정되지만, 동경의 위치가 정해지더라도 그 동경을 나타내는 각의 크기는 동경의 회전수에 따라 여러 가지로 타나낼 수 있다. 예를 들어 각의 크기가 $45°$인 동경의 위치와 각의 크기가 $45° + 360° \times n$ ($n = 0, \pm 1, \pm 2, \ldots$)인 동경의 위치는 같다.

일반적으로 동경 OP가 나타내는 한 각의 크기를 θ라 하면

$$\theta + n \times 360° \ (n = 0, \pm1, \pm2, \ldots)$$

으로 나타내어지는 각을 동경 OP가 나타내는 **일반각**이라 한다.

만일 직교좌표에서 양의 x축을 시초선으로 두면 $45° + n \times 360° \ (n = 0, \pm1,$ $\pm2, \ldots)$은 양의 x축과 $45°$를 이루는 반직선을 나타내는 일반각이다. (그림 1.11)

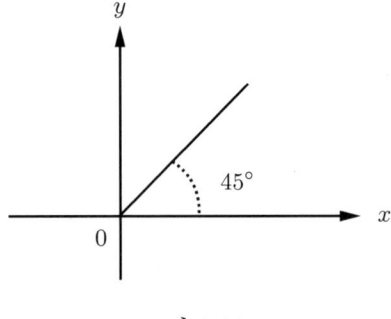

그림 1.11:

호도법 그림 1.12와 같이 반지름의 길이가 r인 원호 위에 길이가 r인 호 $\overset{\frown}{AB}$를 잡을 때, 이 호에 대한 중심각 $\angle AOB$는 반지름 r에 관계없이 일정하다. 이때 $\angle AOB$의 크기를 **1호도**(radian)라 한다.

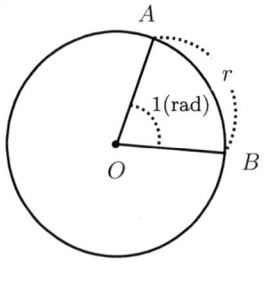

그림 1.12:

반지름이 r인 원에서 길이가 r인 호에 대응하는 중심각의 크기가 1rad이므로 길이가 πr인 호에 대응하는 중심각의 크기는 $\dfrac{\pi r}{r}\text{rad} = \pi\text{rad}$이다. 따라서

$$\pi(\text{rad}) = 180°$$

이다.

rad를 단위로 하는 각의 측정법을 **호도법**이라 하는데 일반적으로 호도법에서 단위 rad는 생략한다.

삼각함수 그림 1.13과 같이 직교좌표에서 중심이 원점 O이고 반지름의 길이가 r인 원 위의 임의의 점 $P(x, y)$가 있을 때 동경 OP가 나타내는 일반각의 크기를 θ라 하자. 만일 $r = \sqrt{x^2 + y^2}$이면 $\dfrac{x}{r}, \dfrac{y}{r}$의 값은 원의 닮음성질에 의해서 r에 관계없이 θ 값에 따라 결정된다. 따라서 $r \neq 0$이면 $\dfrac{x}{r}, \dfrac{y}{r}$은 θ의 함수이다.

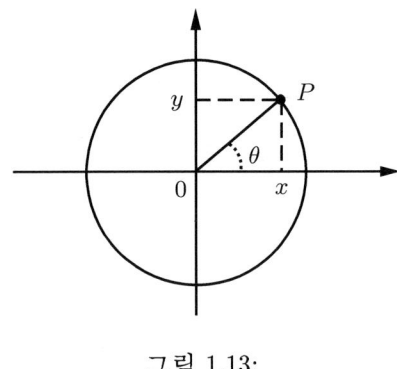

그림 1.13:

정의 1.5

동경 OP와 x축의 양의 방향과 이루는 각을 θ라 할 때

$$\sin \theta = \frac{y}{r}, \quad \cos \theta = \frac{x}{r}$$

로 나타내고 이들을 각각 θ의 **사인함수**, **코사인함수**라 한다.

정의 1.5에서 θ는 일반각을 나타낸다.

한편,

$$\tan \theta = \frac{\sin \theta}{\cos \theta}, \quad \csc \theta = \frac{1}{\sin \theta}, \quad \sec \theta = \frac{1}{\cos \theta}, \quad \cot \theta = \frac{1}{\tan \theta}$$

를 각각 **탄젠트함수**, **코시컨트함수**, **시컨트함수**, **코탄젠트함수**라 한다. 그리고 이들을 통틀어 **삼각함수**라 한다.

삼각함수의 값들은 r에 무관하므로 $r = 1$이라 가정해도 된다. 중심이 원점이고 반지름이 1인 원 위의 점 (x, y)를 잇는 선분과 양의 x축 사이의 각이 θ

이면 $\sin\theta = y$이다. 이 값은 점 (x, y)의 y 좌표이다.

비슷하게 $\cos\theta = x$이고 이 값은 점 (x, y)의 x 좌표이다.

예제 1.9 그림 1.14에서

$$\sin\left(\frac{\pi}{6}\right) = \frac{1}{2}, \ \cos\left(\frac{\pi}{6}\right) = \frac{\sqrt{3}}{2}$$

이다. ∎

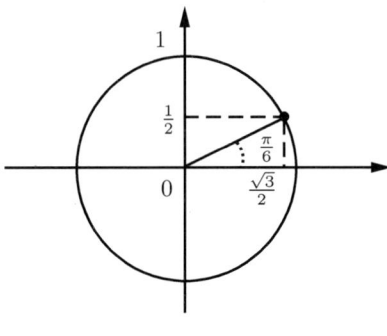

그림 1.14:

예제 1.10 그림 1.15에서

$$\sin\left(\frac{2\pi}{3}\right) = \frac{\sqrt{3}}{2}, \cos\left(\frac{2\pi}{3}\right) = -\frac{1}{2}$$

이다. ∎

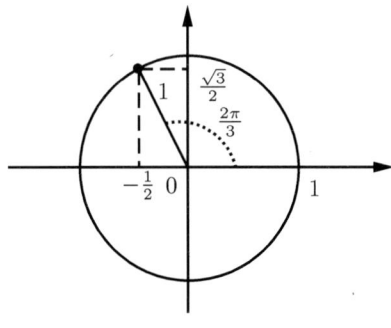

그림 1.15:

삼각함수의 기본성질　삼각함수의 정의에서 다음 기본성질을 얻을 수 있다.

1. $\sin^2\theta + \cos^2\theta = 1$,　$\tan^2\theta + 1 = \sec^2\theta$,　$1 + \cot^2\theta = \csc^2\theta$

2. $\sin(\theta + 2n\pi) = \sin\theta$, $\cos(\theta + 2n\pi) = \cos\theta$, $\tan(\theta + n\pi) = \tan\theta$ (n은 정수)

3. $\sin(-\theta) = -\sin\theta$,　$\cos(-\theta) = \cos\theta$,　$\tan(-\theta) = -\tan\theta$

4. $\sin(\pi + \theta) = -\sin\theta$,　$\cos(\pi + \theta) = -\cos\theta$,　$\tan(\pi + \theta) = \tan\theta$

5. $\sin\left(\dfrac{\pi}{2} + \theta\right) = \cos\theta$,　$\cos\left(\dfrac{\pi}{2} + \theta\right) = -\sin\theta$,　$\tan\left(\dfrac{\pi}{2} + \theta\right) = -\cot\theta$

정의에서 사인함수와 코사인함수는 정의역이 모든 실수이고 치역이 $[-1, 1]$ 인 함수들이다. 이제부터는 변수를 θ 대신 x를 사용하자. 삼각함수 기본성질 2에 따르면 사인함수와 코사인함수는 주기가 2π, 탄젠트함수는 주기가 π 인 함수이다. 여기서 함수 f의 **주기**란 임의의 실수 x에 대해

$$f(x + \alpha) = f(x)$$

를 만족하는 최소의 양수 α를 말한다.

삼각함수의 그래프　그림 1.16에서 $\sin x = \overline{AB}$, $\cos x = \overline{OB}$, $\tan x = \overline{CD}$ 이므로 $y = \sin x$의 그래프는 x의 값의 변화에 따라 $\overline{AB}$의 변화를 조사하면 된다.

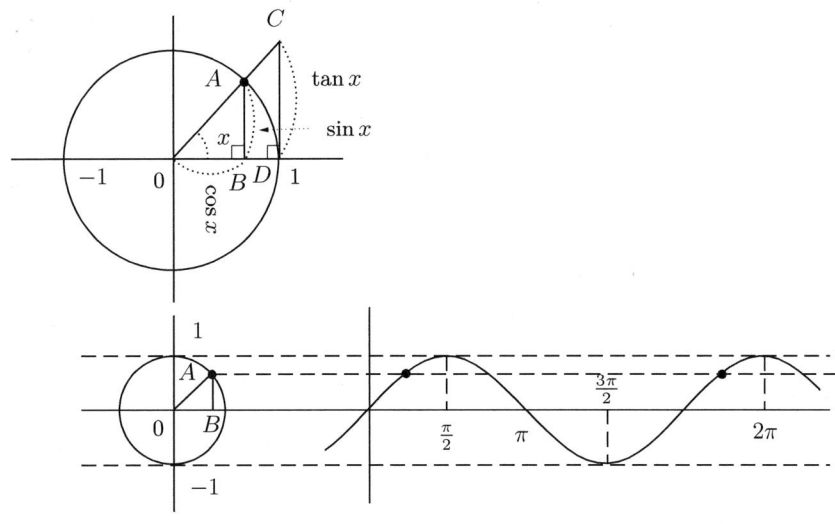

그림 1.16:

따라서 $y = \sin x$의 최대값은 1, 최소값은 -1이고 주기는 2π인 모든 실수에서 정의된 주기함수이다.

$\sin\left(x + \dfrac{\pi}{2}\right) = \cos x$이므로 $y = \cos x$의 그래프는 $y = \sin x$의 그래프를 x축으로 $-\dfrac{\pi}{2}$만큼 평행이동하면 얻을 수 있다. (그림 1.17) 따라서 $y = \cos x$의 최대값은 1, 최소값은 -1이고 주기는 2π인 모든 실수에서 정의된 주기함수이다.

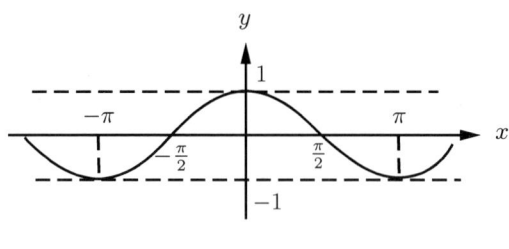

그림 1.17:

그리고 $y = \tan x$의 그래프도 정의와 함수의 주기성을 이용하면 얻을 수 있다. (그림 1.18) $y = \tan x$의 정의역은

$$\mathbb{R} - \left\{ n\pi \pm \frac{\pi}{2} : n \in \mathbb{Z} \right\}$$

인 주기가 π인 주기함수이다.

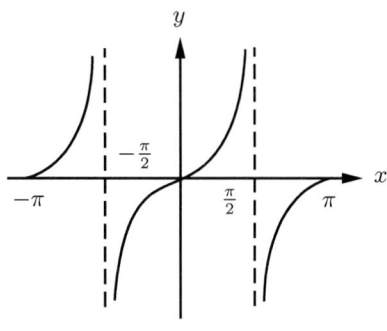

그림 1.18:

삼각항등식 　그림 1.19와 같이 x축의 양의 방향과 이루는 각이 α, β인 두 동경이 단위원과 만나는 점을 P, Q라 하면 $P(\cos\alpha, \sin\alpha), Q(\cos\beta, \sin\beta)$이다.

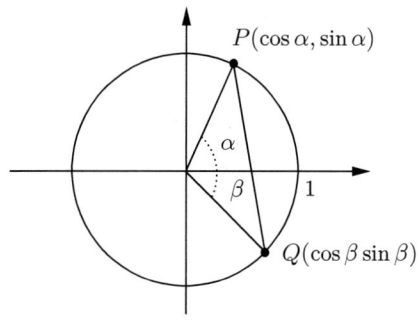

그림 1.19:

제2코사인법칙에서[1]

$$\overline{PQ}^2 = 1^2 + 1^2 - 2 \times 1 \times \cos(\alpha + \beta).$$

그런데

$$\overline{PQ}^2 = (\cos\alpha - \cos\beta)^2 + (\sin\alpha + \sin\beta)^2$$
$$= 2 - 2(\cos\alpha\cos\beta - \sin\alpha\sin\beta).$$

따라서

$$2 - 2\cos(\alpha + \beta) = 2 - 2(\cos\alpha\cos\beta - \sin\alpha\sin\beta).$$

따라서

$$\cos(\alpha + \beta) = \cos\alpha\cos\beta - \sin\alpha\sin\beta. \tag{1.1}$$

$\cos\left(\dfrac{\pi}{2} - \theta\right) = \sin\theta, \sin\left(\dfrac{\pi}{2} - \theta\right) = \cos\theta$ 이므로 식 (1.1)에서

$$\sin(\alpha + \beta) = \cos\left(\frac{\pi}{2} - (\alpha + \beta)\right) = \cos\left(\left(\frac{\pi}{2} - \alpha\right) - \beta\right)$$
$$= \cos\left(\frac{\pi}{2} - \alpha\right)\cos\beta + \sin\left(\frac{\pi}{2} - \alpha\right)\sin\beta$$
$$= \sin\alpha\cos\beta + \cos\alpha\sin\beta.$$

즉,

$$\sin(\alpha + \beta) = \sin\alpha\cos\beta + \cos\alpha\sin\beta. \tag{1.2}$$

---

1) $\triangle ABC$의 각 변이 길이가 a, b, c이고 $\angle C$의 대변의 길이가 c이면 $c^2 = a^2 + b^2 - 2ab\cos C$.

식 (1.1)과 식 (1.2)에서

$$\begin{aligned}
\tan(\alpha + \beta) &= \frac{\sin(\alpha + \beta)}{\cos(\alpha + \beta)} \\
&= \frac{\sin\alpha\cos\beta + \cos\alpha\sin\beta}{\cos\alpha\cos\beta - \sin\alpha\sin\beta} \\
&= \frac{\frac{\sin\alpha}{\cos\alpha} + \frac{\sin\beta}{\cos\beta}}{1 - \frac{\sin\alpha}{\cos\alpha} \times \frac{\sin\beta}{\cos\beta}} = \frac{\tan\alpha + \tan\beta}{1 - \tan\alpha\tan\beta}.
\end{aligned}$$

즉,

$$\tan(\alpha + \beta) = \frac{\tan\alpha + \tan\beta}{1 - \tan\alpha\tan\beta}. \tag{1.3}$$

따라서 다음과 같은 삼각함수의 덧셈정리를 얻을 수 있다.

정리 1.6 (삼각함수의 덧셈정리)

$$\sin(\alpha + \beta) = \sin\alpha\cos\beta + \cos\alpha\sin\beta,$$
$$\cos(\alpha + \beta) = \cos\alpha\cos\beta - \sin\alpha\sin\beta, \tag{1.4}$$
$$\tan(\alpha + \beta) = \frac{\tan\alpha + \tan\beta}{1 - \tan\alpha\tan\beta} \quad (\tan\alpha\tan\beta \neq 1).$$

정리 1.6에서 $\alpha = \beta$이면 다음 공식을 얻는다.

정리 1.7 (배각의 공식)

$$\sin 2\alpha = 2\sin\alpha\cos\alpha,$$
$$\cos 2\alpha = \cos^2\alpha - \sin^2\alpha, \tag{1.5}$$
$$\tan 2\alpha = \frac{2\tan\alpha}{1 - \tan^2\alpha}(\tan^2\alpha \neq 1).$$

식 (1.5)의 두 번째 식에서 $\sin^2\alpha + \cos^2\alpha = 1$을 이용하면

$$\cos 2\alpha = \cos^2\alpha - \sin^2\alpha = 1 - 2\sin^2\alpha = 2\cos^2\alpha - 1.$$

따라서

$$\sin^2\alpha = \frac{1 - \cos 2\alpha}{2}, \quad \cos^2\alpha = \frac{1 + \cos 2\alpha}{2}.$$

이 식에서 α 대신 $\dfrac{\alpha}{2}$ 을 대입하면 다음 반각의 공식을 얻는다.

정리 1.8 (반각의 공식)

$$\sin^2\frac{\alpha}{2} = \frac{1-\cos\alpha}{2},$$

$$\cos^2\frac{\alpha}{2} = \frac{1+\cos\alpha}{2},$$

$$\tan^2\frac{\alpha}{2} = \frac{1-\cos\alpha}{1+\cos\alpha}(\cos\alpha \neq -1).$$

배각의 공식을 이용하면

$$\sin 3\alpha = \sin(\alpha + 2\alpha)$$

$$= \sin\alpha\cos 2\alpha + \cos\alpha\sin 2\alpha$$

$$= \sin\alpha(1 - 2\sin^2\alpha) + \cos\alpha(2\sin\alpha\cos\alpha)$$

$$= \sin\alpha(1 - 2\sin^2\alpha) + 2\sin\alpha(1 - \sin^2\alpha) = 3\sin\alpha - 4\sin^3\alpha.$$

비슷하게 $\cos 3\alpha = 4\cos^3\alpha - 3\cos\alpha$ 을 얻을 수 있다.

정리 1.9 (3배각의 공식)

$$\sin 3\alpha = 3\sin\alpha - 4\sin^3\alpha,$$

$$\cos 3\alpha = 4\cos^3\alpha - 3\cos\alpha.$$

식 (1.1)과 식 (1.2)에서

$$\sin(\alpha - \beta) = \sin\alpha\cos\beta - \cos\alpha\sin\beta, \tag{1.6}$$

$$\cos(\alpha - \beta) = \cos\alpha\cos\beta + \sin\alpha\sin\beta. \tag{1.7}$$

따라서

$$\frac{1}{2}[\text{식 } (1.2) + \text{식 } (1.6)] : \sin\alpha\cos\beta = \frac{1}{2}\left\{\sin(\alpha+\beta) + \sin(\alpha-\beta)\right\},$$

$$\frac{1}{2}[\text{식 } (1.2) - \text{식 } (1.6)] : \cos\alpha\sin\beta = \frac{1}{2}\left\{\sin(\alpha+\beta) - \sin(\alpha-\beta)\right\},$$

$$\frac{1}{2}[\text{식 } (1.1) + \text{식 } (1.7)] : \sin\alpha\cos\beta = \frac{1}{2}\left\{\cos(\alpha+\beta) + \cos(\alpha-\beta)\right\},$$

$$\frac{1}{2}[\text{식 } (1.1) - \text{식 } (1.7)] : \sin\alpha\cos\beta = -\frac{1}{2}\left\{\cos(\alpha+\beta) - \cos(\alpha-\beta)\right\}.$$

즉, 다음이 성립한다.

정리 1.10

$$\sin\alpha\cos\beta = \frac{1}{2}\left\{\sin(\alpha+\beta)+\sin(\alpha-\beta)\right\},$$

$$\cos\alpha\sin\beta = \frac{1}{2}\left\{\sin(\alpha+\beta)-\sin(\alpha-\beta)\right\},$$

$$\cos\alpha\cos\beta = \frac{1}{2}\left\{\cos(\alpha+\beta)+\cos(\alpha-\beta)\right\},$$

$$\sin\alpha\sin\beta = -\frac{1}{2}\left\{\cos(\alpha+\beta)-\cos(\alpha-\beta)\right\}.$$

$\alpha+\beta = A, \alpha-\beta = Y$ 이면 $\alpha = \dfrac{A+B}{2}, \beta = \dfrac{A-B}{2}$ 이므로 정리 1.10에서 다음을 얻는다. (정리 1.10에서 얻은 식에 다시 A 대신 α, B 대신 β를 쓴 것이다.)

정리 1.11

$$\sin\alpha + \sin\beta = 2\sin\frac{\alpha+\beta}{2}\cos\frac{\alpha-\beta}{2},$$

$$\sin\alpha - \sin\beta = 2\sin\frac{\alpha-\beta}{2}\cos\frac{\alpha+\beta}{2},$$

$$\cos\alpha + \cos\beta = 2\cos\frac{\alpha+\beta}{2}\cos\frac{\alpha-\beta}{2},$$

$$\cos\alpha - \cos\beta = -2\sin\frac{\alpha+\beta}{2}\sin\frac{\alpha-\beta}{2}.$$

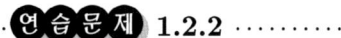 **연습문제** 1.2.2

1. 다음 각을 라디안(radian)으로 바꾸어라.

 (1) $1°$ (2) $210°$ (3) $270°$

2. 다음 값을 구하여라.

 (1) $\sin\left(\dfrac{11\pi}{6}\right)$ (2) $\cos\left(\dfrac{5\pi}{4}\right)$ (3) $\tan\left(\dfrac{4\pi}{3}\right)$

3. 다음을 만족하는 x 값을 0과 π 사이에서 구하여라.

 (1) $\sin x = \dfrac{1}{2}$ (2) $\cos x = \dfrac{\sqrt{3}}{2}$

1.2.3 지수함수, 로그함수

지금부터 모든 수는 실수 범위에서만 다루자. 실수가 아닌 경우도 가능하지만 실수가 아닌 경우는 과정을 벗어난다.

지수 a를 n번 곱한 표현

$$\overbrace{a \times a \times a \times \cdots \times a}^{n}$$

을 a의 **n제곱**이라 하고 a^n으로 나타낸다. 즉,

$$a^n = \overbrace{a \times a \times a \times \cdots \times a}^{n}.$$

이때 a를 **밑**이라 하고 n을 **지수**라 한다. 예를 들어

$$2^4 = \overbrace{2 \times 2 \times 2 \times 2}^{} = 16.$$

지수에 대해 다음 계산법칙이 성립한다.

정리 1.12 (지수법칙)

임의의 실수 a, b와 양의 정수 m, n에 대하여

(1) $a^m a^n = a^{m+n}$

(2) $(a^m)^n = a^{mn}$

(3) $(ab)^n = a^n b^n$

(4) $\left(\dfrac{a}{b}\right)^n = \dfrac{a^n}{b^n} (b \neq 0)$

(5) $\dfrac{a^m}{a^n} = \begin{cases} a^{m-n}, & m > n \\ 1, & m = n, \\ \dfrac{1}{a^{m-n}}, & m < n. \end{cases}$

지수의 정의에서 지수법칙 1.12가 성립함을 보이는 것은 쉽다.

어떤 수 a에 대해 제곱하여 a가 되는 수를 a의 **제곱근**이라 한다. 즉, 방정식 $x^2 = a$의 근을 a의 제곱근이라 한다. 따라서 $a < 0$이면 a의 제곱근은 없고, $a = 0$이면 a의 제곱근은 0, $a > 0$이면 a의 제곱근은 두 개 있다. 이때 a의 양의 제곱근을 $\sqrt{a}$로, 음의 제곱근을 $-\sqrt{a}$로 나타낸다.

일반적으로 어떤 실수 a와 양의 정수 n에 대해 n제곱해서 a가 되는 수, 즉 방정식 $x^n = a$의 근을 a의 **n제곱근**이라 한다.

1. $a > 0$이고 n이 짝수이면 a의 n제곱근은 두 개 존재하는데 양수인 것은 $\sqrt[n]{a}$, 음수인 것은 $-\sqrt[n]{a}$로 나타낸다.

   $a > 0$이고 n이 홀수이면 a의 n제곱근은 한 개 존재하는데 $\sqrt[n]{a}$로 나타낸다.

2. $a < 0$이고 n이 짝수이면 a의 n제곱근은 존재하지 않는다.

   $a < 0$이고 n이 홀수이면 a의 n제곱근이 한 개 존재하는데 $\sqrt[n]{a}$로 나타낸다.

n제곱근의 정의에서 다음이 성립한다.

정리 1.13 (지수법칙)

$a > 0, b > 0$이고 m, n이 양의 정수이면

(1) $\sqrt[n]{a}\,\sqrt[n]{b} = \sqrt[n]{ab}$ (2) $\dfrac{\sqrt[n]{a}}{\sqrt[n]{b}} = \sqrt[n]{\dfrac{a}{b}}$

(3) $\left(\sqrt[n]{a}\right)^m = \sqrt[n]{a^m}$ (4) $\sqrt[n]{\sqrt[m]{a}} = \sqrt[mn]{a}$

이제 거듭제곱의 지수를 정수, 유리수로 확장하자.

정의 1.14

(1) $a \neq 0$이고 n이 양의 정수일 때

$$a^0 = 1, \quad a^{-n} = \frac{1}{a^n}$$

이라 정의한다.

(2) $a > 0$이고 m은 정수, n은 양의 정수일 때

$$a^{\frac{m}{n}} = \sqrt[n]{a^m}, \quad a^{\frac{1}{n}} = \sqrt[n]{a}$$

로 정의한다.

이와같이 지수를 정수와 유리수로 확장해도 지수가 양의 정수일 때처럼 지수법칙(정리 1.13)이 성립한다.

지수를 실수의 범위로 확장하자. 지수를 실수의 범위로 확장하기 위하여 밑 a는 항상 양수인 것으로 가정한다.

x가 유리수이면 a^x의 의미가 어떤 것인지 앞에서 정의하였다. 그렇다면 x가 무리수일 때 a^x를 어떻게 정의할 것인가? 예를 들어 $2^{\sqrt{2}}$는 다음과 같이 정의한다.

$\sqrt{2}$는 무리수이므로 $\sqrt{2}$를 소수전개하면

$$\sqrt{2} = 1.a_1 a_2 a_3 \cdots a_n \cdots \,(a_1, a_2, \ldots 는\; 0과\; 9사이\; 정수)$$

와 같은 형태이다. 이때 모든 n에 대해 $1.a_1 a_2 \cdots a_n$은 유리수이므로

$$2^{1.a_1 a_2 \cdots a_n}$$

이 정의된다. 그런데 n이 커가면 $1.a_1 a_2 \cdots a_n$은 $\sqrt{2}$로 가까이 간다. 이때 $2^{\sqrt{2}}$는 n이 무한히 커갈 때 $2^{1.a_1 a_2 \cdots a_n}$이 가까이 가는 값으로 정의한다.

일반적으로 $a > 0$와 무리수 x에 대해 a^x도 비슷하게 정의한다. 즉, x의 소수전개가

$$x = a.a_1 a_2 \cdots a_n \cdots \,(a는\; 정수이고\; a_1, a_2, \ldots 는\; 0과\; 9\; 사이\; 정수)$$

이면 n이 무한히 커갈 때 $a^{a.a_1 a_2 \cdots a_n}$이 가까이 가는 값을 a^x로 정의한다.

이렇게 정의하면 지수가 실수일 때도 지수법칙이 성립한다. 즉, $a, b > 0$이고 x, y가 실수일 때

$$a^x a^y = a^{x+y}, \quad \frac{a^x}{a^y} = a^{x-y},$$
$$(a^x)^y = a^{xy}, \quad (ab)^x = a^x b^y.$$

가 성립한다. 자세한 것은 참고문헌 [2]를 참고하라.

지수함수 실수 x에 대하여

$$y = a^x \,(a \neq 1, a > 0)$$

로 나타내어지는 함수를 밑이 a인 **지수함수**라 한다.

지수함수 $y = a^x$의 그래프는 그림 1.20과 같다.

그리고 지수함수는 다음을 만족한다.

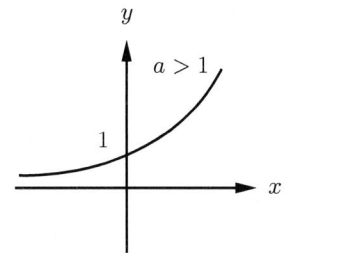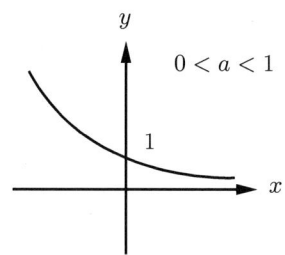

그림 1.20:

1. 정의역은 실수 전체집합 $\mathbb{R}$, 치역은 $\{y : y > 0\}$ 이다.

2. 점 $(0,1)$ 을 지나고 $y = 0(x$축$)$ 은 점근선이다.

3. $a > 0$ 이면 순증가함수, $0 < a < 1$ 이면 순감소함수이다.

$y = Aa^x$ 의 그래프는 $A > 0$ 이면 $y = a^x$ 와 같은 형태이고 $A < 0$ 이면 $y = a^x$ 를 x축을 중심축으로 대칭이동한 형태이다. 그리고

$$y = Aa^{x+\alpha} + \beta$$

의 그래프는 $y = Aa^x$ 의 그래프를 x축으로 $-\alpha$, y축으로 β 만큼 평행이동한 그래프이다.

참고 정의역 내의 모든 점 x_1, x_2 에 대해 $x_1 < x_2$ 일 때 $f(x_1) < f(x_2)$ 이면 **순증가**, $f(x_1) > f(x_2)$ 이면 **순감소**라 한다. ∎

로그함수 $a > 0, a \neq 1$ 일 때, 임의의 양수 b 에 대하여

$$a^x = b$$

를 만족 시키는 수 x 는 오직 하나 존재한다. 이 실수 x 를 a 를 **밑**으로 하는 b 의 **로그**$(\log)$ 라 하고

$$x = \log_a b$$

로 나타낸다. 즉,

$$a > 0, \ a \neq 1, b > 0 \text{일 때 } a^x = b \iff x = \log_a b.$$

이때 b를 $\log_a b$의 **진수**라 한다.

예제 **1.11** $4^2 = 16$ 이므로 $\log_4 16 = 2$ 이다. ∎

정리 1.15

$a \neq 1, a > 0$ 이고 $x > 0, y > 0$ 일 때

(1) $\log_a a = 1, \ \log_a 1 = 0.$

(2) $\log_a xy = \log_a x + \log_a y, \ \log_a \dfrac{x}{y} = \log_a x - \log_a y,$

$\log_a x^n = n\log_a x \ (n\text{은 실수}).$

(3) $\log_a b = \dfrac{\log_c b}{\log_c a} \ (c \neq 1, c > 0), \ \log_a b = \dfrac{1}{\log_b a} \ (b \neq 1).$

증명 $a^1 = a, a^0 = 1$ 이므로 로그의 정의에서

$$\log_a a = 1, \quad \log_a^1 = 0.$$

양수 x, y에 대해 $\log_a x = \alpha, \log_a y = \beta$ 이면 $a^\alpha = x, a^\beta = y$. 따라서 $xy = a^\alpha \times a^\beta = a^{\alpha+\beta}$. 따라서

$$\log_a xy = \alpha + \beta = \log_a x + \log_a y. \tag{1.8}$$

비슷하게 $\dfrac{x}{y} = \dfrac{a^\alpha}{a^\beta} = a^{\alpha-\beta}$ 이므로

$$\log_a \frac{x}{y} = \alpha - \beta = \log_a x - \log_a y.$$

식 (1.8)에서 $x = y$ 이면

$$\log_a x^2 = \log_a x + \log_a x = 2\log_a x.$$

비슷하게

$$\log_a x^3 = \log_a(x^2 \times x) = \log_a x^2 + \log_a x = 3\log_a x.$$

이 과정을 계속하면 모든 양의 정수 n에 대해

$$\log_a x^n = n\log_a x$$

을 얻을 수 있다.

한편, $\log_a b = \alpha$이면 $a^\alpha = b$이므로 양변에 밑이 c이 로그를 택하면

$$\log_c a^\alpha = \alpha\log_c a = \log_c b.$$

따라서 $a \neq 1$이므로 $\log_c a \neq 0$이고

$$\log_a b = \alpha = \frac{\log_c b}{\log_c a}$$

가 성립한다. ∎

자연수 n에 대해

$$\left(1 + \frac{1}{n}\right)^n$$

은 n이 커감에 따라 어떤 값으로 가까이 가는데 이 값을 e로 나타내고 **자연상수**라 한다. 자연상수는 무리수임이 알려져 있고, 대략

$$e = 2.718281828459045235360287471352662497757 2\cdots$$

이다.

밑이 자연상수인 로그를 **자연로그**라 하고 $\ln$으로 나타낸다. 즉,

$$\log_e b = \ln b \, (b > 0)$$

으로 나타낸다.

양의실수 x에 대하여

$$y = \log_a x \, (a \neq 1, a > 0)$$

으로 나타내어지는 함수를 밑이 a인 **로그함수**라 한다.

로그함수 $y = \log_a x$의 그래프는 지수함수 $y = a^x$의 그래프와 직선 $y = x$에 대해 대칭이다. (그림 1.21) 그리고 다음을 만족한다.

1. 정의역은 $\{x : x > 0\}$이고 치역은 실수 전체집합 $\mathbb{R}$이다.
2. 점 $(1, 0)$을 지나며 $x = 0(y$축$)$을 점근선으로 한다.
3. $a > 1$일 때 순증가하고 $0 < a < 1$일 때 순감소한다.

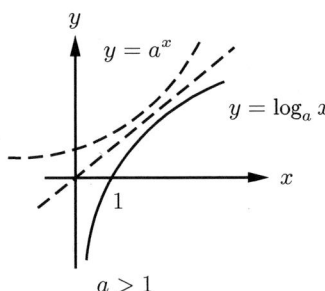 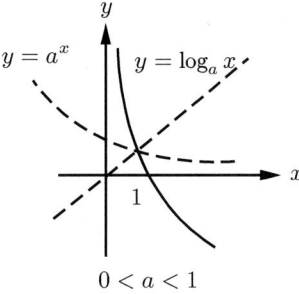

그림 1.21:

$y = A\log_a x$의 그래프는 $A > 0$이면 $y = \log_a x$와 같은 형태이고 $A < 0$이면 $y = \log_a x$를 x축을 중심으로 대칭이동한 그래프와 같은 형태를 갖는다. 그리고

$$y = A\log_a(x + \alpha) + \beta$$

는 $y = A\log_a x$를 x축으로 $-\alpha$, y축으로 β만큼 평행이동한 그래프이다.

⬤⬤⬤ 연습문제 **1.2.3**

1. 다음 표현을 간단히 하여라.

(1) $\log_9 3,\ \log_3 9$ 　　　　　　　　 (2) $\ln e^3,\ e^{\ln 3}$

2. 다음에서 $f(x)$의 그래프를 그려라.

(1) $f(x) = e^{x+2}$ 　　　 (2) $f(x) = -3e^{x+2} + 1$ 　　　 (3) $f(x) = \ln(x + 1)$

1.2.4 쌍곡선함수

정의 1.16

x가 실수일 때 $\sinh x$, $\cosh x$를 다음과 같이 정의한다.

$$\sinh x = \frac{e^x - e^{-x}}{2}, \quad \cosh x = \frac{e^x + e^{-x}}{2}.$$

이때 $\sinh x$, $\cosh x$를 각각 **쌍곡선 사인함수, 쌍곡선 코사인함수**라 한다.

그 외의 쌍곡선함수 $\tanh x$, $\coth x$, $\mathrm{sech} x$, $\mathrm{csch} x$는 다음과 같이 정의하고 각각을 **쌍곡선 탄젠트함수, 쌍곡선 코탄젠트함수, 쌍곡선 시컨트함수, 쌍곡선 코시컨트함수**라 한다.

$$\tanh x = \frac{\sinh x}{\cosh x}\,(x \neq 0), \qquad \coth x = \frac{1}{\tanh x}\,(x \neq 0),$$
$$\mathrm{sech} x = \frac{1}{\cosh x}, \qquad \mathrm{csch} x = \frac{1}{\sinh x}\,(x \neq 0).$$

$\sinh x$, $\cosh x$, $\tanh x$의 그래프는 그림 1.22와 같다.

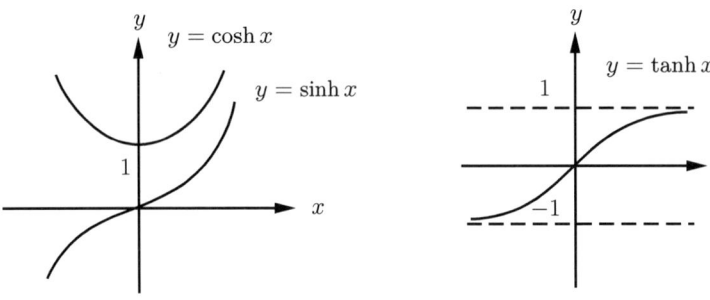

그림 1.22:

쌍곡선함수의 기본성질 쌍곡선함수의 정의에서 다음 성질을 얻을 수 있다. 이 성질들은 삼각함수의 성질들과 비슷하다.

$$\cosh^2 x - \sinh^2 x = 1, \; 1 - \tanh^2 x = \mathrm{sech}^2 x, \; \coth^2 x - 1 = \mathrm{csch}^2 x.$$

뿐만 아니라 다음과 같은 삼각함수의 덧셈정리(정리 1.6)과 비슷한 성질도 가지고 있는데 정의를 이용하면 쉽게 보일 수 있다.

$$\sinh(x+y) = \sinh x \cosh y + \cosh x \sinh y,$$

$$\cosh(x+y) = \cosh x \cosh y + \sinh x \sinh y,$$

$$\tanh(x+y) = \frac{\tanh x + \tanh y}{1 + \tanh x \tanh y}.$$

1.2.5 역함수

정의 1.17

두 함수 f, g에 대해 f의 치역과 g의 정의역이 같고 f의 정의역과 g의 치역이 같으며

$$f(x) = y \iff g(y) = x$$

를 만족하면 g를 f의 **역함수**(또는 f는 g의 역함수)라 하고 f^{-1}(또는 g^{-1})로 나타낸다.

역함수 구하기 만일 함수 f가 역함수를 가진다는 것을 알고 있다면 다음과 같은 순서로 역함수를 구할 수 있다.

1. $y = f(x)$라 놓는다.
2. x와 y를 바꾼식, 즉 $x = f(y)$에서 y를 x에 대한 식으로 정리한다. 이때 y가 구하고자 하는 f의 역함수이다.

따라서 서로 역함수관계에 있으면 두 함수의 그래프는 $y = x$에 대칭이다.

참고 지수함수 $y = f(x) = a^x$는 정의역이 $(-\infty, \infty)$이고 치역이 $(0, \infty)$인 일대일대응함수이다. 따라서 $y = f(x) = a^x$의 역함수가 존재하는데 $y = f^{-1}(x) = \log_a x$이다. 그리고 그림 1.21과 같이 $y = a^x$의 그래프와 $y = \log_a x$의 그래프는 $y = x$에 대칭이다. ▮

예제 1.12 $y = f(x) = x^3$은 역함수를 갖는다. x와 y를 바꾸면 $x = y^3$이고 y를

x에 대해 정리하면 $y = x^{\frac{1}{3}}$ 이다. 따라서 $f^{-1}(x) = x^{\frac{1}{3}}$ 이다. ∎

역함수의 정의에서 역함수는 다음과 같은 성질을 가지고 있음을 알 수 있다.

정리 1.18

f가 역함수 f^{-1}를 가지면 다음이 성립한다.

(1) $(f^{-1})^{-1} = f$.

(2) f의 정의역에 있는 모든 x에 대해 $f^{-1}(f(x)) = x$.

(3) f의 치역에 있는 모든 y에 대해 $f(f^{-1}(y)) = y$.

함수의 정의(정의 1.1)와 함수의 대응관계를 생각하면 역함수가 존재하기 위한 필요충분조건을 얻을 수 있다.

정리 1.19

함수 f의 역함수가 존재하기 위한 필요충분조건은 f가 일대일대응 함수[a] 인 것이다.

─────────────────

[a] 일대일대응 함수란 $a \neq b$이면 $f(a) \neq f(b)$인 성질을 만족하면서 치역과 공역이 같은 함수를 말한다.

예제 1.13 $f(x) = x^3$은 $\mathbb{R}$에서 $\mathbb{R}$로 일대일대응 함수이므로 역함수가 존재하고 $f^{-1}(x) = x^{\frac{1}{3}}$ 이다. ∎

참고 $g(x) = x^2$은 일대일대응이 아니므로 역함수가 존재하지 않는다. 그러나 정의역을 $x \geq 0$로 제한하면 $g(x) = x^2$은 $x \geq 0$에서 $y \geq 0$으로 일대일대 응이므로 역함수가 존재하고 $g^{-1}(x) = \sqrt{x}$이다. 이러한 역함수를 **부분적인 역함수**(partial inverse function)라 한다. ∎

정리 1.20

함수 f가 순증가함수 또는 순감소함수이면 역함수 f^{-1}이 존재한다.

증명 함수 f가 순증가함수이거나 순감소함수이면 $x_1 \neq x_2$이면 $f(x_1) \neq f(x_2)$

이 성립하므로 일대일 함수이다. 따라서 정리 1.19에 의하여 f의 역함수 f^{-1}이 존재한다. ∎

예제 1.14 $f(x) = x^2 \,(x \geq 0)$는 정의역에서 순증가함수이므로 일대일 함수이고 역함수가 존재하며 역함수는 $f^{-1}(x) = \sqrt{x}$이다. ∎

$y = \sin x$의 역함수 $y = \sin x$는 실수 $\mathbb{R}$ 전체집합에서 일대일은 아니지만 정의역을 $\left[-\dfrac{\pi}{2}, \dfrac{\pi}{2}\right]$로 제한하면 일대일 함수이다. 따라서 이 구간에서 부분적인 역함수 $\sin^{-1}$이 존재하고 $\sin^{-1}$의 정의역은 $[-1, 1]$ (즉, $\sin$의 치역), $\sin^{-1}$의 치역은 $\left[-\dfrac{\pi}{2}, \dfrac{\pi}{2}\right]$(즉, $\sin$의 정의역)이다. 그리고 그래프는 다음과 같다. (그림 1.23)

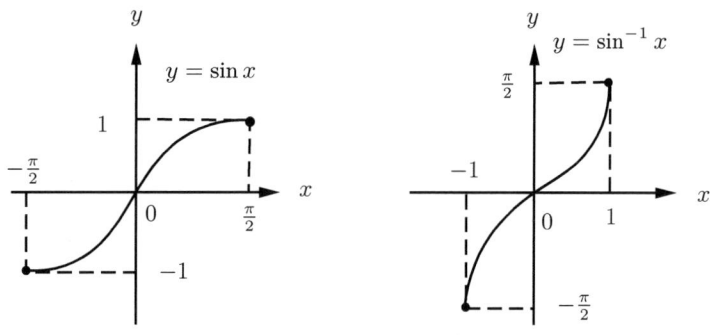

그림 1.23:

참고 $y = \sin x$의 부분적인 역함수는 여러 가지 방법으로 정의할 수 있으며, 특히 여기에 주어진 부분적인 역함수를 **주치**라 한다. 그리고 이 후 언급되어지는 삼각함수의 부분적인 역함수는 모두 주치이다. ∎

예제 1.15 $\sin \dfrac{\pi}{4} = \dfrac{1}{\sqrt{2}}$이므로

$$\sin^{-1}\left(\frac{1}{\sqrt{2}}\right) = \frac{\pi}{4}$$

이다. 또 $\sin\left(\dfrac{\pi}{6}\right) = \dfrac{1}{2}$이므로

$$\sin^{-1}\left(\frac{1}{2}\right) = \frac{\pi}{6}. \quad ∎$$

$y = \cos x$의 역함수 $y = \cos x$는 실수 전체집합 $\mathbb{R}$에서 일대일은 아니지만 정의역을 $[0, \pi]$로 제한하면 일대일 함수이고 부분적인 역함수 $\cos^{-1}$이 존재한다. 이때 $\cos^{-1}$의 정의역은 $[-1, 1]$이고 $\cos^{-1}$의 치역은 $[0, \pi]$이다. 그리고 그래프는 다음과 같다. (그림 1.24)

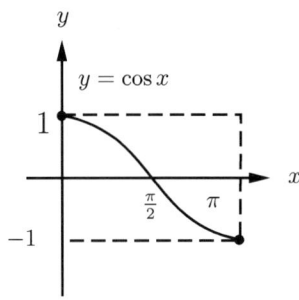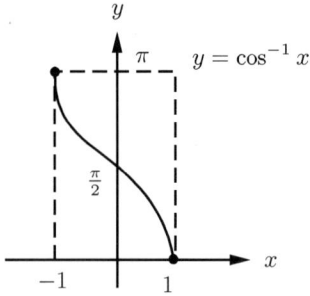

그림 1.24:

예제 1.16 $\cos\left(\dfrac{\pi}{4}\right) = \dfrac{1}{\sqrt{2}}$ 이므로

$$\cos^{-1}\left(\frac{1}{\sqrt{2}}\right) = \frac{\pi}{4}$$

이다. 또 $\cos\left(\dfrac{\pi}{6}\right) = \dfrac{\sqrt{3}}{2}$ 이므로

$$\cos^{-1}\left(\frac{\sqrt{3}}{2}\right) = \frac{\pi}{6}. \quad \blacksquare$$

$y = \tan x$의 역함수 $y = \tan x$의 정의역을 $-\dfrac{\pi}{2} < x < \dfrac{\pi}{2}$로 제한하면 일대일 함수이므로 부분적인 역함수 $\tan^{-1}$이 존재한다. 이때 $\tan^{-1}$의 정의역은 $\tan$의 치역인 모든 실수의 집합 $\mathbb{R}$, 치역은 $-\dfrac{\pi}{2} < x < \dfrac{\pi}{2}$이고, 그래프는 그림 1.25와 같다.

예제 1.17 $\tan\left(\dfrac{\pi}{6}\right) = \dfrac{1}{\sqrt{3}}$ 이므로 $\tan^{-1}\left(\dfrac{1}{\sqrt{3}}\right) = \dfrac{\pi}{6}$ 이다. 그리고 $\tan\left(\dfrac{\pi}{4}\right) = 1$ 이므로

$$\tan^{-1}(1) = \frac{\pi}{4}. \quad \blacksquare$$

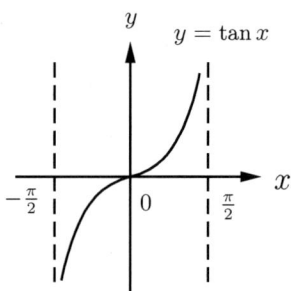
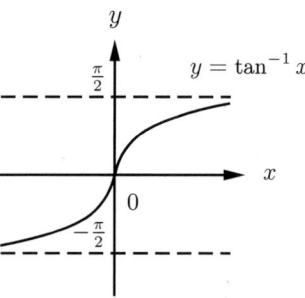

그림 1.25:

예제 1.18 만일 x가 아주 커가면 $\tan^{-1} x$은 어떤 값으로 가까이 갈 것인지 예측하여 보자. $y = \tan x$의 그래프에서 x가 $\dfrac{\pi}{2}$에 가까이 가면 y는 무한히 커가므로 x가 커가면 $\tan^{-1} x$의 값이 $\dfrac{\pi}{2}$에 가까이 감을 예측할 수 있다. (그림 1.25) ∎

기타 $\csc x, \sec x, \cot x$의 역함수를 비슷하게 정의할 수 있다. 자세한 것은 참고문헌 [4]를 참고하라.

쌍곡선함수의 역함수 $y = \sinh x$는 실수 전체집합 $\mathbb{R}$에서 $\mathbb{R}$로 일대일 대응함수이므로 역함수 $\sinh^{-1}$이 존재한다. 이때 역함수 $\sinh^{-1}$의 정의역과 치역은 $\mathbb{R}$이다.

$y = \cosh x$는 정의역을 $x \geq 0$으로 제한하면 일대일 함수이므로 부분적인 역함수 $\cosh^{-1}$이 존재하고 $\cosh^{-1}$의 정의역은 $x \geq 1$이고 치역은 $y \geq 0$이다.

$y = \tanh x$는 실수 전체집합 $\mathbb{R}$에서 $(-1, 1)$로 일대일 대응함수이므로 역함수 $\tanh^{-1}$이 존재하고 $\tanh^{-1}$의 정의역은 $(-1, 1)$이고 치역은 $\mathbb{R}$이다.

예제 1.19 함수 $y = \sinh x$의 역함수 $\sinh^{-1} x$를 구하자.
$y = \dfrac{e^x - e^{-x}}{2}$에서 x와 y를 바꾸면 $x = \dfrac{e^y - e^{-y}}{2}$이므로

$$(e^y)^2 - 2xe^y - 1 = 0.$$

이 방정식을 풀면 $e^y = x \pm \sqrt{x^2 + 1}$이고 $e^y > 0$이므로 $e^y = x + \sqrt{x^2 + 1}$. 따라서

$$y = \sinh^{-1} x = \ln(x + \sqrt{x^2 + 1}).$$

비슷하게

$$\cosh^{-1} x = \ln(x + \sqrt{x^2 - 1}) \ (x > 1),$$
$$\tanh^{-1} x = \frac{1}{2} \ln\left(\frac{1+x}{1-x}\right) \ (|x| < 1)$$

임을 보일 수 있다. ▮

・・・・・・・・・・・・・・・・・・・・・・・・・・・ 연습문제 **1.2.5** ・・・・・・・・・・・・・・・・・・・・・・

1. 다음 함수의 정의역을 제한하여 부분적인 역함수를 구하라.

(1) $f(x) = x^2 - x$ (2) $f(x) = \dfrac{1}{x+1}$

2. $f(x) = (x-1)^2 - 1 (x \geq 1)$의 역함수가 존재하는 이유를 설명하고 $f^{-1}(3)$, $f^{-1}(8)$을 구하여라.

3. $\sin^{-1}\left(\dfrac{\sqrt{3}}{2}\right)$, $\sin^{-1}(0)$의 값을 구하여라.

4. $\cos^{-1}(0)$, $\cos^{-1}\left(\dfrac{1}{2}\right)$의 값을 구하여라.

5. 다음을 보여라.

$$\cosh^{-1} x = \ln(x + \sqrt{x^2 - 1}) \ (x > 1)$$
$$\tanh^{-1} x = \frac{1}{2} \ln\left(\frac{1+x}{1-x}\right) \ (|x| < 1)$$

1.2.6 매개변수함수와 음함수

매개변수함수   세 변수 x, y, t 사이에

$$x = f(t), y = g(t) \tag{1.9}$$

와 같은 두 가지의 함수관계(두 가지의 방정식)는 x와 y 사이에 어떤 함수관계 $F(x, y) = 0$를 t를 매개변수로 하여 간접적으로 결정하여 준다. 이때 (1.9)의

두 방정식을 t를 매개변수로 갖는 한 쌍의 **매개변수방정식**이라고 한다. 그리고 함수 $F(x, y) = 0$을 한 쌍의 매개변수방정식 (1.9)에 의하여 정의되는 함수라 한다. 한편, 식 (1.9)를 함수 $F(x, y) = 0$의 **매개변수함수표현**이라고도 한다.

예제 1.20 세 변수 x, y, t 사이에

$$x = 2t, \quad y = t^2 + t + 1 \tag{1.10}$$

와 같은 두 가지의 함수관계는 x와 y 사이의

$$y = \frac{x^2}{4} + \frac{x}{2} + 1 \tag{1.11}$$

와 같은 함수관계를 t를 매개변수로 하여 간접적으로 결정하여 준다. 이때 식 (1.11)을 한 쌍의 매개변수방정식 (1.10)에 의하여 정의된 함수이며, 식 (1.10)은 함수 (1.11)을 t를 매개변수로 하는 매개변수함수표현이다. ∎

예제 1.21 다음 매개변수방정식에 의하여 정의된 함수 $y = f(x)$를 구하여라.

$$x = \cos^2 t, \quad y = \sin^2 t \ (0 \le t \le 2\pi). \tag{1.12}$$

풀이 매개변수방정식 (1.12)에서 t를 소거하면

$$x + y = 1 \tag{1.13}$$

을 얻는다. 그런데 식 (1.13)에서 x와 y는

$$0 \le x \le 1, \quad 0 \le y \le 1$$

와 같은 범위의 변수이어야 한다. 식 (1.12)와 식 (1.13)으로 부터 구하려는 함수는 $y = 1 - x \ (0 \le x \le 1)$이다. ∎

양함수와 음함수 $\mathbb{R}$의 부분집합 D에 대하여 대응규칙을

$$y = f(x) \ (x \in D)$$

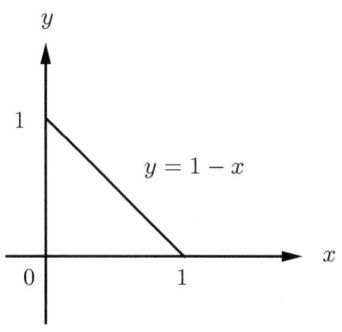

그림 1.26:

와 같은 꼴로 나타낸 것을 **양함수**(explicit function)라 하며, 대응규칙을

$$g(x, y) = 0 \ (x \in D)$$

와 같은 방정식의 꼴로 나타낸 것을 **음함수**(implicit function)라고 한다.

예제 1.22 $y = x^2 \ (0 \le x \le 3)$와 같이 나타낸 것은 양함수이고

$$x^2 - y = 0 \ (0 \le x \le 3)$$

와 같이 나타낸 것은 음함수이다. ▮

음함수에 대한 최대정의역의 법칙 함수가 $g(x, y) = 0$과 같이 정의역의 표시가 없이 음함수의 꼴로 주어질 때, 이 함수의 정의역 D를

$$D = \{a \in \mathbb{R} : \text{방정식 } g(a, y) = 0 \text{이 유일한 실근을 갖는다.}\}$$

와 같이 약속하는 것을 음함수에 대한 **최대정의역의 법칙**이라고 부른다.

예제 1.23 정의역의 표시가 없는 음함수

$$xy - x - y - 1 = 0 \tag{1.14}$$

의 정의역을 구하고, 이 함수를 양함수로 나타내자.

방정식 (1.14)를 $y = f(x)$의 꼴로 나타내면

$$y = \frac{x+1}{x-1}. \tag{1.15}$$

식 (1.15)로 부터 식 (1.14)가 나타내는 함수의 정의역 D를 음함수에 대한 최대정의역의 법칙에 의하여 구하면

$$D = \mathbb{R} - \{1\}. \tag{1.16}$$

식 (1.15)와 식 (1.16)에 의하여 식 (1.14)가 나타내는 함수를 양함수로 나타내면

$$y = \frac{x+1}{x-1} \ (x \in \mathbb{R} - \{1\}). \ \blacksquare$$

참고 방정식 $g(x, y) = 0$이 어떠한 함수도 나타내지 못할 경우도 있다. 예를 들어 방정식 $x^2 + y^2 + 1 = 0$에서는 x에 어떠한 실수 a를 대입하더라도 방정식 $a^2 + y^2 + 1 = 0$이 실근을 갖지 못한다. 따라서 이 방정식은 함수를 정의하지 (나타내지) 못한다. $\blacksquare$

예제 **1.24** 방정식

$$x^2 + y^2 - 1 = 0$$

에서 x 대신 폐구간 $[-1, 1]$에 속하는 수 a를 대입하여 얻은 방정식 $a^2 + y^2 = 1$은 2개의 실근

$$y = \pm\sqrt{1 - a^2}$$

을 갖는다. 그러므로 이 방정식은 어떤 하나의 함수를 나타내지는 못한다. 그러나 이 경우에 위의 방정식은 폐구간 $[-1, 1]$에 속하는 실수 a 마다 $\sqrt{1 - a^2}$를 대응시키는 함수

$$y = \sqrt{1 - x^2} \ (-1 \leq x \leq 1)$$

와 $-\sqrt{1-a^2}$ 을 대응시키는 함수

$$y = -\sqrt{1-x^2} \ (-1 \le x \le 1)$$

를 동시에 나타낸다고 생각하기로 약속한다. (그림 1.27) ∎

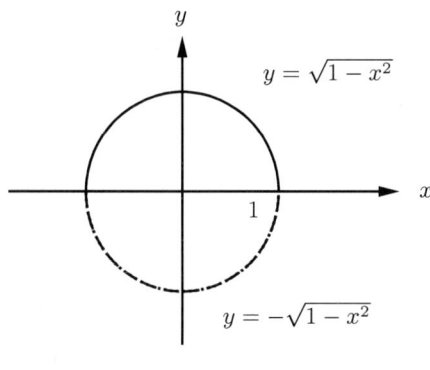

그림 1.27:

········· 연습문제 **1.2.6** ·········

1. 다음 매개변수 방정식이 나타내는 함수를 $y = f(x)$의 꼴로 나타내어라.

(1) $x = \dfrac{t}{2},\ y = t^2 - 4$ (2) $x = \dfrac{1}{1+t},\ y = \dfrac{t}{1-t^2}$

2. 다음 방정식이 나타내는 곡선의 매개변수 방정식을 구하여라.

$$x^2 + y^2 = 4xy$$

1.2.7 극좌표와 극방정식

평면에서 점을 표시하는 방법은 많은데 가장 대표적인 것이 직교좌표와 극좌표이다. 극좌표란 평면 위의 고정된 점인 **극점**(pole)과 이 점을 싯점으로 하는 반직선인 **극축**(polar axis)을 이용해서 점을 표시하는 방법이다. 즉, P를 평면 위의 점이라 할 때, 극점에서 P까지 거리를 r이라 하고 극점과 P를 잇는 선분과 극축이 이루는 각을 θ라 하면 점 P를 (r, θ)로 나타낸다. 이때 (r, θ)를 점 P의 **극좌표**(polar coordinate)라 한다. (그림 1.28)

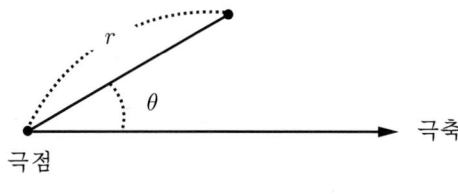

그림 1.28:

직교좌표에서 원점을 극점으로 하고 양의 x축을 극축으로 두자. 만일 직교좌표에서 점 (x, y)를 극좌표로 나타내었을 때 (r, θ)이면 다음 관계가 성립한다. (그림 1.29)

$$r^2 = x^2 + y^2, \quad \tan \theta = \frac{y}{x} \ (x \neq 0),$$
$$x = r \cos \theta, \quad y = r \sin \theta. \tag{1.17}$$

차가 2π의 정수배가 되는 각은 구별할 수 없으므로 극좌표가 (r, θ)인 점과 $(r, \theta + 2n\pi)$(n은 정수)인 점은 동일한 점이다. 따라서 평면 위의 점을 나타내는 직교좌표는 한 가지 뿐이지만 이 점을 나타내는 극좌표는 여러 가지가 있다.

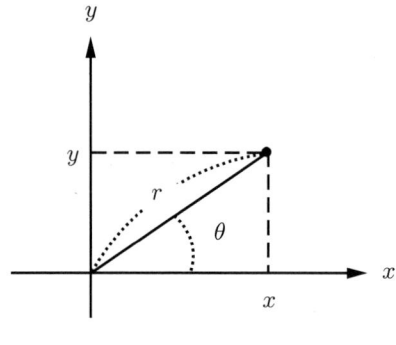

그림 1.29:

예제 **1.25** 직교좌표가 $(1, \sqrt{3})$인 점을 극좌표로 나타내어 보자. $x = 1, y = \sqrt{3}$이므로 식 (1.17)에서

$$r = \sqrt{x^2 + y^2} = 2, \quad \cos\theta = \frac{x}{r} = \frac{1}{2}, \quad \sin\theta = \frac{y}{r} = \frac{\sqrt{3}}{2}$$

이므로 $\theta = \dfrac{1}{3}\pi + 2n\pi(n$은 정수$)$. 따라서 직교좌표가 $(1, \sqrt{3})$인 점을 극좌표로 나타내면

$$\left(2, \frac{1}{3}\pi + 2n\pi\right) \ (단\ n은\ 정수)$$

이다. ∎

점 P의 극좌표 (r, θ)에서 r은 원점에서 P까지 거리이므로 $r \geq 0$이다. 그러나 변환식 (1.17)을 이용하면 $r < 0$인 경우도 확장할 수 있다. 즉, $r < 0$일 때

$$(r, \theta) = (-r, \theta + \pi)$$

로 정의하면 극좌표에서 $r < 0$인 경우도 허용된다.

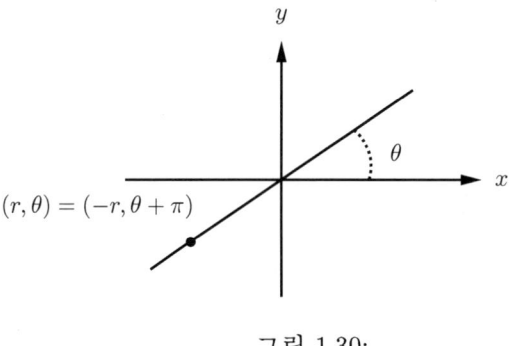

그림 1.30:

극방정식　곡선을 나타내는 데는 직교좌표보다 극좌표가 쉬운 경우가 있다. 지금부터 극좌표를 이용해서 곡선을 표시하는 방법에 대해 알아보자.

예제 1.26　$r = \sqrt{x^2 + y^2}$ 이므로 극방정식 $r = 3$은 중심은 원점이고 반지름이 3인 원을 나타낸다. ∎

예제 1.27 극좌표에서 $r = \sin\theta$로 주어진 곡선을 직교좌표로 바꾸자.

$$r^2 = r \sin \theta$$

이므로

$$x^2 + y^2 = y.$$

따라서 극좌표에서 $r = \sin \theta$로 주어진 곡선은 직교좌표에서

$$x^2 + \left(y - \frac{1}{2}\right)^2 = \left(\frac{1}{2}\right)^2$$

이므로 중심이 $\left(0, \frac{1}{2}\right)$이고 반지름이 $\frac{1}{2}$인 원이다. ∎

직교좌표에서 함수 $y = f(x)$의 그래프를 그리는 것처럼 극좌표에서 $r = f(\theta)$로 주어진 곡선의 개형에 대해 알아보자.

먼저 대칭성을 조사한다. 만일 θ 대신 $-\theta$를 대입해도 방정식이 변함이 없으면 x축에 대칭, θ 대신 $\pi - \theta$를 대입해도 곡선의 방정식이 변함이 없으면 y축에 대칭, r 대신 $-r$을 대입해도 곡선의 방정식이 변함이 없으면 원점에 대칭이다. 이 사실은 그림 1.31을 통하여 알 수 있다.

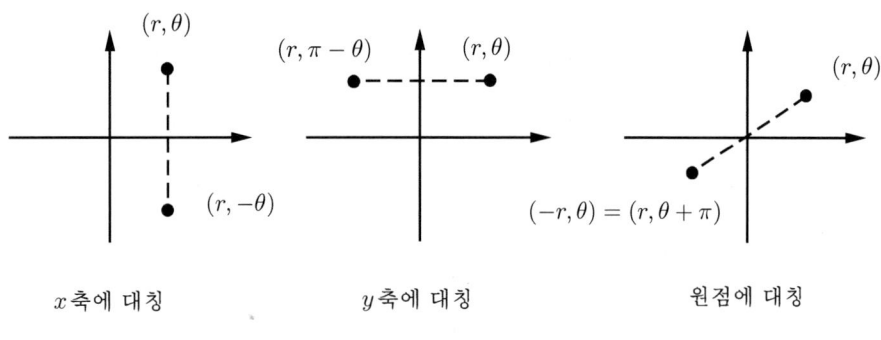

x축에 대칭 y축에 대칭   원점에 대칭

그림 1.31:

예제 **1.28** (심장형곡선) 극좌표로 주어진 곡선

$$r = 1 + \cos \theta$$

의 개형을 그려보자. θ 대신 $-\theta$를 대입해도 식이 변하지 않으므로 x축에 대칭인 곡선이고 $\cos \theta$의 주기가 2π이므로 $0 \le \theta \le \pi$에서만 그려보면 된다. 몇 가지 θ 값에 대해 r의 값을 구하면 다음 표와 같다.

θ	0	$\dfrac{\pi}{6}$	$\dfrac{\pi}{3}$	$\dfrac{\pi}{2}$	$\dfrac{2\pi}{3}$	$\dfrac{5\pi}{6}$	π
r	2	$1+\dfrac{\sqrt{3}}{2}$	$1+\dfrac{1}{2}$	1	$\dfrac{1}{2}$	$1-\dfrac{\sqrt{3}}{2}$	0

이 점들을 평면 위에 나타내고 난 후 각 점을 잇고 x축에 대칭이동하면 그림 1.32와 같은 곡선의 개형을 얻을 수 있다. ▌

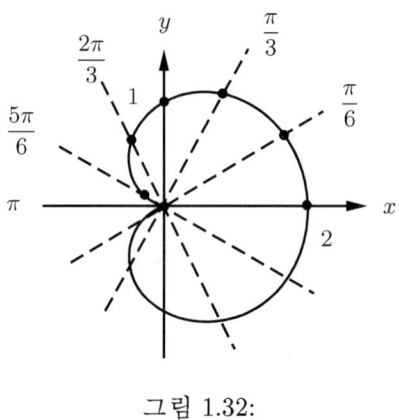

그림 1.32:

예제 1.29 (세 잎 장미꽃) $r = \sin 3\theta$의 개형을 그려 보자. θ 대신 $\pi - \theta$를 대입해도 식이 변하지 않으므로 y축에 대칭이다. θ에 대한 r의 증감표를 구하면

θ	0	$\dfrac{\pi}{6}$	$\dfrac{\pi}{3}$	$\dfrac{\pi}{2}$	$\dfrac{2\pi}{3}$	$\dfrac{5\pi}{6}$	π
r	0	1	0	-1	0	1	0

따라서 곡선의 개형은 그림 1.33과 같다. ▌

·· **연습문제 1.2.7** ····························

1. 극좌표로 주어진 다음 점의 직교좌표를 구하여라.

(1) $\left(3, \dfrac{\pi}{6}\right)$ (2) $\left(-2, -\dfrac{\pi}{2}\right)$

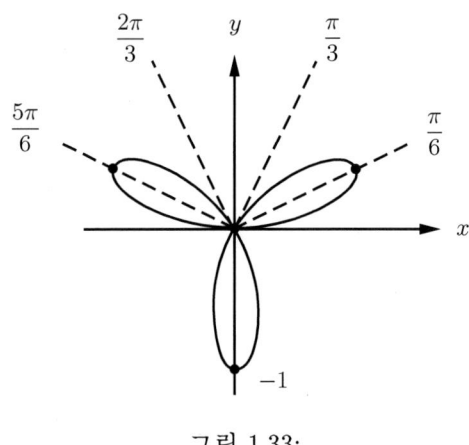

그림 1.33:

2. 직교좌표로 주어진 다음 점의 극좌표를 구하여라.

   (1) $\left(3, 3\sqrt{3}\right)$ (2) $(-1, 0)$

3. 극좌표로 주어진 다음 곡선의 개형을 구하여라.

   (1) $r = \cos 3\theta$ (2) $r = 1 + \sin \theta$

제 2 장

함수의 극한과 연속

극한의 정의 및 기본성질

극한의 직관적 정의 함수 $f(x) = 2x + 1$에서 x가 3에 가까워질 때 함수값 $f(x)$의 값의 변화를 보자.

$$x \quad \cdots \quad \frac{1}{2} \quad \cdots \quad 1 \quad \cdots \quad \frac{3}{2} \quad \cdots \quad 2 \quad \cdots \quad \frac{5}{2} \quad \cdots \to \quad 3$$

$$f(x) \quad \cdots \quad 2 \quad \cdots \quad 3 \quad \cdots \quad 4 \quad \cdots \quad 5 \quad \cdots \quad 6 \quad \cdots \to \quad 7$$

표에서 보는 것과 같이 x가 3의 왼쪽에서 3에 가까워질수록 $f(x)$는 7로 가까워 진다는 것을 알 수 있다. 그리고 x가 3의 오른쪽에서 3에 가까워갈수록 $f(x)$는 7로 가까워진다는 것도 알 수 있다. 이때 이것을 다음과 같이 나타낸다.

$$\lim_{x \to 3}(2x + 1) = 7.$$

이것은 x가 3 전후에서 3으로 한없이 가까이 가면 $2x + 1$은 7로 한없이 가까이 간다는 뜻이다. 이 사실을 그래프를 이용해서 살펴보면 그림 2.1과 같다. 그러나

한없이 가까이 간다

는 수학적 정의가 아닌 직관적인 표현이다. 이것을 엄밀하게 하기 위해서는 수학적인 정의가 필요하지만 복잡하고 어렵기 때문에 생략한다.

위 사실을 일반화한 것이 극한이다. 특별한 언급이 없으면 모든 함수는 정

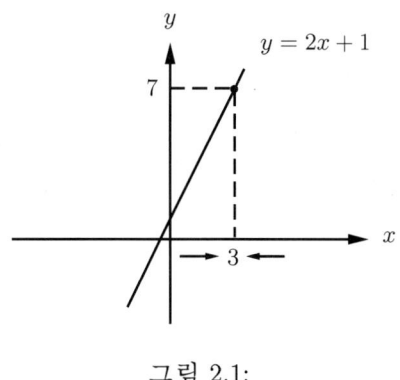

그림 2.1:

의역이 $\mathbb{R}$의 어떤 부분집합인 실함수이다. 그리고 $x = a$에서 $f(x)$의 극한이 정의되기 위해서는 f가 a 근방에서 정의되어야 한다. 따라서 어떤 점에서 함수의 극한을 조사할 때 그 함수는 그 점 근방에서 정의된 것으로 가정하자.

정의 2.1

x가 a의 왼쪽(오른쪽)에서 a로 한없이 가까이 갈 때, 가는 방법에 관계없이 $f(x)$가 L로 한없이 가까이 가면 L을 $x = a$에서 $f(x)$의 **왼쪽 극한** (**오른쪽 극한**)이라 하고 다음과 같이 나타낸다.

$$\lim_{x \to a-} f(x) = L \quad \left(\lim_{x \to a+} f(x) = L \right)$$

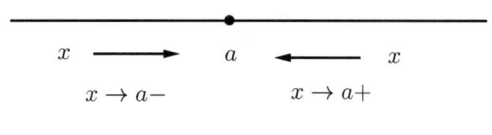

그림 2.2:

정의 2.2

x가 a로 한없이 가까이 갈 때, 가는 방법에 관계없이 $f(x)$가 L로 한없이 가까이 가면 "x가 a로 한없이 가까이 갈 때 $f(x)$는 L로 수렴한다"고 하고

$$\lim_{x \to a} f(x) = L$$

로 나타낸다. 그리고 L을 $x = a$에서 $f(x)$의 **극한값**이라 한다.

정의 2.2는 다음과 같은 사실을 포함하고 있다.

1. $\lim_{x \to a} f(x) = L$ 이라는 것은 x 가 a 로 한없이 가까이 갈 때, 가는 방법에 관계 없이 $f(x)$ 는 L 로 한없이 가까이 가야한다.

2. L 이 $x = a$ 에서 $f(x)$ 의 극한이란 것은, 즉 $\lim_{x \to a} f(x) = L$ 이라는 것은 $f(a)$ 의 값의 존재에 관계없고 $f(a) = L$ 일 필요도 없다.

3. $\lim_{x \to 3}(2x+1) = 2 \times 3 + 1 = 7$ 과 같이 단순하게 x 대신 3을 대입해서 극한값을 구할 수 있는 경우도 있지만 x 값을 직접 대입해서 구할 수 없는 경우도 많다.

정리 2.3

$\lim_{x \to a} f(x) = L$ 이기 위한 필요충분조건은

$$\lim_{x \to a+} f(x) = \lim_{x \to a-} f(x) = L.$$

증명 $\lim_{x \to a} f(x) = L$ 이면 x 가 a 로 한없이 가까이 갈 때, 가는 방법에 관계없이 $f(x)$ 가 L 로 한없이 가까이 가므로 $\lim_{x \to a+} f(x) = \lim_{x \to a-} f(x) = L$ 이 성립한다.

역으로[1] $\lim_{x \to a+} f(x) = \lim_{x \to a-} f(x) = L$ 이면 x 가 a 에 한없이 가까이 가는 방법에 관계없이 $f(x)$ 가 L 에 한없이 가까이 간다는 뜻이므로 $\lim_{x \to a} f(x) = L$ 이다. ■

예제 2.1 (가우스함수) $f(x) = [x]$(단 $[x]$ 는 x 를 넘지않는 최대정수)일 때 n 이 정수이면

$$\lim_{x \to n+} [x] = n, \qquad \lim_{x \to n-} [x] = n - 1.$$

따라서 $\lim_{x \to n} [x]$ 는 존재하지 않는다. (그림 2.3) ■

예제 2.2 디리클렛(Dirichlet) 함수

$$f(x) = \begin{cases} 0, & x 는 무리수, \\ 1, & x 는 유리수 \end{cases}$$

---

1) 엄밀한 증명은 아니다.

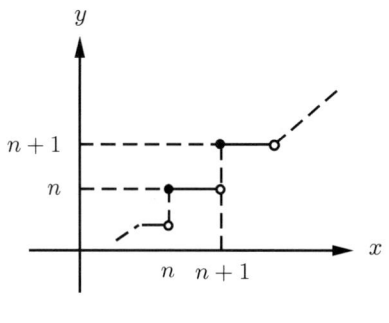

그림 2.3:

는 1과 $\sqrt{2}$에서 극한값이 존재하지 않음을 보이자.

$x_n = \sqrt{\dfrac{n}{n+1}}$ $(n = 1, 2, \ldots)$ 이면 모든 n에 대해 x_n은 무리수이므로

$$f(x_1) = f(x_2) = \cdots = 0$$

이다. 따라서 이 방법으로 x가 1로 한없이 가까이 가면 $f(x)$는 0으로 한없이 가까이 간다. 그러나

$$x_n = 1 + \frac{1}{n}(n = 1, 2, \ldots)$$

이면 모든 n에 대해 x_n은 유리수이므로

$$f(x_1) = f(x_2) = \cdots = 1$$

이다. 따라서 이 방법으로 x가 1로 한없이 가까이 가면 $f(x)$는 1로 한없이 가까이 간다. 즉, x가 1로 한없이 가까이 가는 방법에 따라 $f(x)$가 가까이 가는 값이 다르므로 극한값이 존재하지 않는다.

나머지도 같은 방법으로 증명할 수 있다. ∎

실제로 디리클렛 함수는 모든 점에서 극한값이 존재하지 않는다.

예제 2.3 $f(x) = 2x + 1$ 이면

$$\lim_{x \to 3+} (2x + 1) = 7, \quad \lim_{x \to 3-} (2x + 1) = 7.$$

따라서 $\lim_{x \to 3} (2x + 1) = 7$ 이다. ∎

극한의 기본성질 다음 정리는 직관적으로 당연해 보인다. 엄밀한 증명을 하기 위해서는 극한에 대한 엄밀한 정의가 필요하므로 생략한다.

정리 2.4

$\lim\limits_{x \to a} f(x) = L$, $\lim\limits_{x \to a} g(x) = M$ 이고 α는 실수라 하자. 그러면 다음이 성립한다.

(1) $\lim\limits_{x \to a} \big[f(x) \pm g(x)\big] = L \pm M$.

(2) $\lim\limits_{x \to a} f(x)g(x) = LM$.

(3) 만일 $M \neq 0$이면 $\lim\limits_{x \to a} \dfrac{f(x)}{g(x)} = \dfrac{L}{M}$.

(4) $\lim\limits_{x \to a} \big[\alpha f(x)\big] = \alpha L$.

오른쪽 극한과 왼쪽 극한에 대해서도 정리 2.4가 성립한다는 것은 극한의 정의로부터 자명하다.

예제 2.4 $f(x) = 2x + 1, g(x) = x^2 + 1$일 때 $\lim\limits_{x \to 1} f(x) = 3, \lim\limits_{x \to 1} g(x) = 2$이다. 따라서

$$\lim_{x \to 1} \big[f(x) + g(x)\big] = \lim_{x \to 1} \big[(2x + 1) + (x^2 + 1)\big] = 3 + 2 = 5,$$
$$\lim_{x \to 1} \big[f(x)g(x)\big] = \lim_{x \to 1}(2x + 1)(x^2 + 1) = 3 \times 2 = 6,$$
$$\lim_{x \to 1} \frac{f(x)}{g(x)} = \lim_{x \to 1} \frac{2x + 1}{x^2 + 1} = \frac{2 \times 1 + 1}{1^2 + 1} = \frac{3}{2}. \quad \blacksquare$$

예제 2.5 $p(x) = a_n x^n + a_{n-1} x^{n-1} + \cdots + a_1 x + a_0 \ (a_n \neq 0)$이면

$$\lim_{x \to \alpha} p(x) = \lim_{x \to \alpha}(a_n x^n + \cdots + a_0)$$
$$= \lim_{x \to \alpha} a_n x^n + \lim_{x \to \alpha} a_{n-1} x^{n-1} + \cdots + \lim_{x \to \alpha} a_0$$
$$= a_n \lim_{x \to \alpha} x^n + a_{n-1} \lim_{x \to \alpha} x^{n-1} + \cdots + \lim_{x \to \alpha} a_0$$
$$= a_n \alpha^n + a_{n-1} \alpha^{n-1} + \cdots + a_0. \quad \blacksquare$$

예제 2.6 다음 극한값을 구하자.

$$\lim_{x \to 2} \frac{1}{x^3 + 2}.$$

$\lim\limits_{x \to 2} 1 = 1$ 이고 $\lim\limits_{x \to 2} (x^3 + 2) = 10$ 이므로 정리 2.4의 (3)에 의하여

$$\lim_{x \to 2} \frac{1}{x^3 + 2} = \frac{1}{10}. \quad \blacksquare$$

정리 2.5

$\lim\limits_{x \to a} f(x) = L, \lim\limits_{x \to a} h(x) = L$ 이고 $x = a$ 근방에서

$$f(x) \le g(x) \le h(x)$$

를 만족하면 $\lim\limits_{x \to a} g(x) = L$ 이다.

증명 직관적으로 x 가 a 로 한없이 가까이 갈 때 $f(x), h(x)$ 가 한없이 L 로 가까이 간다. 따라서 $g(x)$ 는 L 로 한없이 가까이 가야한다. 엄밀한 증명은 생략한다. $\blacksquare$

예제 2.7 모든 $x \ne 0$ 에 대해

$$0 \le \left| x \sin \frac{1}{x} \right| \le |x|$$

이 성립한다. $\lim\limits_{x \to 0} |x| = 0$ 이므로 $\lim\limits_{x \to 0} \left| x \sin \frac{1}{x} \right| = 0$ 이다. 따라서

$$\lim_{x \to 0} \left(x \sin \frac{1}{x} \right) = 0. \quad \blacksquare$$

정의 2.6

x 가 a 로 한없이 가까이 갈 때, 가는 방법에 관계없이 $f(x)$ 가 양으로 한없이 커지면(음으로 한없이 커지면) $x = a$ 에서 $f(x)$ 는 양의 (음의) 무한대로 발산한다고 하고 다음과 같이 나타낸다.

$$\lim_{x \to a} f(x) = \infty (-\infty).$$

여기서 ∞ 와 $-\infty$ 는 숫자가 아니라 기호이다. 그리고 $x \to \infty$ 은 x 가 양으로 한없이 커간다는 의미의 기호이다. 비슷하게 $x \to -\infty$ 는 x 가 음으로 한없이

커간다는 의미의 기호이다.

정의 2.7

x가 양으로 한없이 커갈 때(음으로 한없이 커갈 때), 가는 방법에 관계없이 함수 $f(x)$의 값이 실수 L로 한없이 가까이 가면 $f(x)$는 L로 수렴한다고 하고 다음과 같이 나타낸다.

$$\lim_{x \to \infty} f(x) = L \quad \left(\lim_{x \to -\infty} f(x) = L \right).$$

예제 2.8 $f(x) = \sin \dfrac{1}{x}$ 일 때 x가 0에 한없이 가까이 가면 $f(x)$의 값은 -1과 1 사이의 값을 취하면서 움직이며 일정한 값으로 가까이 가지 않는다. 이런 경우 **진동**한다고 말한다. ▮

예제 2.9 함수

$$f(x) = \begin{cases} 1, & x \text{가 유리수}, \\ 0, & x \text{가 무리수} \end{cases}$$

에 대해 $\lim\limits_{x \to a} f(x)$가 진동함을 보여라. 단 a는 임의의 실수이다.

풀이 x가 한없이 a로 가까이 갈 때 $f(x)$의 값은 0과 1을 반복해서 취하므로 $\lim\limits_{x \to a} f(x)$는 진동한다. ▮

······················· **연습문제 2.1** ·····························

1. 다음 한쪽 극한을 구하여라.

    (1) $\lim\limits_{x \to 0+} \dfrac{x}{|x|}$ (2) $\lim\limits_{x \to 0-} \dfrac{x}{|x|}$ (3) $\lim\limits_{x \to 1+} (5x + 2)$

2. 다음 극한값을 구하여라.

    (1) $\lim\limits_{x \to 2} \dfrac{x^3 - 8}{x^2 - 2x}$ (2) $\lim\limits_{x \to \infty} \dfrac{100x}{x^2 + 1}$

    (3) $\lim\limits_{x \to \infty} \dfrac{3x^2 + 1}{x^2 + 2x + 5}$ (4) $\lim\limits_{x \to 1} \dfrac{\sqrt{x^2 + 1} - \sqrt{2}}{x^2 - 1}$

2.2 여러 가지 극한

삼각함수, 지수함수, 로그함수, 쌍곡선함수를 포함하는 함수들의 극한에 대해 알아보자.

정리 2.8

$$\lim_{x \to 0} \frac{\sin x}{x} = 1$$

증명 중심이 O, 반지름 1, 중심각이 x인 부채꼴에서 선분 OB의 연장선과 A에서 부채꼴에 접하는 접선과의 교점을 C라 하자. (그림 2.4)

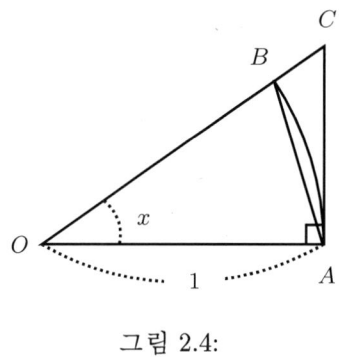

그림 2.4:

이때 다음이 성립한다.

삼각형 OAB의 면적 $<$ 부채꼴 OAB의 면적 $<$ 삼각형 OAC의 면적.

따라서 [2]

$$\frac{1}{2}\sin x < \frac{1}{2}x < \frac{1}{2}\tan x$$

또는

$$\cos x < \frac{\sin x}{x} < 1.$$

---

2) 두 변의 길이가 a, b이고 사잇각이 x인 삼각형의 면적은 $\frac{1}{2}ab\sin x$, 중심각이 x이고 반지름이 r인 부채꼴의 면적은 $\frac{1}{2}r^2 x$이다.

$\displaystyle\lim_{x \to 0+} \cos x = \lim_{x \to 0+} 1 = 1$ 이므로 정리 2.5에 의해 $\displaystyle\lim_{x \to 0+} \frac{\sin x}{x} = 1$ 이다.

$t = -x$ 이면

$$\lim_{x \to 0-} \frac{\sin x}{x} = \lim_{t \to 0+} \frac{\sin(-t)}{-t} = \lim_{t \to 0+} \frac{\sin t}{t} = 1.$$

따라서 $\displaystyle\lim_{x \to 0} \frac{\sin x}{x} = 1$ 이다.[3) ■

참고 극한정리에 의하면 $\displaystyle\lim_{x \to 0} \frac{\sin x}{x} = 1$ 이다. 그리고 $\displaystyle\lim_{x \to 0} \frac{\sin x}{x}$ 는 x 가 아주 작을 때 x 와 $\sin x$ 의 비에 대한 극한이므로 $\dfrac{\sin mx}{mx}(m \neq 0)$ 형태일 때 $x = 0$ 에서 극한값이 1이 된다. ▮

예제 2.10 $\displaystyle\lim_{x \to 0} \frac{\sin 2x}{x} = 2$ 이다. $x \to 0$ 일 때 $2x \to 0$ 이므로 $\displaystyle\lim_{x \to 0} \frac{\sin 2x}{x} = 1$ 인 것 같지만 $2x = t$ 로 치환하여 계산하면

$$\lim_{x \to 0} \frac{\sin 2x}{x} = \lim_{t \to 0} \frac{\sin t}{\frac{1}{2}t} = 2$$

이다. ▮

예제 2.11 다음 극한을 구하여라.

$$\lim_{x \to 0} \frac{\sin 3x}{x}.$$

풀이 $3x = t$ 로 치환하면 $x \to 0$ 일 때 $t \to 0$ 이므로

$$\lim_{x \to 0} \frac{\sin 3x}{x} = \lim_{t \to 0} (\sin t) \Big/ \left(\frac{t}{3} \right) = 3 \lim_{t \to 0} \frac{\sin t}{t} = 3$$

이다. ▮

일반적으로 다음이 성립한다.

---

3) $f(-x) = -f(x)$ 인 성질을 갖는 함수를 기함수(odd function)라 하고 $g(-x) = g(x)$ 인 성질을 갖는 함수를 우함수(even function)라 한다. 기함수의 그래프는 원점에 대칭, 우함수의 그래프는 y축에 대칭이다. 예를 들면 $f(x) = \sin x$ 는 기함수이고 $g(x) = x^2$ 은 우함수이다.

$$\lim_{x \to 0} \frac{\sin mx}{nx} = \frac{m}{n} \ (\ 단\ m, n은\ 실수,\ n \neq 0.)$$

이 사실은 치환하여 극한을 구하면 쉽게 보일 수 있다.

정리 2.9

$$\lim_{x \to \infty} \left(1 + \frac{1}{x}\right)^x = e$$

증명 참고문헌 [4]를 참고하라. ■

참고 $\lim_{x \to \infty} \left(1 + \frac{1}{x}\right)^x$ 의 값이 존재하고 극한값은 다음 극한값과 같은 값이라는 것이 알려져 있다.

$$e = \sum_{n=0}^{\infty} \frac{1}{n!} = 1 + 1 + \frac{1}{2!} + \frac{1}{3!} + \cdots + \frac{1}{n!} + \cdots$$

그리고 극한값 e는 무리수이며 초월수[4]라는 것이 알려져 있다. ∎

예제 2.12 다음 극한값이 모두 e임을 보이자.

$$\lim_{n \to \infty} \left(1 + \frac{1}{n}\right)^n, \quad \lim_{x \to -\infty} \left(1 + \frac{1}{x}\right)^x, \quad \lim_{x \to 0}(1 + x)^{\frac{1}{x}}.$$

충분히 큰 양의 정수 n에 대해 $x < n < x + 1$을 만족하는 양의 실수 x가 존재한다. 따라서

$$\left(1 + \frac{1}{x+1}\right)^x < \left(1 + \frac{1}{n}\right)^n < \left(1 + \frac{1}{x}\right)^{x+1}.$$

그런데

$$\lim_{x \to \infty} \left(1 + \frac{1}{x+1}\right)^x = \lim_{n \to \infty} \left[\left(1 + \frac{1}{x+1}\right)^{x+1} \Big/ \left(1 + \frac{1}{x+1}\right) \right] = e,$$

$$\lim_{x \to \infty} \left(1 + \frac{1}{x}\right)^{x+1} = \lim_{x \to \infty} \left(1 + \frac{1}{x}\right)^x \left(1 + \frac{1}{x}\right) = e.$$

---

4) 계수가 정수인 어떤 n차 방정식의 근이 되는 수를 대수(algebraic number)라 하고 그렇지 않은 수를 초월수(transcendental number)라 한다.

따라서

$$\lim_{n \to \infty} \left(1 + \frac{1}{n}\right)^n = e.$$

$x = -t$로 치환하면 $x \to -\infty$일 때 $t \to \infty$이므로

$$\begin{aligned}
\lim_{x \to -\infty} \left(1 + \frac{1}{x}\right)^x &= \lim_{t \to \infty} \left(1 - \frac{1}{t}\right)^{-t} \\
&= \lim_{t \to \infty} \left(\frac{t-1}{t}\right)^{-t} \\
&= \lim_{t \to \infty} \left(\frac{t}{t-1}\right)^t \\
&= \lim_{t \to \infty} \left(1 + \frac{1}{t-1}\right)^t \\
&= \lim_{t \to \infty} \left[\left(1 + \frac{1}{t-1}\right)^{t-1} \left(1 + \frac{1}{t-1}\right)\right] = e.
\end{aligned}$$

$t = \dfrac{1}{x}$라 하면 $x \to 0$일 때 $t \to \pm\infty$이므로

$$\lim_{x \to 0} (1+x)^{\frac{1}{x}} = \lim_{t \to \pm\infty} \left(1 + \frac{1}{t}\right)^t = e. \quad \blacksquare$$

일반적으로

$$\lim_{x \to \infty} f(x) = \infty \quad \text{또는} \quad \lim_{x \to -\infty} f(x) = -\infty \text{이면}$$

$$\lim_{x \to \pm\infty} \left(1 + \frac{r}{f(x)}\right)^{f(x)} = e^r.$$

참고 e**와 연속복리**: A원을 연리 r로 1년 동안 은행에 예금하면 원리합계는 $A(1+r)$이다. 그러나 6개월 동안 예금하면 6개월 동안 금리는 $\dfrac{r}{2}$가 타당하고 6개월 후의 원리합계는 $A\left(1 + \dfrac{r}{2}\right)$이므로 1년 후는 $A\left(1 + \dfrac{r}{2}\right)^2$이 된다. 만일 1년을 n개의 등기간으로 나누어 매기간 금리를 $\dfrac{r}{n}$로 하여 예금과 출금을 반복하면 1년 후 원리합계는 $A\left(1 + \dfrac{r}{n}\right)^n$이다. 따라서 n이 아주 크면 이 금액은

$$Ae^r = A\left(1 + r + \frac{1}{2}r^2 + \cdots\right)$$

과 근사하다.

이러한 계산법을 연속복리법이라 한다. 실제로 $1 + r < e^r$ 이므로 연속복리 법으로 계산하는 것이 이익이지만 $1 + r$ 과 e^r 의 차가 작고 연속복리법보다 복리법으로 계산하는 것이 간편하므로 일반적으로 복리법을 많이 이용한다. ▍

연습문제 2.2

1. 다음 극한값을 구하여라.

(1) $\displaystyle\lim_{x \to 0} \frac{\sin 5x}{2x}$ (2) $\displaystyle\lim_{x \to 0} \frac{2x}{\tan x}$ (3) $\displaystyle\lim_{x \to 0-} \frac{1 - \cos x}{2x}$

2. 다음 극한값을 구하여라.

(1) $\displaystyle\lim_{x \to \infty} \left(1 + \frac{1}{3x}\right)^x$ (2) $\displaystyle\lim_{x \to 0}(1 - x)^{\frac{1}{x}}$ (3) $\displaystyle\lim_{x \to 0} \frac{e^x - 1}{x}$

2.3 함수의 연속

정의 2.10

$x = a$ 근방에서 정의된 함수 $f(x)$ 가 다음 세 가지를 만족하면 $x = a$ 에서 **연속**이라 한다.

(1) $f(a)$ 가 존재한다.

(2) $\displaystyle\lim_{x \to a} f(x)$ 가 존재한다.

(3) $\displaystyle\lim_{x \to a} f(x) = f(a)$.

만일 f 의 정의역 D 내의 모든 점에서 연속이면 f 는 D 에서 **연속함수**라 한다. 그리고 위 세 가지 조건 중 어느 한 가지라도 만족하지 않으면 f 는 $x = a$ 에서 **불연속**이라 한다.

예제 2.13 다음 함수는 연속함수인가를 조사하고 연속함수가 아니면 불연속점 을 구하여라.

$$(1)\ f(x) = x + 1 \qquad\qquad (2)\ g(x) = \frac{x^2 - 1}{x - 1}$$

풀이 (1) $f(x)$는 모든 점에서 연속이기 위한 정의 2.10의 조건을 모두 만족하므로 연속함수이다.

(2) $x = 1$에서 $f(x)$의 값이 존재하지 않으므로 불연속이다. 그리고 $x \neq 1$인 모든 점에서 연속이기 위한 정의 2.10의 조건을 모두 만족하므로 연속이다. ∎

참고 a 근방에서 정의된 함수의 연속의 정의에 의하면 함수 $f(x)$가 $x = a$에서 연속이라는 의미는 $f(x)$가 $x = a$에서 극한값 $\displaystyle\lim_{x \to a} f(x) = f(a)$를 갖는다는 의미이다. ∎

예제 2.14 무한등비급수로 정의되는 함수

$$f(x) = x^2 + \frac{x^2}{1 + x^2} + \frac{x^2}{(1 + x^2)^2} + \frac{x^2}{(1 + x^2)^3} + \cdots$$

는 무한등비급수 합공식에 의하여

$$f(x) = \begin{cases} 1 + x^2, & x \neq 0, \\ 0, & x = 0. \end{cases}$$

따라서 $\displaystyle\lim_{x \to 0} f(x) = 1$이므로 $x = 0$에서 극한값이 존재한다. 그러나 $\displaystyle\lim_{x \to 0} f(x) = 1 \neq f(0)$이 되어서 함수 $f(x)$는 $x = 0$에서 불연속이다. 즉, 함수 $f(x)$가 $x = a$에서 연속이라는 것은 $f(x)$가 $x = a$에서 극한값을 갖기 위한 충분조건이지만 필요조건은 아니다. ∎

정리 2.11

두 함수 $f(x), g(x)$가 $x = a$ 근방에서 정의되어 있고 $x = a$에서 연속이면 다음 함수들도 $x = a$에서 연속이다.

$$f(x) \pm g(x), \quad kf(x)\ (k는\ 상수), \quad f(x) \cdot g(x), \quad \frac{f(x)}{g(x)} \quad (단\ g(a) \neq 0).$$

증명 극한정리를 이용하면 쉽게 증명할 수 있으므로 생략한다. ∎

예제 2.15 $p(x) = a_n x^n + \cdots + a_1 x + a_0$ 는 모든 점에서 연속이다. 왜냐하면 $1, x, \ldots, x^n$ 은 모두 연속함수고 정리 2.11에 의해 $p(x)$ 는 연속함수다. ∎

함수 $f(x)$ 가 폐구간 $[a, b]$ 에서 연속이면 다음 두 가지 중요한 성질을 갖는다.

정리 2.12 (중간값 정리)

함수 $f(x)$ 가 구간 $[a, b]$ 에서 연속이고 $f(a) \neq f(b)$ 일 때 $f(a) < k < f(b)$(또는 $f(b) < k < f(a)$)이면 $f(c) = k$ 인 c 가 (a, b) 에 존재한다.

증명 증명은 참고문헌 [1], [7]을 참고하라. ∎

따라서 임의의 두 실수가 어떤 연속함수의 치역의 원소이면 이 두 실수 사이의 모든 실수가 치역의 원소이다.

따름정리 2.13

함수 $f(x)$ 가 구간 $[a, b]$ 에서 연속이고 $f(a)f(b) < 0$이면 방정식 $f(x) = 0$ 은 a 와 b 사이에 적어도 한 개의 실근을 갖는다.

증명 중간값 정리에서 $k = 0$인 경우이다. ∎

중간값 정리를 이용하면 어떤 방정식의 근의 분포에 대한 정보를 얻을 수 있다.

예제 2.16 방정식

$$f(x) = (x^2 - 1) \cos \frac{\pi}{2} x + \sqrt{2} \sin \frac{\pi}{2} x - 1 = 0 \tag{2.1}$$

은 $f(0)f(1) < 0$을 만족한다. 따라서 정리 2.12에 의해서 0과 1사이에 $f(x) = 0$ 인 x가 존재한다. 즉, 방정식 (2.1)은 0과 1 사이에 적어도 한 개의 실근을 갖는다. ∎

정리 2.14 (최대값 · 최소값 정리)

$f(x)$ 가 $[a, b]$ 에서 연속이면 $f(x)$ 는 $[a, b]$ 에서 최대값, 최소값을 갖는다.

증명 증명은 참고문헌 [1], [6]을 참고하라. ∎

최대값, 최소값 정리는 어떤 함수가 폐구간에서 연속인 것은 최대값과 최소값을 반드시 갖기 위한 충분조건이라는 것을 보여준다. 그러나 이것이 필요조건은 아니다. 따라서 정의역이 폐구간이 아니거나 또는 함수가 연속이 아니면 최대값과 최소값을 반드시 갖는다고 할 수 없다.

정리 2.14에서 폐구간 $[a, b]$에서 정의된 연속함수 f의 최대값 M, 최소값 m이 존재한다. 그리고 정리 2.12에서 f의 치역은 $[m, M]$이 됨을 알 수 있다.

예제 **2.17** $f(x) = x^2$은 $(-1, 1)$에서 연속이고 최소값 0을 갖지만 최대값은 존재하지 않는다. 이 경우 함수 $f(x)$는 연속이지만 정의역 $(-1, 1)$은 폐구간이 아니다. ∎

예제 **2.18** 함수 $f(x) = x$와 $g(x) = \dfrac{1}{x}$는 모두 $(0, 1)$에서 연속이나 이 구간에서 최대값, 최소값을 갖지 못한다. ∎

예제 **2.19** 함수

$$f(x) = \begin{cases} -x^2, & -1 \leq x < 0, 0 < x \leq 1 \\ \dfrac{1}{2}, & x = 0 \end{cases}$$

의 정의역은 폐구간 $[-1, 1]$이지만 연속이 아니고 최대값이 존재하지 않는 경우다. ∎

·························· **연습문제** **2.3** ··························

1. 주어진 점에서 다음 함수의 연속성을 정의 2.10을 이용하여 조사하여라.

(1) $f(x) = x^2$, $x = 0$

(2) $f(x) = 3x^2 + 2x + 1$, $x = 1$

(3) $f(x) = \dfrac{x^2 + 1}{x + 1}$, $x = 1$

(4) $f(x) = \begin{cases} \dfrac{|x|}{x}, & (x \neq 0) \\ 1, & (x = 0) \end{cases}$, $x = 0$

2. 다음 함수에서 불연속인 점들을 구하여라.

(1) $f(x) = \dfrac{x}{x+1}$ (2) $f(x) = [x]$ (단, $[x]$는 x를 넘지 않는 최대정수)

(3) $f(x) = \begin{cases} x^2, & (x \neq 0) \\ 1, & (x = 0) \end{cases}$

제 3 장

미분

3.1 미분의 정의 및 기본성질

평균변화율과 순간변화율 $y = f(x)$에서 x가 a에서 $a + h$로 변하면 y는 $f(a)$에서 $f(a + h)$로 변하는데

$$\frac{y \text{가 변한 값}}{x \text{가 변한 값}} = \frac{f(a + h) - f(a)}{(a + h) - a} = \frac{f(a + h) - f(a)}{h}$$

을 x가 a에서 $a + h$로 변할 때 f의 **평균변화율**이라 한다.

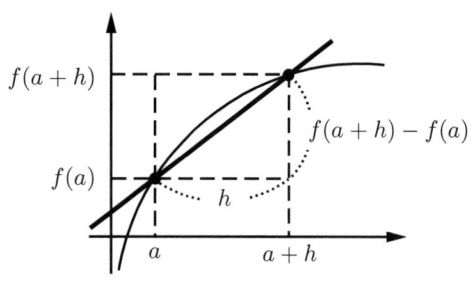

그림 3.1:

그리고

$$\lim_{h \to 0} \frac{f(a + h) - f(a)}{h} \tag{3.1}$$

가 존재할 때 f는 $x = a$에서 **미분가능**이라 하고, 이 값을 $x = a$에서 f의 **순간변화율** 또는 **미분계수**라 하며 $f'(a)$로 나타낸다. 만일 식 (3.1)에 주어진

극한이 존재하지 않으면 f는 $x = a$에서 **미분불가능**하다고 한다.

만일 $a + h = x$라 두면 $h = x - a$이므로 $h \to 0$이면 $x \to a$이다. 그러므로 식 (3.1)을 다음과 같이 나타낼 수 있다.

$$f'(a) = \lim_{x \to a} \frac{f(x) - f(a)}{x - a}.$$

f가 개구간 (a, b) 또는 $(-\infty, \infty)$의 모든 점에서 미분계수가 존재하면 f는 이 개구간에서 **미분가능한 함수**라 한다.

만일

$$f'(a) = \lim_{h \to 0} \frac{f(a + h) - f(a)}{h} = \infty$$

이면 f는 $x = a$에서 **수직접선**을 갖는다고 한다.

$$\lim_{h \to 0+} \frac{f(a + h) - f(a)}{h}$$

이 존재하면 이 극한을 $x = a$에서 f의 **우미분계수**라 하고 $f'_+(a)$로 나타낸다. 그리고

$$\lim_{h \to 0-} \frac{f(a + h) - f(a)}{h}$$

이 존재하면 이 극한을 $x = a$에서 f의 **좌미분계수**라 하고 $f'_-(a)$로 나타낸다. 따라서 $f'(a)$가 존재하기 위한 필요충분조건은 $f'_+(a), f'_-(a)$가 존재하고 $f'_+(a) = f'_-(a)$인 것이다.

예제 3.1 $f(x) = |x|$이면 $x = 0$에서는 미분불가능이다. 왜냐하면

$$f'_-(0) = \lim_{h \to 0-} \frac{f(0 + h) - f(0)}{h} = \lim_{h \to 0-} \frac{|h|}{h} = -1,$$
$$f'_+(0) = \lim_{h \to 0+} \frac{f(0 + h) - f(0)}{h} = \lim_{h \to 0-} \frac{|h|}{h} = 1.$$

따라서 $f'_-(0) \neq f'_+(0)$이므로 f는 $x = 0$에서 미분불가능하다. ∎

정리 3.1

$y = f(x)$가 $x = a$에서 미분가능하면 $x = a$에서 연속이다.

증명 $y = f(x)$ 가 a 에서 미분가능하면

$$\lim_{x \to a} \frac{f(x) - f(a)}{x - a}$$

가 존재하므로

$$\lim_{x \to a}(f(x) - f(a)) = \lim_{x \to a}\frac{f(x) - f(a)}{x - a} \cdot (x - a) = f'(a) \cdot 0 = 0.$$

따라서 f 는 a 에서 연속이다. ■

　따라서 연속이 아니면 미분불가능하다. 그러나 역은 성립하지 않는다. 예를 들어 $f(x) = |x|$ 는 0 에서 연속이지만 미분가능하지 않다.

미분계수의 기하학적 의미　미분계수 $f'(a)$ 는 $y = f(x)$ 위의 점 $(a, f(a))$ 에서 이 함수의 그래프에 접하는 접선의 기울기이다. 그림 3.2에서 $h \to 0$ 이면 $a+h \to a$ 이고, 이때 a 에서 $a+h$ 까지 평균변화율은 점 $(a, f(a))$ 에서 $y = f(x)$ 에 접하는 접선의 기울기로 점점 가까이 간다는 것으로부터 이 사실을 알 수 있다. 따라서 점 $(a, f(a))$ 에서 $y = f(x)$ 에 접하는 접선의 방정식은 다음과 같다.

정리 3.2

f 가 $x = a$ 에서 미분가능할 때, $y = f(x)$ 위의 점 $(a, f(a))$ 에서 접선의 방정식은

$$y = f'(a)(x - a) + f(a).$$

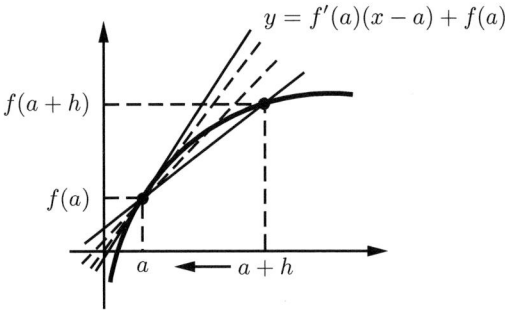

그림 3.2:

접선의 기하학적 의미 f 가 $x = a$ 에서 미분가능이란 $y = f(x)$ 위의 점 $(a, f(a))$ 에서 $y = f(x)$ 의 그래프에 접하는 접선이 존재한다는 의미와 같다. 이때 점 $(a, f(a))$ 근방에서 $y = f(x)$ 의 그래프를 아주 크게 확대하면 직선처럼 보이는데 이것이 이 점에서 그래프에 접하는 접선이다. (그림 3.3)

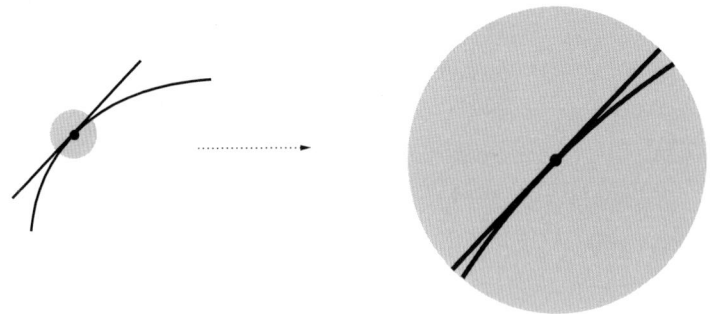

그림 3.3:

예를 들어 $f(x) = |x|$ 의 그래프를 이용해서 각 점에서 미분가능성을 판정할 수 있다. 그림 3.4에서 점 A, B 의 근방을 확대하면 직선이다. 그러나 C 근방은 아무리 확대해도 직선이 아니다. 따라서 점 A, B 에서는 미분가능하고 점 C 에서는 미분불가능하다.

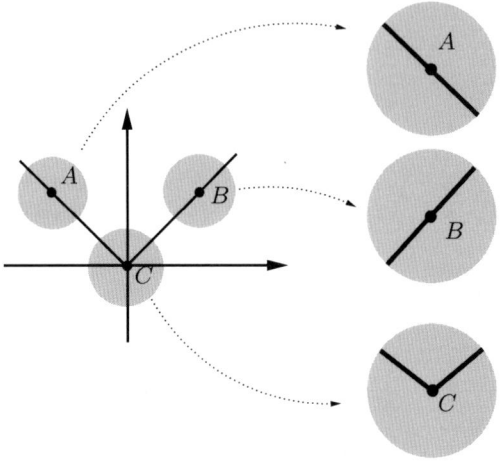

그림 3.4:

직관적이지만 그래프의 뾰족한 부분의 점 (첨점) 에서는 미분가능이 아니다. 첨점 부분을 아무리 확대해도 직선처럼 보이지 않는다는 사실로부터 첨점에서는 미분가능이 아님을 알 수 있다.

그림 3.5에서 $(b, f(b)), (d, f(d))$가 첨점이므로 b, d에서 미분불가능하고 e에서 불연속이므로 미분불가능하다. 그 외의 모든 점에서는 미분가능하다.

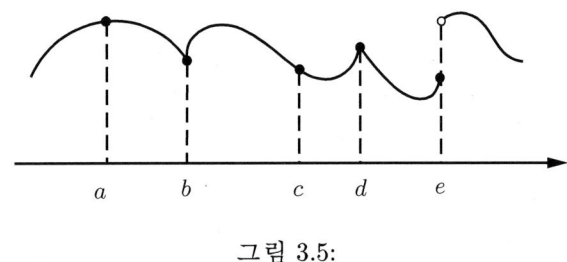

그림 3.5:

3.2 미분법

미분의 정의를 이용하면 기본적인 미분공식을 유도할 수 있다.

1 상수함수 미분법

$f(x) = c$ (c는 상수)이면 $f'(x) = 0$이다.

예제 3.2 $f(x) = 3$이면 $f'(x) = 0$이다. ∎

2 $y = x^\alpha$의 미분법

$f(x) = x^\alpha$ (α는 실수)이면 $f'(x) = \alpha x^{\alpha-1}$이다.

예제 3.3 $f(x) = x^{10}$이면 $f'(x) = 10x^9$이다. ∎

3 두 함수의 합과 차의 미분법

> $f(x), g(x)$가 미분가능하면 $f(x) \pm g(x)$도 미분가능하고
>
> $$[f(x) \pm g(x)]' = f'(x) \pm g'(x)$$

예제 3.4 $f(x) = x^2$이고 $g(x) = x^3$이면

$$(x^2 + x^3)' = (x^2)' + (x^3)' = 2x + 3x^2. \ \blacksquare$$

4 $y = kf(x)$의 미분법

> k가 상수이고 $f(x)$가 미분가능하면 $kf(x)$가 미분가능하고
>
> $$[kf(x)]' = kf'(x).$$

예제 3.5 $k = 5$이고 $f(x) = x^2$이면

$$(5x^2)' = 5(x^2)' = 5 \cdot 2x = 10x. \ \blacksquare$$

5 두 함수의 곱의 미분법

> $f(x), g(x)$가 미분가능하면 $f(x)g(x)$도 미분가능하고
>
> $$[f(x) \cdot g(x)]' = f'(x) \cdot g(x) + f(x) \cdot g'(x).$$

예제 3.6 $f(x) = 2x + 1, g(x) = x^2 + 1$이면

$$
\begin{aligned}
[(2x + 1)(x^2 + 1)]' &= (2x + 1)'(x^2 + 1) + (2x + 1)(x^2 + 1)' \\
&= [(2x)' + (1)'](x^2 + 1) + (2x + 1)[(x^2)' + (1)'] \\
&= [2 + 0](x^2 + 1) + (2x + 1)(2x + 0) \\
&= 2(x^2 + 1) + (2x + 1) \cdot 2x = 6x^2 + 2x + 2. \ \blacksquare
\end{aligned}
$$

6 유리형함수의 미분

$f(x), g(x)$ 가 미분가능하고 $g(x) \neq 0$ 이면 $\dfrac{f(x)}{g(x)}$ 는 미분가능하고

$$\left[\frac{f(x)}{g(x)}\right]' = \frac{f'(x) \cdot g(x) - f(x) \cdot g'(x)}{[g(x)]^2}.$$

예제 3.7 $f(x) = x^2, g(x) = 2x + 1$ 이면

$$\left(\frac{x^2}{2x+1}\right)' = \frac{(x^2)'(2x+1) - x^2(2x+1)'}{(2x+1)^2}$$
$$= \frac{2x(2x+1) - x^2 \cdot 2}{(2x+1)^2} = \frac{2x^2 + 2x}{(2x+1)^2}. \quad \blacksquare$$

7 합성함수 미분법 또는 연쇄법칙

$g(x)$ 가 미분가능하고 f 가 $g(x)$ 에서 미분가능하면 $(f \circ g)(x)$ 는 미분가능하고

$$[(f \circ g)(x)]' = [f(g(x))]' = f'(g(x)) \cdot g'(x).$$

따라서 만일 $f(x) = x^n$ 이면 $(f \circ g)(x) = \{g(x)\}^n$ 이므로

$$\{[g(x)]^n\}' = n\,[g(x)]^{n-1} \cdot g'(x).$$

예제 3.8 다음 함수를 미분하여라.

$$y = (x^3 + 2x^2 + 3x + 1)^4.$$

풀이 전개한 다음 미분할 수도 있지만 합성함수미분법을 이용하여 미분을 구하자. $f(x) = x^4, g(x) = x^3 + 2x^2 + 3x + 1$ 이면 $y = f(g(x))$ 이다.

$$f'(x) = 4x^3, \quad g'(x) = 3x^2 + 4x + 3$$

이므로

$$y' = f'(g(x))g'(x) = 4(x^3 + 2x^2 + 3x + 1)^3 \cdot (3x^2 + 4x + 3). \quad \blacksquare$$

8 역함수 미분법

f 가 (a, b) 에서 미분가능하고 모든 점에서 $f' > 0$(또는 $f' < 0$)이면 역함수 $f^{-1}(x)$ 가 미분가능하고

$$(f^{-1})'(x) = \frac{1}{f'(f^{-1}(x))}.$$

예제 3.9 $y = f(x) = x^2 (x \geq 0)$의 역함수 $f^{-1}(x)$를 구하고 그것의 미분을 구하여라.

풀이 $x = y^2$ 에서 $y = \sqrt{x}$. 따라서 $f^{-1}(x) = \sqrt{x}$ 이고 $f'(x) = 2x$ 이므로

$$(f^{-1})'(x) = \frac{1}{f'(f^{-1}(x))} = \frac{1}{2\sqrt{x}}. \quad \blacksquare$$

9 매개변수함수의 미분법

두 함수 $f(t), g(t)$ 가 각각 미분가능한 함수일 때 매개변수방정식

$$x = f(t), \quad y = g(t)$$

으로 정의되는 함수 $F(x, y) = 0$의 도함수 $\dfrac{dy}{dx}$ 는

$$\frac{dy}{dx} = \left(\frac{dy}{dt}\right) \bigg/ \left(\frac{dx}{dt}\right) = \frac{g'(t)}{f'(t)}. \tag{3.2}$$

예제 3.10 $x = t^2 + 1, y = t^3$ 이면

$$\frac{dy}{dx} = \left(\frac{dy}{dt}\right) \bigg/ \left(\frac{dx}{dt}\right) = \frac{3t^2}{2t} = \frac{3}{2}t. \quad \blacksquare$$

예제 3.11 매개변수방정식 $x = a\cos\theta, y = a\sin\theta(0 < \theta < 2\pi)$에 의하여 정의되는 함수 $F(x, y) = 0$에 대하여 $\dfrac{dy}{dx}$을 구하여라.

풀이 식 (3.2)를 이용해서 구하면

$$\frac{dy}{dx} = \left(\frac{d}{d\theta}(a\sin\theta)\right) \Big/ \left(\frac{d}{d\theta}(a\cos\theta)\right) = -\cot\theta \ (0 < \theta < 2\pi, \theta \neq 0). \ \blacksquare$$

참고 극방정식은 $r = f(\theta)$로 표현된다. 이 경우 매개변수방정식 $x = r\cos\theta, y = r\sin\theta$에 의하여

$$x = f(\theta)\cos\theta, \quad y = f(\theta)\sin\theta$$

로 변형시킬 수 있다. 그러므로

$$\frac{dy}{dx} = \left(\frac{dy}{d\theta}\right) \Big/ \left(\frac{dx}{d\theta}\right) = \frac{f'(\theta)\sin\theta + f(\theta)\cos\theta}{f'(\theta)\cos\theta - f(\theta)\sin\theta}$$
$$= \left(\frac{dr}{d\theta}\sin\theta + r\cos\theta\right) \Big/ \left(\frac{dr}{d\theta}\cos\theta - r\sin\theta\right). \ \blacksquare$$

10 음함수 $g(x, y) = 0$의 미분법

방정식 $g(x, y) = 0$ 꼴로 주어진 음함수의 도함수 $\dfrac{dy}{dx}$를 구하는 방법에는 다음의 두 가지가 있다.

(1) 방정식 $g(x, y) = 0$을

$$y = f(x) \tag{3.3}$$

와 같은 양함수 꼴로 바꾼 다음 식 (3.3)에서 도함수를 구한다.

(2) 방정식 $g(x, y) = 0$에서 먼저 y를 x의 함수 $y(x)$라고 생각하여 얻은 방정식

$$g(x, y(x)) = 0$$

의 양변을 x에 대하여 미분하여 얻어지는 방정식

$$\frac{d}{dx}g(x, y(x)) = \frac{d}{dx}(0)$$

에서 도함수를 구한다.

위에서 (2)의 방법으로 음함수의 도함수를 구하는 것을 **음함수 미분법**이라고 한다.

예제 **3.12** 다음 식이 나타내는 함수에서 $\dfrac{dy}{dx}$ 를 구하자.

$$x^3 + y^3 - 3xy = 0. \tag{3.4}$$

식 (3.4)를 양함수 $y = f(x)$의 꼴로 나타내기가 곤란하므로 음함수 미분법에 의하여 도함수를 구해야 한다. 식 (3.4)에서 y를 x의 함수 $y(x)$라고 생각하면

$$x^3 + [y(x)]^3 - 3xy(x) = 0. \tag{3.5}$$

식 (3.5)의 양변을 x에 대하여 미분하면

$$\frac{d}{dx}\left\{ x^3 + [y(x)]^3 - 3xy(x) \right\} = \frac{d}{dx}(0). \tag{3.6}$$

식 (3.6)의 양변을 미분법에 따라 계산하면

$$3x^2 - 3[y(x)]^2 \frac{dy}{dx} - 3y(x) - 3x\frac{dy}{dx} = 0. \tag{3.7}$$

식 (3.6)을 $\dfrac{dy}{dx}$에 대하여 풀면

$$\frac{dy}{dx} = \frac{y - x^2}{y^2 - x} \ (y^2 - x \neq 0). \ \blacksquare$$

···························· **연습문제** **3.2** ····························

1. 다음 관계식에서 $\dfrac{dy}{dx}$ 를 구하여라.

(1) $x^2 + y^2 - xy = 0$ (2) $x^3 - 3xy + y^3 = 0$

(3) $x = 2\sqrt{t}, y = \sqrt{t} - t$ (4) $x = \cos t, y = \sin t$

2. 역함수 미분법을 이용하여 다음 함수의 역함수의 미분을 구하여라.

$$y = \sqrt[3]{x^2 + 3x + 1}$$

3. 다음 음함수의 도함수를 구하여라.

(1) $x^2 + y^2 = 1$ (2) $x^3 + xy^3 = xy + 1$

3.3   다항함수, 유리함수, 무리함수의 미분

다항함수의 미분 n 차함수

$$p(x) = a_n x^n + a_{n-1} x^{n-1} + \cdots + a_1 x + a_0$$

에 대해

$$
\begin{aligned}
p'(x) &= (a_n x^n + \cdots + a_1 x + a_0)' \\
&= (a_n x^n)' + \cdots + (a_1 x)' + (a_0)' \\
&= a_n (x^n)' + \cdots + a_1 (x)' + (a_0)' = n \cdot a_n x^{n-1} + \cdots + a_1 + 0.
\end{aligned}
$$

따라서

$$p'(x) = n \cdot a_n n x^{n-1} + \cdots + a_1.$$

예제 3.13 만일 $p(x) = 3x^4 + 2x^2 + 1$ 이면

$$
\begin{aligned}
p(x)' &= (3x^4 + 2x^2 + 1)' = (3x^4)' + (2x^2)' + (1)' \\
&= 3(x^4)' + 2(x^2)' + (1)' \\
&= 3 \cdot 4x^3 + 2 \cdot 2x + 0 = 12x^3 + 4x. \; \blacksquare
\end{aligned}
$$

유리함수의 미분   다항함수 $p(x), q(x)$ 에 대해 유리함수 $\dfrac{p(x)}{q(x)}$ 의 미분은

$$\left[\frac{p(x)}{q(x)} \right]' = \frac{p'(x)q(x) - p(x)q'(x)}{q(x)^2}.$$

예제 **3.14** 만일 $p(x) = x^2 + x + 1, q(x) = x + 1$ 이면

$$\left(\frac{x^2 + x + 1}{x + 1}\right)' = \frac{(x^2 + x + 1)'(x + 1) - (x^2 + x + 1)(x + 1)'}{(x + 1)^2}$$

$$= \frac{(2x + 1)(x + 1) - (x^2 + x + 1)}{(x + 1)^2} = \frac{x^2 + 2x}{(x + 1)^2}. \quad \blacksquare$$

무리함수의 미분 $\sqrt[n]{g(x)}$ 꼴의 무리함수 미분은 합성함수 미분법을 이용하면 구할 수 있다.

만일 $f(x) = \sqrt[n]{x}$ 이면 $\sqrt[n]{g(x)} = (f \circ g)(x)$. 따라서

$$\left[\sqrt[n]{g(x)}\right]' = [(f \circ g)(x)]'$$

$$= f'(g(x)) \cdot g'(x) = \frac{1}{n}[g(x)]^{\frac{1}{n} - 1} \cdot g'(x).$$

예제 **3.15** $f(x) = \sqrt[3]{x^2 + x + 1}$ 이면

$$f'(x) = \frac{1}{3}(x^2 + x + 1)^{\frac{1}{3} - 1} \cdot (x^2 + x + 1)'$$

$$= \frac{1}{3}(x^2 + x + 1)^{-\frac{2}{3}} \cdot (2x + 1) = \frac{2x + 1}{3 \cdot \sqrt[3]{(x^2 + x + 1)^2}}. \quad \blacksquare$$

· **연습문제** **3.3** ·

1. 다음 곡선 위의 주어진 점에서 곡선에 접하는 접선의 방정식을 구하여라.

(1) $y = x^2, (1, 1)$ (2) $y = \sqrt{x}, (1, 1)$ (3) $x = t, \; y = t^3, t = 1$

2. 미분공식을 이용하여 다음 함수의 도함수를 구하여라.

(1) $y = x^3 + x^2 + x + 1$ (2) $y = (x^2 + 1)(x^3 + 1)$ (3) $y = \sqrt[3]{x}$

(4) $y = \dfrac{x - 1}{x}$ (5) $y = (x^4 + x + 1)^{10}$ (6) $y = \sqrt[3]{x^3 + x + 1}$

(7) $y = \sqrt{\dfrac{x - 1}{x}}$ (8) $y = \left(\dfrac{x - 1}{x}\right)^3$

■■■■ **3.4** 삼각함수, 지수함수, 로그함수, 쌍곡선함수 미분

삼각함수, 로그함수, 지수함수, 쌍곡선함수의 미분에 대해 알아보자. 자세한 증명은 생략한다.

삼각함수의 미분 삼각함수의 미분은 정리 1.11과 정리 2.8을 이용하면 구할 수 있다.

정리 3.3

$f(x)$를 미분가능한 함수라 하자.

1. $(\sin x)' = \cos x$, $\quad [\sin f(x)]' = \cos f(x) \cdot f'(x)$.

2. $(\cos x)' = -\sin x$, $\quad [\cos f(x)]' = -\sin f(x) \cdot f'(x)$.

3. $(\tan x)' = \sec^2 x$, $\quad [\tan f(x)]' = [\sec f(x)]^2 \cdot f'(x)$.

4. $(\csc x)' = -\csc x \cot x$, $\quad [\csc f(x)]' = -\csc f(x) \cot f(x) \cdot f'(x)$.

5. $(\sec x)' = \sec x \tan x$, $\quad [\sec f(x)]' = \sec f(x) \tan f(x) \cdot f'(x)$.

6. $(\cot x)' = -\csc^2 x$, $\quad [\cot f(x)]' = -\csc^2 f(x) \cdot f'(x)$.

증명 정리 1.11과 정리 2.8에서

$$
\begin{aligned}
(\sin x)' &= \lim_{h \to 0} \frac{\sin(x + h) - \sin x}{h} \\
&= \lim_{h \to 0} \left[2 \cos \left(x + \frac{h}{2} \right) \sin \left(\frac{h}{2} \right) \right] \bigg/ h \\
&= \lim_{h \to 0} \cos \left(x + \frac{h}{2} \right) \times \sin \left(\frac{h}{2} \right) \bigg/ \frac{h}{2} = \cos x.
\end{aligned}
$$

합성함수 미분법을 이용하면 (1)의 두 번째 공식도 얻을 수 있다.

다른 미분공식들도 비슷하게 증명할 수 있다. ■

예제 **3.16** $y = \tan(x^2 + 1)$ 이면

$$
\begin{aligned}
y' &= \left[\tan(x^2 + 1) \right]' \\
&= \sec^2(x^2 + 1) \cdot (x^2 + 1)' = 2x \sec^2(x^2 + 1)
\end{aligned}
$$

이다. ■

로그함수의 미분 로그함수의 미분은 정리 2.9를 이용하면 구할 수 있다.

정리 3.4

$y = \log_a x (a \neq 1, a > 0, x > 0)$ 이면

$$y' = \frac{1}{x}\log_a e.$$

증명 정리 2.9에서

$$\lim_{h \to 0}\left(1 + \frac{h}{x}\right)^{\frac{x}{h}} = e$$

이므로

$$\begin{aligned}
y' &= \lim_{h \to 0} \frac{\log_a(x+h) - \log_a x}{h} \\
&= \lim_{h \to 0} \frac{\log_a\left(1 + \frac{h}{x}\right)}{h} \\
&= \lim_{h \to 0} \log_a\left[\left(1 + \frac{h}{x}\right)^{\frac{x}{h}}\right]^{\frac{1}{x}} = \log_a e^{\frac{1}{x}} = \frac{1}{x}\log_a e. \quad\blacksquare
\end{aligned}$$

만일 $f(x)$가 미분가능한 함수라 하면 합성함수 미분법에 의해

$$[\log_a f(x)]' = \frac{f'(x)}{f(x)}\log_a e$$

만일 $a = e$이면

$$[\ln f(x)]' = \frac{f'(x)}{f(x)}.$$

예제 3.17 $y = \log_2(x^2 + x + 1)$ 이면

$$\begin{aligned}
y' &= \left[\log_2(x^2 + x + 1)\right]' \\
&= \frac{(x^2 + x + 1)'}{x^2 + x + 1}\log_2 e = \frac{2x + 1}{x^2 + x + 1}\log_2 e
\end{aligned}$$

이다. ∎

지수함수의 미분   지수함수 $y = a^x (a \neq 1, a > 0)$의 미분은 로그함수의 미분과 음함수 미분법을 이용하면 구할 수 있다.

정리 3.5

$y = a^x (a \neq 1, a > 0)$ 이면

$$y' = a^x \ln a.$$

증명 $y = a^x$ 이면 $x = \log_a y$ 이므로 양변을 x에 대해 미분하면

$$1 = \frac{y'}{y} \log_a e.$$

따라서

$$y' = a^x \ln a. \quad \blacksquare$$

$f(x)$가 미분가능한 함수일 때 합성함수 미분법을 이용하면 다음을 얻는다.

$$\left[a^{f(x)} \right]' = a^{f(x)} \ln a \cdot f'(x).$$

만일 $a = e$ 이면 $\ln a = \ln e = 1$ 이므로 다음을 얻는다.

$$(e^x)' = e^x, \qquad [e^{f(x)}]' = e^{f(x)} \cdot f'(x)$$

예제 3.18 $y = 2^{x^2 + x + 1}$ 이면

$$y' = 2^{x^2 + x + 1} \cdot \ln 2 \cdot (x^2 + x + 1)'$$
$$= (2x + 1) \cdot 2^{x^2 + x + 1} \cdot \ln 2. \quad \blacksquare$$

예제 3.19 $y = e^{\sin x}$ 이면

$$y' = e^{\sin x} \cdot (\sin x)' = \cos x e^{\sin x}. \quad \blacksquare$$

쌍곡선함수의 미분　쌍곡선함수의 미분은 지수함수의 미분을 이용하면 구할 수 있다.

정리 3.6

$f(x)$를 미분가능한 함수라 하자.

(1) $(\sinh x)' = \cosh x$, $[\sinh f(x)]' = \cosh f(x) \cdot f'(x)$.

(2) $(\cosh x)' = \sinh x$, $[\cosh f(x)]' = \sinh f(x) \cdot f'(x)$.

(3) $(\tanh x)' = \operatorname{sech}^2 x$, $[\tanh f(x)]' = \operatorname{sech}^2 f(x) \cdot f'(x)$.

(4) $(\operatorname{csch} x)' = -\operatorname{csch} x \coth x$, $[\operatorname{csch} f(x)]' = -\operatorname{sech} f(x) \tanh f(x) \cdot f'(x)$.

(5) $(\operatorname{sech} x)' = -\operatorname{sech} x \tanh x$, $[\operatorname{sech} f(x)]' = -\operatorname{sech} f(x) \tanh f(x) \cdot f'(x)$.

(6) $(\coth x)' = -\operatorname{csch}^2 x$, $[\coth f(x)]' = -\operatorname{csch}^2 f(x) \cdot f'(x)$.

증명　지수함수의 미분에서 $(e^x)' = e^x$, $(e^{-x})' = -e^{-x}$ 이므로

$$(\sinh x)' = \left(\frac{e^x - e^{-x}}{2}\right)' = \frac{e^x + e^{-x}}{2} = \cosh x.$$

합성함수 미분법을 이용하면

$$[\sinh f(x)]' = \cosh f(x) \cdot f'(x).$$

나머지 미분공식도 비슷한 방법으로 얻을 수 있다. ■

· **연습문제** 3.4 ·

1. 다음 함수의 도함수를 구하여라.

(1) $y = \sin(x + 1)$　　　(2) $y = \cos(2x)$　　　(3) $y = \tan(1 - x^2)$

(4) $y = \sin^n x$　　　(5) $y = \cos\left(\sqrt{x^2 + 1}\right)$　　　(6) $y = \tan\left(\dfrac{x}{x^2 + 1}\right)$

(7) $y = \cot(1 - 2x^2)$　　　(8) $y = \sec \sqrt[3]{x}$　　　(9) $y = x^2 \sin(x^2 + 1)$

(10) $y = \dfrac{\sin x}{x}$　　　(11) $y = \sin(\cos x)$　　　(12) $y = \csc(\sqrt{x^2 + 1})$

2. 다음 함수의 도함수를 구하여라.

(1) $y = \sin x - x^2 \cos x + \sin x \cos x$　　　　(2) $y = \tan^2 x + \sqrt{\sin^2 x + 1}$

3. 다음 함수의 도함수를 구하여라.

(1) $y = e^{5x}$ 　　　　　　　(2) $y = e^{x^2 + x + 1}$ 　　　　　(3) $y = 2^{x+1}$

(4) $y = 3^{\sqrt{x^2+1}}$ 　　　　　(5) $y = \ln(x^2 + x + 1)$ 　　(6) $y = \log_2(x+1)$

(7) $y = 2^{\sin x}$ 　　　　　　(8) $y = \cosh(\sqrt{x^2 + 1})$ 　　(9) $y = \tanh(\cos x)$

(10) $y = x \ln x - x + 100$ 　(11) $y = \sinh(x^2 + x + 1)$ 　(12) $y = e^{\cos x}$

(13) $y = \ln(\sec x + \tan x)$ 　(14) $y = \sin(\sinh x)$ 　　　(15) $y = \sinh(\sinh x)$

3.5 　삼각함수, 쌍곡선함수의 역함수 미분

삼각함수, 쌍곡선함의 역함수의 미분에 대해 알아보자.

삼각함수의 역함수의 미분 　삼각함수의 역함수의 미분은 역함수미분법을 이용하면 구할 수 있다.

정리 3.7

$f(x)$가 적당한 영역에서 미분가능한 함수라 하자.

1. $(\sin^{-1} x)' = \dfrac{1}{\sqrt{1-x^2}}, \quad \left[\sin^{-1} f(x)\right]' = \dfrac{f'(x)}{\sqrt{1-(f(x))^2}}.$

2. $(\cos^{-1} x)' = -\dfrac{1}{\sqrt{1-x^2}}, \quad \left[\cos^{-1} f(x)\right]' = -\dfrac{f'(x)}{\sqrt{1-(f(x))^2}}.$

3. $(\tan^{-1} x)' = \dfrac{1}{1+x^2}, \quad \left[\tan^{-1} f(x)\right]' = \dfrac{f'(x)}{1+(f(x))^2}.$

4. $(\csc^{-1} x)' = -\dfrac{1}{|x|\sqrt{x^2-1}}, \quad \left[\csc^{-1} f(x)\right]' = -\dfrac{f'(x)}{|f(x)|\sqrt{(f(x))^2-1}}.$

5. $(\sec^{-1} x)' = \dfrac{1}{|x|\sqrt{x^2-1}}, \quad \left[\sec^{-1} f(x)\right]' = \dfrac{f'(x)}{|f(x)|\sqrt{(f(x))^2-1}}.$

6. $(\cot^{-1} x)' = -\dfrac{1}{1+x^2}, \quad \left[\cot^{-1} f(x)\right]' = -\dfrac{f'(x)}{1+(f(x))^2}.$

증명 역함수 미분법에 의해

$$(\sin^{-1} x)' = \frac{1}{\cos(\sin^{-1} x)}.$$

$-\dfrac{\pi}{2} < \sin^{-1} x < \dfrac{\pi}{2}$ 이면 $\cos(\sin^{-1} x) > 0$ 이므로

$$\cos(\sin^{-1} x) = \sqrt{1 - \sin^2(\sin^{-1} x)} = \sqrt{1 - x^2}.$$

따라서

$$(\sin^{-1} x)' = \frac{1}{\sqrt{1 - x^2}}.$$

합성함수 미분법에 의해

$$\left[\sin^{-1} f(x)\right]' = \frac{f'(x)}{\sqrt{1 - (f(x))^2}}.$$

나머지 공식들도 비슷하게 증명할 수 있다. 여기서 $f(x)$의 치역은 각 역함수의 정의역의 부분집합이다. ∎

쌍곡선함수의 역함수의 미분 쌍곡선함수의 역함수의 미분은 로그함수의 미분과 합성함수의 미분법을 이용하면 구할 수 있다.

정리 3.8

$f(x)$를 미분가능한 함수라 하자.

1. $(\sinh^{-1} x)' = \dfrac{1}{\sqrt{x^2 + 1}}, \quad \left[\sinh^{-1} f(x)\right]' = \dfrac{f'(x)}{\sqrt{(f(x))^2 + 1}}.$

2. $(\cosh^{-1} x)' = \dfrac{1}{\sqrt{x^2 - 1}}, \quad \left[\cosh^{-1} f(x)\right]' = \dfrac{f'(x)}{\sqrt{(f(x))^2 - 1}}.$

3. $(\tanh^{-1} x)' = \dfrac{1}{1 - x^2}, \quad \left[\tanh^{-1} f(x)\right]' = \dfrac{f'(x)}{1 - f(x)^2}.$

증명 쌍곡선 사인함수의 역함수는

$$\sinh^{-1} x = \ln(x + \sqrt{x^2 + 1})$$

이므로 로그함수의 미분과 합성함수의 미분법을 이용하면

$$(\sinh^{-1} x)' = \left[\ln(x + \sqrt{x^2 + 1}) \right]'$$
$$= \frac{(x + \sqrt{x^2 + 1})'}{x + \sqrt{x^2 + 1}} = \frac{1 + \frac{x}{\sqrt{x^2+1}}}{x + \sqrt{x^2 + 1}} = \frac{1}{\sqrt{x^2 + 1}}.$$

합성함수 미분법을 이용하면

$$\left[\sinh^{-1} f(x) \right]' = \frac{1}{\sqrt{(f(x))^2 + 1}} \cdot f'(x) = \frac{f'(x)}{\sqrt{(f(x))^2 + 1}}.$$

비슷한 방법으로 나머지 역함수에 대한 미분을 얻을 수 있다. ■

························· 연습문제 **3.5** ·························

1. 다음 함수의 미분을 구하여라.

(1) $y = \sin^{-1}(1 - x^2)$ (2) $y = \cos^{-1}(\sqrt{x})$ (3) $y = \tan^{-1}(x^3)$

(4) $y = \ln(\sin^{-1} x)$ (5) $y = \tan^{-1}(\sin 2x)$ (6) $y = \sin^{-1}(\ln x)$

2. 다음 함수의 미분을 구하여라.

(1) $y = \sinh^{-1}(x^2 + 1)$ (2) $y = \tanh^{-1}(\sin x)$ (3) $y = \cosh^{-1}(\ln x)$

(4) $y = \tanh^{-1}(\sqrt{x})$ (5) $y = \cosh^{-1}(x^2 + 2x + 1)$

▮ 3.6 미분의 응용

▮ 3.6.1 로피탈(L'Hospital) 법칙과 부정형의 극한

구하고자 하는 극한의 형태가

$$\frac{0}{0}, \quad \frac{\infty}{\infty}, \quad 0 \cdot \infty, \quad \infty - \infty, \quad 1^{\infty}, \quad 0^0, \quad \infty^0$$

의 꼴인 경우 **부정형**이라 한다. 이러한 부정형의 극한에 대해 알아보자.

정리 3.9 (로피탈의 정리)

함수 $f(x), g(x)$ 가 $x = a$ 에서 미분가능하고 $g'(x) \neq 0$ 일 때 $f(a) = g(a) = 0$ 또는 $\lim_{x \to a} f(x) = \pm\infty$, $\lim_{x \to a} g(x) = \pm\infty$ 이고 $\lim_{x \to a} \dfrac{f'(x)}{g'(x)}$ 가 존재하면

$$\lim_{x \to a} \frac{f(x)}{g(x)} = \lim_{x \to a} \frac{f'(x)}{g'(x)}.$$

여기서 $a = \pm\infty$ 일 때도 성립한다.

로피탈 정리에서

1. 만일 $\lim_{x \to a} \dfrac{f'(x)}{g'(x)}$ 가 $\dfrac{0}{0}$ 또는 $\dfrac{\infty}{\infty}$ 꼴의 부정형이고 $f'(x), g'(x)$ 가 로피탈 정리의 가정을 만족하면 다시 로피탈 정리를 적용할 수 있다;

2. $\dfrac{0}{0}$ 또는 $\dfrac{\infty}{\infty}$ 꼴의 부정형은 로피탈 정리를 이용하면 항상 극한값을 구할 수 있는 것은 아니다.

로피탈 정리의 증명은 참고문헌 [1]을 참고하라.

예제 3.20 다음 극한을 구하자.

$$\lim_{x \to 0} \frac{1 - \cos x}{x^2}.$$

로피탈 정리를 두 번 적용하면

$$\lim_{x \to 0} \frac{1 - \cos x}{x^2} = \lim_{x \to 0} \frac{\sin x}{2x} = \lim_{x \to 0} \frac{\cos x}{2} = \frac{1}{2}. \ \blacksquare$$

예제 3.21 다음 극한값을 로피탈 정리를 이용하여 구할 수 있는지 알아보자.

$$\lim_{x \to 0} \frac{e^{-\frac{1}{x^2}}}{x}.$$

$\dfrac{0}{0}$ 꼴이므로 로피탈 정리를 적용하면

$$\lim_{x \to 0} \frac{e^{-\frac{1}{x^2}}}{x} = \lim_{x \to 0} \frac{-2e^{-\frac{1}{x^2}}}{x^3} = \lim_{x \to 0} \frac{4e^{-\frac{1}{x^2}}}{3x^5} = \cdots$$

이 경우 로피탈 정리를 계속 적용하여도 극한값을 구할 수 없다. 그러나

$$\lim_{x \to 0} \frac{e^{-\frac{1}{x^2}}}{x} = \lim_{x \to 0} \frac{\frac{1}{x}}{e^{\frac{1}{x^2}}}$$

으로 변형하여 로피탈 정리를 적용하면 극한값은 0이다. ∎

부정형의 극한 구하기 $\frac{0}{0}$ 또는 $\frac{\infty}{\infty}$ 꼴의 부정형은 로피탈 정리를 바로 적용할 수 있지만 나머지 부정형은 $\frac{0}{0}$ 또는 $\frac{\infty}{\infty}$ 꼴로 변형하여 로피탈 정리를 적용해야 한다. 다음은 그 방법을 정리한 것이다.

1 $f(x) \cdot g(x)$ 가 $0 \cdot \infty$ 꼴인 경우

다음과 같이

$$f(x) \cdot g(x) = g(x) \bigg/ \left(\frac{1}{f(x)} \right) \quad \text{또는} \quad f(x) \bigg/ \left(\frac{1}{g(x)} \right)$$

로 변형하면 $\frac{0}{0}$ 또는 $\frac{\infty}{\infty}$ 꼴로 바꿀 수 있고 로피탈 정리를 적용할 수 있다.

예제 3.22 $\displaystyle\lim_{x \to +\infty} x \left(1 - e^{\frac{1}{x}} \right)$ 는 $\infty \cdot 0$ 꼴이므로 다음과 같이 변형하여 로피탈 정리를 적용하여 극한값을 구한다.

$$\begin{aligned}
\lim_{x \to +\infty} x \left(1 - e^{\frac{1}{x}} \right) &= \lim_{x \to +\infty} \left(1 - e^{\frac{1}{x}} \right) \bigg/ \left(\frac{1}{x} \right) \\
&= \lim_{x \to +\infty} \left[-e^{\frac{1}{x}} \left(\frac{1}{x} \right)' \right] \bigg/ \left(\frac{1}{x} \right)' \\
&= \lim_{x \to +\infty} \left(-e^{\frac{1}{x}} \right) = -1. \ \blacksquare
\end{aligned}$$

2 $f(x) - g(x)$ 가 $\infty - \infty$ 꼴인 경우

다음과 같이

$$f(x) - g(x) = \left(\frac{1}{g(x)} - \frac{1}{f(x)} \right) \bigg/ \left(\frac{1}{f(x)g(x)} \right)$$

로 변형하면 $\frac{0}{0}$ 꼴로 바뀌고 로피탈 정리를 이용할 수 있다.

3 $[f(x)]^{g(x)}$가 1^∞ 꼴인 경우

다음과 같이

$$[f(x)]^{g(x)} = e^{g(x)\ln f(x)}$$

로 바꾸면 $g(x)\ln f(x)$가 $\infty \cdot 0$ 꼴이므로 1의 방법을 이용할 수 있다.

예제 **3.23** $\displaystyle\lim_{x\to 0}(1-\sin x)^{\frac{1}{x}}$는 1^∞ 꼴이므로 다음과 같이 변형하면 로피탈 정리를 이용할 수 있다.

$$\lim_{x\to 0}(1-\sin x)^{\frac{1}{x}} = \lim_{x\to 0} e^{\frac{1}{x}\ln(1-\sin x)}.$$

그런데

$$\lim_{x\to 0}\frac{\ln(1-\sin x)}{x} = \lim_{x\to 0}\left[\frac{1}{(1-\sin x)}\cdot(-\cos x)\right]\bigg/ 1 = -1.$$

따라서

$$\lim_{x\to 0}(1-\sin x)^{\frac{1}{x}} = e^{-1} = \frac{1}{e}. \ \blacksquare$$

예제 **3.24** $\displaystyle\lim_{x\to\frac{\pi}{2}}(\sin x)^{\tan x}$는 1^∞ 꼴이므로 다음과 같이 변형하면 로피탈 정리를 이용할 수 있다.

$$\lim_{x\to\frac{\pi}{2}}(\sin x)^{\tan x} = \lim_{x\to\frac{\pi}{2}} e^{\tan x \ln\sin x}.$$

그런데 $\displaystyle\lim_{x\to\frac{\pi}{2}}\tan x \ln(\sin x)$는 $\infty \cdot 0$ 꼴이므로

$$\begin{aligned}
\lim_{x\to\frac{\pi}{2}}\tan x \ln(\sin x) &= \lim_{x\to\frac{\pi}{2}}\left[\ln(\sin x)\bigg/\left(\frac{1}{\tan x}\right)\right] \\
&= \lim_{x\to\frac{\pi}{2}}\frac{\ln(\sin x)}{\cot x} \\
&= \lim_{x\to\frac{\pi}{2}}\left[\left(\frac{1}{\sin x}\cdot\cos x\right)\bigg/(-\csc^2 x)\right] = 0
\end{aligned}$$

이므로 구하는 극한값은 1이다. $\blacksquare$

4 $[f(x)]^{g(x)}$가 0^0꼴인 경우

다음과 같이

$$[f(x)]^{g(x)} = e^{g(x)\ln f(x)}$$

로 바꾸면 $g(x)\ln f(x)$가 $0 \cdot \infty$꼴이므로 1의 방법을 이용할 수 있다.

예제 **3.25** $\displaystyle\lim_{x\to 0+} x^x$는 0^0꼴이므로 다음과 같이 변형하면 로피탈 정리를 이용할 수 있다.

$$\lim_{x\to 0+} x^x = \lim_{x\to 0+} e^{x\ln x}.$$

그런데

$$\begin{aligned}
\lim_{x\to 0+} x\ln x &= \lim_{x\to 0+}\left[(\ln x)\Big/\left(\frac{1}{x}\right)\right]\\
&= \lim_{x\to 0+}\left[\left(\frac{1}{x}\right)\Big/\left(-\frac{1}{x^2}\right)\right] = 0.
\end{aligned}$$

따라서 구하는 극한값은 1이다. ∎

5 $[f(x)]^{g(x)}$가 ∞^0꼴인 경우

다음과 같이

$$[f(x)]^{g(x)} = e^{g(x)\ln f(x)}$$

로 바꾸면 $g(x)\ln f(x)$가 $0 \cdot \infty$꼴이므로 1의 방법을 이용할 수 있다.

예제 **3.26** $\displaystyle\lim_{x\to\frac{\pi}{2}-}(\tan x)^{\cos x}$는 ∞^0꼴이므로 다음과 같이 변형하면 로피탈정리를 적용할 수 있다.

$$\lim_{x\to\frac{\pi}{2}-}(\tan x)^{\cos x} = \lim_{x\to\frac{\pi}{2}-} e^{\cos x\ln(\tan x)}.$$

그런데 $\displaystyle\lim_{x\to\frac{\pi}{2}-}\cos x\ln(\tan x)$는 $0 \cdot \infty$꼴이므로

$$\lim_{x \to \frac{\pi}{2}-} \cos x \ln(\tan x) = \lim_{x \to \frac{\pi}{2}-} \left[\ln(\tan x) \Big/ \left(\frac{1}{\cos x} \right) \right]$$
$$= \lim_{x \to \frac{\pi}{2}-} \frac{(\ln(\tan x))'}{(\sec x)'}$$
$$= \lim_{x \to \frac{\pi}{2}-} \frac{\cos x}{\sin^2 x} = 0.$$

따라서

$$\lim_{x \to \frac{\pi}{2}-} (\tan x)^{\cos x} = \lim_{x \to \frac{\pi}{2}-} e^{\cos x \ln(\tan x)} = e^0 = 1. \quad \blacksquare$$

······················ 연습문제 **3.6.1** ·······················

1. 로피탈 정리를 이용하여 다음 극한값을 구하여라.

(1) $\displaystyle\lim_{x \to 0} \frac{\tan x - x}{x - \sin x}$ (2) $\displaystyle\lim_{x \to \infty} \frac{\ln x}{x}$ (3) $\displaystyle\lim_{x \to \infty} \frac{x^2 + 1}{4x^2 + 2x + 1}$

(4) $\displaystyle\lim_{x \to \frac{\pi}{4}} \frac{1 - \tan x}{\cos 2x}$ (5) $\displaystyle\lim_{x \to 0} \frac{x + \sin 2x}{x - \sin 2x}$ (6) $\displaystyle\lim_{x \to 0} \frac{e^x - 1}{x}$

(7) $\displaystyle\lim_{x \to \pi} \frac{\sin x}{\sqrt{x - \pi}}$ (8) $\displaystyle\lim_{x \to 0} \frac{e^x - x - 1}{x^2}$ (9) $\displaystyle\lim_{x \to 0} \frac{e^x - e^{-x}}{\sin x}$

2. 다음 극한값을 로피탈 정리를 적용할 수 있는 부정형으로 바꾼 다음 로피탈
정리를 이용하여 극한값을 구하여라.

(1) $\displaystyle\lim_{x \to \frac{\pi}{2}} (\sin x)^{\tan x}$ (2) $\displaystyle\lim_{x \to 2} \left[\ln \left(2 - \frac{2}{x} \right) \right] \cot \frac{\pi x}{2}$ (3) $\displaystyle\lim_{x \to 0} x^2 \ln x$

(4) $\displaystyle\lim_{x \to 0} \left(\frac{1}{x} - \frac{1}{e^x - 1} \right)$ (5) $\displaystyle\lim_{x \to 0} \left(\frac{1}{x} - \frac{1}{2x} \right)$ (6) $\displaystyle\lim_{x \to 0} (e^x + x)^{\frac{1}{x}}$

▬▬▬ **3.6.2** 평균값 정리 및 응용

미분의 중요한 성질 중 하나인 **평균값 정리**에 대해 알아 보자. 평균값 정리는
여러 가지 응용문제 및 증명문제 등에 이용이 된다. 여기서는 정리의 내용 및
몇 가지 간단한 응용에 대해 알아 보기로 한다. 평균값 정리의 자세한 증명은
참고문헌 [1], [4]를 참고하라.

정리 3.10 (평균값 정리)

f 가 $[a, b]$ 에서 연속이고 (a, b) 에서 미분가능하면

$$\frac{f(b) - f(a)}{b - a} = f'(c)$$

인 c 가 (a, b) 에 존재한다.

$\dfrac{f(b) - f(a)}{b - a}$ 는 $x = a$ 에서 $x = b$ 까지 f 의 평균변화율이다. 따라서 평균값정리는 평균변화율과 같은 기울기를 갖는 접선이 존재함을 보여준다. (그림 3.6)

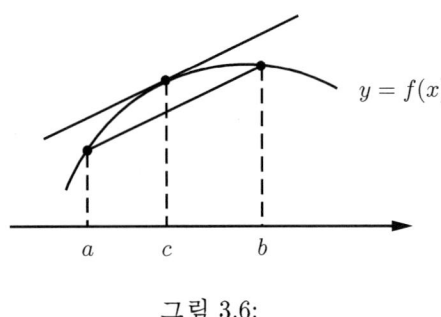

그림 3.6:

평균값정리를 이용하면 다음과 같은 부등식을 증명할 수 있다.

예제 3.27 모든 α, β 에 대해

$$|\sin \alpha - \sin \beta| \leq |\alpha - \beta|$$

임을 보여라.

풀이 $f(x) = \sin x$ 는 모든 점에서 미분가능하므로 평균값정리에 의해

$$\frac{f(\beta) - f(\alpha)}{\beta - \alpha} = f'(\tau)$$

인 τ 가 α 와 β 사이에 존재한다. 따라서

$$\left| \frac{f(\beta) - f(\alpha)}{\beta - \alpha} \right| = \left| \frac{\sin \beta - \sin \alpha}{\beta - \alpha} \right| = |\cos \tau| \leq 1.$$

따라서 $|\sin \beta - \sin \alpha| \leq |\beta - \alpha|$ 이 성립한다. ∎

참고 평균값정리에서 미분가능조건을 뺄 수 없다. 예를 들어 $x = 0$에서 미분불가능한 함수

$$f(x) = \begin{cases} 1 + x, & -1 \le x \le 0, \\ 1 - x, & 0 \le x \le 1 \end{cases}$$

는 $f(-1) = f(1) = 0$이지만 $f'(c) = 0$이 되는 점 c는 존재하지 않는다. ∎

평균값정리를 이용하면 다음 정리를 증명할 수 있다.

정리 3.11

f가 (a, b)에서 미분가능하고 모든 $x \in (a, b)$에 대해 $f'(x) = 0$이면 f는 상수함수이다.

증명 평균값정리에서 $a < x_1 < x_2 < b$인 x_1, x_2에 대해

$$\frac{f(x_2) - f(x_1)}{x_2 - x_1} = f'(c) = 0$$

인 $c((x_1 < c < x_2)$가 존재한다. 따라서 임의의 x_1, x_2에 대해 $f(x_1) = f(x_2)$이고 f는 상수함수이다. ∎

정리 3.12

f가 (a, b)에서 미분가능한 함수라 하자. (a, b)의 모든 점 x에 대해 $f'(x) > 0(f'(x) < 0)$이면 f는 (a, b)에서 순증가(순감소)한다. [a)]

> a) 일반적으로 (a, b)의 유한개의 점을 제외한 모든 점에서 $f'(x) > 0(f'(x) < 0)$이라도 f는 (a, b)에 순증가(순감소)한다.

증명 $f'(x) > 0$인 경우를 증명하자.

균값정리에서 $a < x_1 < x_2 < b$인 x_1, x_2에 대해

$$\frac{f(x_2) - f(x_1)}{x_2 - x_1} = f'(c) > 0$$

인 $c((x_1 < c < x_2)$가 존재한다. 따라서 $f(x_1) < f(x_2)$이고 f는 순증가함수다. $f'(x) < 0$인 경우도 비슷하게 증명하면 된다. ∎

만일 한 점 $\alpha \in (a,b)$를 제외한 나머지 모든 점에서 $f'(x) > 0$이면 $(a,\alpha),(\alpha,b)$에서 f는 증가하므로 $x_1 < \alpha < x_2$에 대해 $f(x_1) < f(\alpha) < f(x_2)$이다. 따라서 (a,b) 내의 한 점 α를 제외한 모든 x에 대해 $f'(x) > 0$이면 f는 증가함수다.

유한개의 경우도 같은 방법으로 증명할 수 있다. 그리고 $f'(x) < 0$인 경우도 같은 방법으로 증명할 수 있다.

▎3.6.3 함수의 극값과 그래프의 추적

그림 3.7은 어떤 산의 단면을 그린 것이다. 만일 어떤 사람이 A지점에서 출발하여 E지점까지 간다면 오르막길은 A에서 B까지, C에서 D까지이고 내리막길은 B에서 C까지, D에서 E까지이다. 그리고 B와 D는 각각 봉우리이다. 봉우리란 오르막과 내리막의 경계이며 근방에서 가장 높은 곳을 의미한다. 봉우리가 산 전체에서 제일 높은 곳일 필요는 없다.

한편, A에서 E까지 걸어가면서 산의 높이를 생각하면, 오르막길을 갈 때는 높이가 점점 증가하는 것이고, 내리막길을 가고 있을 때는 높이가 점점 감소하는 것이다. 점 C는 봉우리 B, D와 반대성격을 가지고 있다. 즉, 내리막과 오른막의 경계이며 근방에서 산의 높이가 가장 낮은 곳이다.

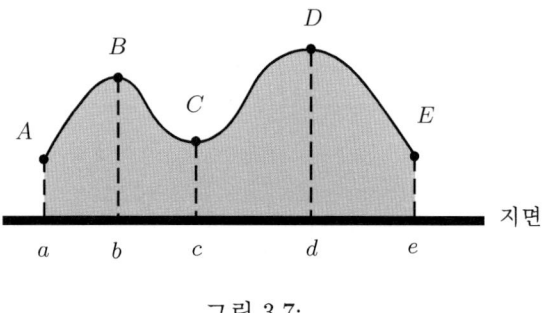

그림 3.7:

극대·극소 만일 그림 3.7이 어떤 함수의 그래프이면 수학용어로 오르막길을 갈 때는 증가상태에 있다고 하고 내리막길을 갈 때는 감소상태에 있다고 한다. 그리고 B, D와 C를 극점이라 한다.

이러한 것들을 수학적으로 정의하자.

정의 3.13

함수 $y = f(x)$가 $x = a$ 근방에서 정의되어 있고 아주 작은 $|h|$에 대해

$$f(a + h) \leq f(a)(f(a + h) \geq f(a))$$

를 만족하면 함수 $f(x)$는 $x = a$에서 **극대(극소)**가 된다고 하고 $f(a)$를 **극대값(극소값)**, $(a, f(a))$를 **극대점(극소점)**이라 한다.

극대값과 극소값을 **극값**, 극대점과 극소점을 **극점**이라 한다.

그림 3.7에서 b, d에서 극대값, c에서 극소값을 가지며, 산 봉우리에 해당하는 B, D는 극대점, C는 극소점이다. 여기서 최대값, 최소값과 극대값, 극소값은 다른 의미라는 것을 주의해야한다. 최대값(최소값)은 전체의 값 중 가장 큰(작은) 값, 극대값(극소값)은 근방의 값 중 가장 큰(작은) 값을 의미한다. 따라서 최대값(최소값)은 극대값(극소값)이 되지만 그 역은 성립하지 않는다.

예제 3.28 3차함수

$$f(x) = x(x - 1)(x - 2)$$

의 그래프는 x축과 $0, 1, 2$에서 만나고 그래프는 대략 그림 3.8과 같은 모양이다.

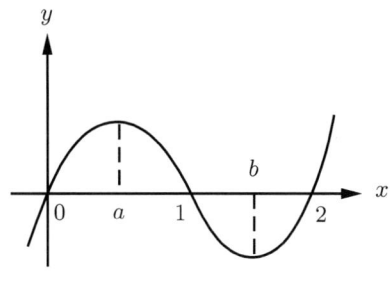

그림 3.8:

그림 3.8에서 $x = a$에서 극대, $x = b$에서 극소가 된다. ∎

극대·극소 판정법 예제 3.28에서 a와 b를 어떻게 구할 것인가?

함수 $f(x)$가 $x = a$에서 증가상태(감소상태)란 $x = a$의 적당한 근방에서 $f(x)$가 증가함수(감소함수)임을 뜻한다.

다음 정리는 $x = a$에서 미분계수의 부호를 가지고 $x = a$ 근방에서 $f(x)$의 증가상태, 감소상태를 판별하는 방법이다.

정리 3.14

$x = a$ 근방에서 함수 $f(x)$가 미분가능하고 f'이 연속이라 하자.

(1) $f'(a) > 0$이면 $f(x)$는 $x = a$에서 증가상태이다.

(2) $f'(a) < 0$이면 $f(x)$는 $x = a$에서 감소상태이다.

(3) $f'(a) = 0$이고 $x = a$의 전후에서 $f'(x)$의 부호가 양에서 음으로 바뀌면 $x = a$에서 극대, 음에서 양으로 바뀌면 $x = a$에서 극소이다.

미분불가능한 점 또는 $f'(x) = 0$을 만족하는 점 x를 f의 **임계점**이라 한다. 따라서 미분가능한 함수의 극대, 극소는 임계점만 조사하면 된다.

그림 3.9의 첫 번째 그림에서는 $x = a$에서 극대, $x = x_1$에서 증가상태, $x = x_2$에서 감소상태이다.

그림 3.9의 두번째 그림에서는 $x = a$에서 극소, $x = x_1$에서 감소상태, $x = x_2$에서 증가상태이다.

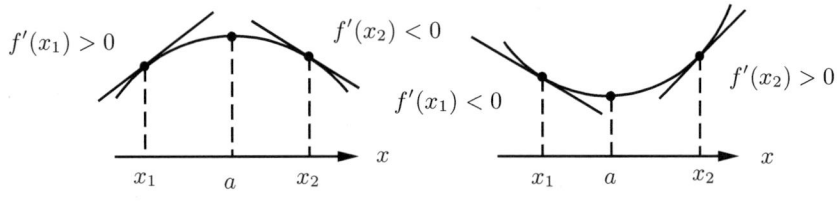

그림 3.9:

참고 어떤 함수 f가 어떤 점 근방에서 증가할 때 그 점에서 증가하는 것으로 정의한다. 그래서 $f'(a) > 0$이면 $x = a$ 근방에서 f가 증가한다고 추측할지 모르지만 이 추측은 거짓이다. 예를 들어

$$f(x) = \begin{cases} x + 2x^2 \sin \dfrac{1}{x}, & x \neq 0, \\ 0, & x = 0 \end{cases}$$

이면 $f'(0) = 1 > 0$이지만 $x = 0$ 근방에서 f는 증가하지 않는다. 그러나 f'이 $x = a$ 근방에서 연속이고 $f'(a) > 0$이면 f는 $x = a$에서 증가한다. 따라서 정리 3.14에서 f'이 $x = a$근방에서 연속이라는 조건은 반드시 필요하다. ▮

극값 구하기 정리 3.14에서 미분가능한 함수 $y = f(x)$의 극값을 구하기 위해서는 다음 단계에 따라 구하면 된다.

1. $f'(\alpha) = 0$이 되는 α를 구한다.
2. 1에서 구한 α의 전후에서 $f'(x)$의 부호를 조사한다. 만일 $f'(x)$의 부호가 음에서 양으로 바뀌면 극소, 양에서 음으로 바뀌면 극대이다.
3. 만일 $f'(x)$의 부호가 바뀌지 않으면 더 일반적인 방법을 사용해야 한다. 이 경우는 나중에 다룬다.

정리 3.14의 역은 성립하지 않는다. 그러나 다음이 성립한다.

정리 3.15

함수 $f(x)$가 (a, b)에서 미분가능하며 그 구간에서

(1) $f(x)$가 증가상태이면 $f'(x) \geq 0$;
(2) $f(x)$가 감소상태이면 $f'(x) \leq 0$.

다음 정리는 미분가능한 함수가 어떤 점에서 극값을 갖기 위한 필요조건은 그 점에서 미분계수가 0임을 보여준다. 물론 역은 성립하지 않는다.

정리 3.16

$f(x)$가 $x = a$에서 미분가능하고 극값을 가지면 $f'(a) = 0$이다.

예제 3.29 삼차함수

$$f(x) = \frac{1}{3}x^3 + \frac{1}{2}x^2 - 6x + 8$$

의 극값을 구하자. 미분하면

$$f'(x) = x^2 + x - 6 = (x + 3)(x - 2).$$

따라서 $f'(x) = 0$을 만족하는 x는 $-3, 2$이다. $x = -3, 2$의 전후에서 $f'(x)$의 부호를 조사하면 다음과 같다.

x	$\cdots$	-3	$\cdots$	2	$\cdots$
$f'(x)$	$+$	0	$-$	0	$+$

$x = -3$ 전후에서 $f'(x)$의 부호가 양에서 음으로 바뀌므로 극대이고, $x = 2$ 전후에서 $f'(x)$의 부호가 음에서 양으로 바뀌므로 극소이다. ▌

참고 $f(x)$의 극값을 구할 때 $f(x)$가 모든 점에서 미분가능하면 임계점만 조사하면 되지만 미분가능하지 않은 연속인 점이 존재할 때는 그 점의 전후에서 증가, 감소상태를 조사하여 구한다. 예를 들면 $f(x) = |x|$는 $x = 0$에서 극소이지만 $x = 0$에서 미분가능하지 않다. 그러나 $x = 0$은 감소상태에서 증가상태로 변하는 경계점이므로 그 점에서 극소이다. ▌

증가·감소의 형태 정리 3.14에서 $f'(x)$의 부호를 가지고 $y = f(x)$가 증가상태인지 감소상태인지 판별하였다. 하지만 $f'(x)$는 증가와 감소에 대한 정보 외에 어떠한 방법으로 증가하고 감소하는지 더 이상의 정보를 제공하지 않는다. 그래프 모양에서 증가하는 방법과 감소하는 방법은 두가지로 구분할 수 있다.

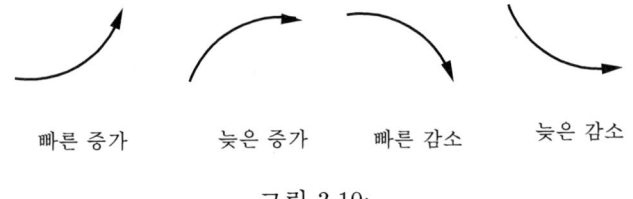

빠른 증가   늦은 증가   빠른 감소   늦은 감소

그림 3.10:

그림 3.10의 첫 번째 상태는 증가하는 속도가 두 번째에 비해 빠름을 나타낸다. 예를 들어 밑이 1보다 큰 지수함수의 증가상태는 첫번째 상태이고 밑이 1보다 큰 로그함수의 증가상태는 두번째 상태이다.

비슷하게 그림 3.10의 세 번째 감소상태는 네 번째 감소상태보다 빠르다.

이와같이 단순히 증가, 감소의 정보 외에 어떤 방법으로 증가하고 감소하는가에 대한 정보는 2계미분이 제공한다. 결과는 다음과 같다.

정리 3.17

$y = f(x)$가 $x = a$ 근방에서 연속인 도함수 $f'(x), f''(x)$를 갖는다고 하자.

(1) $f'(a) > 0$일 때, $f''(a) > 0$이면 $x = a$에서 빠른 증가상태이고 $f''(a) <$ 0이면 $x = a$에서 늦은 증가상태이다.

(2) $f'(a) < 0$일 때 $f''(a) > 0$이면 늦은 감소상태이고 $f''(a) < 0$이면 빠른 감소상태이다.

즉, $f'(a) > 0$이면 $x = a$ 근방에서 증가, $f'(a) < 0$이면 $x = a$근방에서 감소, $f''(a) > 0$이면 빠른 증가 또는 늦은 감소, $f''(a) < 0$이면 늦은 증가 또는 빠른 감소이다. 따라서 $f'(a) \neq 0, f''(a) \neq 0$일 때 $f'(a)$와 $f''(a)$의 부호를 가지고 증가, 감소상태 및 방법을 알 수 있다. 물론 이 경우 f'과 f''은 $x = a$ 근방에서 연속이어야 한다.

일반적인 수학용어로 빠른 증가 또는 늦은 감소인 경우는 **아래로 볼록**, 늦은 증가 또는 빠른 감소인 경우는 **위로 볼록**이라 한다.

변곡점 $f'(a) = f''(a) = 0$일 때 얻을 수 있는 정보가 무엇인지 알아 보자.

$f'(a) = 0$이고 $x = a$ 전후에서 $f'(x)$의 부호가 바뀌면 $x = a$는 증가와 감소 또는 감소와 증가의 경계가 되는 부분이고, 따라서 $x = a$에서 극대 또는 극소가 됨을 알 수 있다.

비슷하게 $f''(a) = 0$이고 $x = a$의 전후에서 $f''(x)$의 부호가 바뀐다는 것은 $x = a$가 증가하는 방법 또는 감소하는 방법이 바뀌는 경계라는 것을 알 수 있다. 즉, $f''(a) = 0$이고 $x = a$의 전후에서 $f''(x)$의 부호가 양(음)에서 음(양)으로 바뀌면 $x = a$는 빠른(늦은) 증가에서 늦은(빠른) 증가로 또는 늦은(빠른) 감소에서 빠른(늦은) 감소로 바뀌는 경계점이고 $f''(a) = 0$을 만족한다. 이런 점을 **변곡점**이라 한다.

그림 3.11은 $a < x < b$에서 $f'(x) > 0, f''(x) < 0$이므로 늦은 증가, $b < x < c$에서 $f'(x) < 0, f''(x) < 0$이므로 빠른 감소, $c < x < d$에서 $f'(x) < 0, f''(x) > 0$이므로 늦은 감소, $d < x < e$에서 $f'(x) > 0, f''(x) > 0$이므로 빠른 증가, $e < x < f$에서 $f'(x) > 0, f''(x) < 0$이므로 늦은 증가, 그리고 $x = c, e$에서 $f'(x) \neq 0, f''(x) = 0$이고 전후에서 $f''(x)$의 부호가 바뀌므로 변곡점이다.

변곡점은 $f''(x)$를 정의할 수 없는 연속인 점에 존재할 수도 있다.

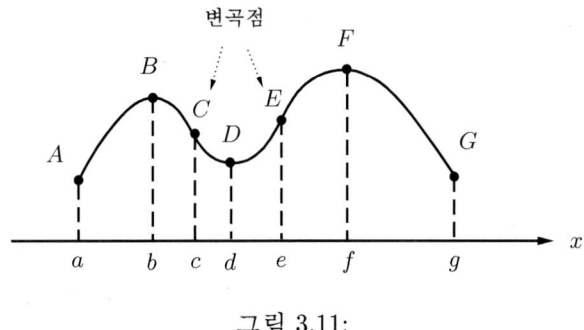

그림 3.11:

그림 3.11에서 점 B는 증가상태와 감소상태가 바뀌는 경계이므로 극대이고, 점 D는 감소상태에서 증가상태로 바뀌는 경계이므로 극소이다. 점 C는 빠른 감소에서 늦은 감소로 바뀌는 경계이고 점 E는 빠른 증가에서 늦은 증가로 바뀌는 경계이므로 점 C와 E는 변곡점이다. 이것을 표로 나타내면 다음과 같다.

	A		B		C		D		E		F		G
x	a	$\cdots$	b	$\cdots$	c	$\cdots$	d	$\cdots$	e	$\cdots$	f	$\cdots$	g
$f'(x)$	$*$	$+$	0	$-$	$-$	$-$	0	$+$	$+$	$+$	0	$-$	$*$
$f''(x)$	$*$	$-$	$-$	$-$	0	$+$	$+$	$+$	0	$-$	$-$	$-$	$*$

예제 3.30 $f(x) = e^{-x^2}$ 에서

$$f'(x) = -2xe^{-x^2},$$
$$f''(x) = 2(\sqrt{2}x - 1)(\sqrt{2}x + 1)e^{-x^2}.$$

따라서 $f'(x) = 0$이면 $x = 0$, $f''(x) = 0$이면 $x = \pm\dfrac{1}{\sqrt{2}}$ 이다. 증가, 감소, 빠른 증가와 감소, 늦은 증가과 감소를 표로 나타내면 다음과 같다.

x	$\cdots$	$-\dfrac{1}{\sqrt{2}}$	$\cdots$	0	$\cdots$	$\dfrac{1}{\sqrt{2}}$	$\cdots$
$f'(x)$	$+$	$+$	$+$	0	$-$	$-$	$-$
$f''(x)$	$+$	0	$-$	$-$	$-$	0	$+$
상태	빠른증가	변곡점	늦은증가	극점	빠른감소	변곡점	늦은감소

위 증감표와 $y = f(x) = e^{-x^2}$ 이 y축에 대칭인 성질을 이용하여 그래프를 그리면 다음과 같다. (그림 3.12) ∎

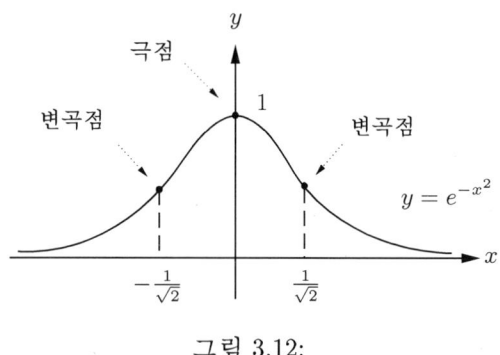

그림 3.12:

고계미분을 이용한 극대·극소 판정법 정리 3.17에서 2계도함수의 부호는 함수의 증가, 감소상태가 빠른지 아니면 늦은지에 대한 정보를 알려 준다.

정리 3.18

$y = f(x)$ 가 a 근방에서 2계미분가능하고 연속일 때

(1) $f'(a) = 0, f''(a) < 0$ 이면 $x = a$ 에서 극대;

(2) $f'(a) = 0, f''(a) > 0$ 이면 $x = a$ 에서 극소.

$f''(a) < 0 = (f')'(a) < 0$ 이면 a 근방에서 f' 이 감소한다. 그런데 f' 은 $y = f(x)$ 의 접선의 기울기를 나타내므로 점 $(a, f(a))$ 근방에서 접선의 기울기가 감소한다. 직관적이지만 이 경우 f 가 $x = a$ 에서 극대가 됨을 알 수 있다. 두 번째 경우도 비슷하다.

예제 3.31 극값판정법을 이용하여 $f(x) = 2x^3 - 15x^2 + 36x + 10$ 의 극값을 구하라.

풀이 f 를 미분하면

$$f'(x) = 6x^2 - 30x + 36 = 6(x-2)(x-3),$$
$$f''(x) = 12x - 30.$$

$f'(x) = 0$이면 $x = 2, 3$이고 $f''(2) < 0, f''(3) > 0$이므로 $x = 2$에서 극대이고 $x = 3$에서 극소이다. ∎

만일 $f'(a) = 0$이고 $f''(a) = 0$이면 정리 3.18을 이용해서 $x = a$ 근방에서 f에 대한 정보를 얻을 수 없다. 정리 3.18 보다 더 일반적인 결과가 필요하다.

정리 3.19

$y = f(x)$가 $x = a$ 근방에서 n계미분이 존재하고 연속이며

$$f'(a) = f''(a) = \cdots = f^{(n-1)}(a) = 0, \ f^{(n)}(a) \neq 0 (n \geq 2)$$

이라 하자.

(1) n이 짝수이고 $f^{(n)}(a) > 0$이면 f는 $x = a$에서 극소이다.

(2) n이 짝수이고 $f^{(n)}(a) < 0$이면 f는 $x = a$에서 극대이다.

(3) n이 홀수이면 $(a, f(a))$는 $y = f(x)$의 변곡점이다.

정리 3.19에서 $n = 2$이면 정리 3.18을 얻는다.

예제 3.32 $f(x) = x^n (n \geq 2)$이면

$$f'(0) = f''(0) = \cdots = f^{(n-2)}(0) = 0, \ f^{(n)}(0) = n! \neq 0.$$

따라서 n이 짝수이면 $f^{(n)}(0) > 0$이므로 $x = 0$에서 극소이고, n이 홀수이면 $(0, 0)$은 f의 변곡점이다. ∎

그래프 추적 $y = f(x)$가 2계미분가능하고 연속일 때 1계미분과 2계미분을 이용해서 $y = f(x)$의 그래프의 개형에 대해 알아보자. $y = f(x)$에 대한 정보를 많이 알수록 그래프는 정확하게 그릴 수 있는데 지금까지 알 수 있는 정보는 다음과 같은 것들이다.

1. **함수의 정의역 :** 그래프를 그리고자 하는 함수의 정의역을 조사한다.

2. **대칭성 :** $f(-x) = f(x)$가 성립하면 y축에 대칭, $f(-x) = -f(x)$가 성립하면 원점에 대칭이다.

3. **절편:** 만약 $f(\alpha) = 0$을 만족하면 $y = f(x)$와 x축과의 교점(즉, x절편)은 $(\alpha, 0)$이고 $f(0) = \beta$를 만족하면 y축과의 교점(즉, y절편)은 $(0, \beta)$이다.

4. **수직점근선과 수평점근선:** $\lim\limits_{x \to a} f(x) = \pm\infty$이면 $x = a$는 수직점근선이고 $\lim\limits_{x \to \infty} f(x) = A$ 또는 $\lim\limits_{x \to -\infty} f(x) = B$이면 $y = A$ 또는 $y = B$는 수평점근선이다.

5. **사점근선:** $f(x) = ax + b + h(x)$이고 $\lim\limits_{x \to \infty} h(x) = 0$ 또는 $\lim\limits_{x \to -\infty} h(x) = 0$이면 $y = ax + b$는 $y = f(x)$의 사점근선이다.

6. **극점, 변곡점, 빠른 증가와 감소, 늦은 증가와 감소:** $f'(x) = 0$ 또는 $f''(x) = 0$이 을 만족하는 x를 구하여 작은 순서대로 나열한 다음 각 구간에서 $f'(x), f''(x)$의 부호를 조사하여 극점, 변곡점, 빠른증가와 감소, 늦은 증가와 감소 등을 조사한다.

위 여섯 가지 정보를 토대로 그래프의 개형을 그린다.

예제 3.33 위 여섯 가지의 정보를 조사하여

$$y = \frac{x}{(x+1)^2}$$

의 그래프 개형을 그려보자.

1. 정의역은 $x \neq -1$인 모든 실수이다.

2. 대칭성은 없다.

3. $f(x) = 0$이면 $x = 0$, $f(0) = 0$이므로 x절편과 y절편은 0이다. 따라서 원점을 지난다.

4. $\lim\limits_{x \to -1} f(x) = -\infty$이므로 $x = -1$은 수직 점근선이다.
   $\lim\limits_{x \to \infty} f(x) = 0$이므로 $y = 0$은 수평점근선이다.

5. $y = 0$은 사점근선이다.

6.

$$f'(x) = \frac{1-x}{(x+1)^3},$$
$$f''(x) = \frac{2(x-2)}{(x+1)^4}$$

이므로 $f'(x) = 0$이면 $x = 1$, $f''(x) = 0$이면 $x = 2$이다.

이러한 사실을 이용해서 증감표를 만들면 다음과 같다.

x	$\cdots$	(-1)	$\cdots$	1	$\cdots$	2	$\cdots$
$f'(x)$	-		+	0	-	-	-
$f''(x)$	-		-	-	-	0	+
	빠른감소		늦은증가	극대점	빠른감소	변곡점	늦은감소

그리고 위 여섯 가지 정보를 토대로 그래프를 그리면 그림 3.13과 같다. ∎

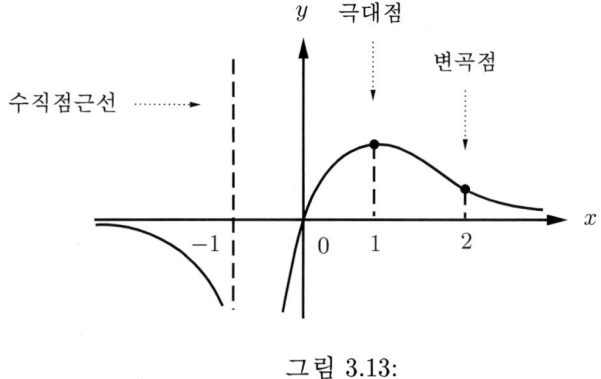

그림 3.13:

지금까지 1계미분 또는 2계미분을 이용하여 얻을 수 있는 함수의 정보에 대해 알아보았다. 지금까지 언급한 정리의 자세한 증명은 참고문헌 [1], [4]를 참고하라.

$\cdots\cdots\cdots\cdots\cdots\cdots\cdots\cdots\cdots$ 연습문제 **3.6.3** $\cdots\cdots\cdots\cdots\cdots\cdots\cdots$

1. 다음 곡선의 극점과 변곡점을 구하고 그래프를 그려라.

(1) $y = 3x^4 - 8x^3 + 6x^2$ (2) $y = x^2 e^{-x}$

2. 다음 함수의 그래프의 개형을 추적하기 위한 여섯 가지 정보를 조사하고 그래프를 그려라.

(1) $y = \dfrac{(x+1)^2}{x}$ (2) $y = \dfrac{x^2 - 2x - 2}{2x}$

3.6.4 곡선과 곡률

곡선과 속도, 가속도 벡터 $\mathbb{R}^n$ 위의 **곡선**이란 구간 I 에서 정의된 연속함수

$$X : I \longrightarrow \mathbb{R}^n$$

을 말한다. X 를 성분을 이용해서 나타내면

$$X(t) = (x_1(t), x_2(t), \ldots, x_n(t)), \quad t \in I.$$

이때 t 를 **매개변수**라 부르며, 위와 같이 표현된 곡선을 "**곡선이 매개화되어있다**"라 말한다. 그리고 X 의 각 성분 $x_i(t)$ 가 미분가능(또는 $C^1, C^2, \ldots$)이면 X 를 **미분 가능**(**또는 $C^1, C^2, \ldots$**)이라 한다. 예를 들면 함수 $y = x^2$ 의 그래프는 $\mathbb{R}^2$ 위의 곡선인데 다음은 이 곡선을 매개화한 것들이다.

$$X(t) = (t, t^2), \quad Y(t) = (t^3, t^6), \ldots \ (-\infty < t < \infty)$$

이와 같이 한 곡선을 매개화하는 방법은 많지만 매개화하는 방법에 관계없이 곡선의 길이나 형태는 일정하다는 사실에 주목할 필요가 있다.

예제 3.34 곡선

$$X(t) = (\cos t, \sin t), \quad Y(t) = (\sin t, \cos t)(0 \le t \le 2\pi)$$

등은 모두 단위원의 매개화이다.

만일 $X(t), Y(t)$ 가 단위원 위에서 점의 운동을 나타내면 $X(t)$ 는 $(1, 0)$ 에서 시작해서 양의 방향(시계반대방향)으로 한 바퀴 도는 운동이고, $Y(t)$ 는 $(0, 1)$ 에서 시작해서 시계방향으로 한 바퀴 도는 운동이다. (그림 3.14) ∎

한편

$$Z(t) = \left(\frac{1 - t^2}{1 + t^2}, \frac{2t}{1 + t^2} \right) \ (-\infty < t < \infty)$$

이면 $Z(t)$ 도 단위원의 매개화이다. 따라서 단위원을 매개화하는 방법은 여러 가지가 있음을 알 수 있다.

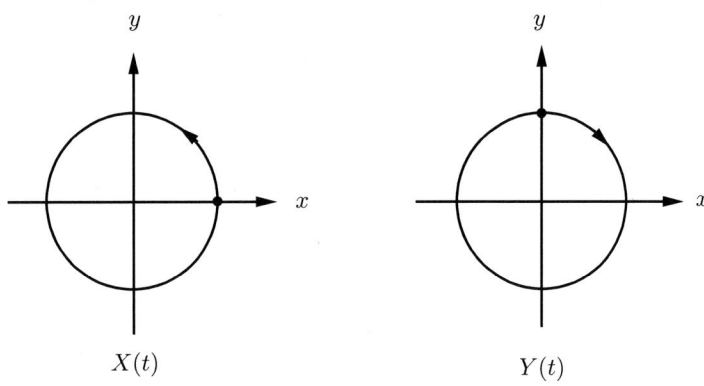

그림 3.14:

이와 같이 어느 한 곡선을 매개화하는 방법은 많고, 각각의 매개화는 곡선의 서로 다른 성질을 표현하고 있다.

정의 3.20

2차 미분가능한 곡선 $X : I \longrightarrow \mathbb{R}^n$에 대해

$$V(t) = X'(t) = (x_1'(t), \ldots, x_n'(t))$$

를 X의 **속도벡터**,

$$V'(t) = X''(t) = (x_1''(t), \ldots, x_n''(t))$$

를 X의 **가속도벡터**라 한다.

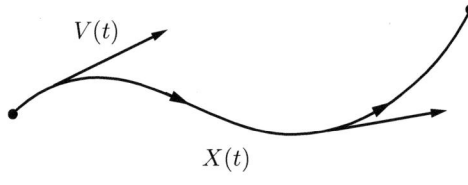

그림 3.15:

$V(t) \neq 0$인 경우 속도벡터는 곡선 위의 점 $X(t)$에서 곡선에 접하는 벡터이다. 따라서 $V(t)$는 점 $X(t)$에서 이 곡선에 접하는 접선의 방향벡터가 된다.

일반적으로 $V(t) \neq 0$인 곡선 X를 **정규곡선**이라 한다. 어떤 점의 움직임이

정규곡선을 이루면 그 점은 시점에서 종점까지 멈추지 않고 움직인다.

참고 $\mathbb{R}^n$에서 점 $P \in \mathbb{R}^n$을 지나고 방향이 $V \in \mathbb{R}^n$인 직선의 방정식은

$$Y(t) = P + tV \ (-\infty < t < \infty). \tag{3.8}$$

만일 $Y(t) = (x_1(t), \ldots, x_n(t))$이고 $P = (a_1, a_2, \ldots, a_n), V = (v_1, v_2, \ldots, v_n)$일 때 직선의 방정식 (3.8)을 성분으로 나타내면

$$\begin{cases} x_1(t) = a_1 + tv_1, \\ x_2(t) = a_2 + tv_2, \\ \vdots \\ x_n(t) = a_n + tv_n. \end{cases} \blacksquare$$

예제 **3.35** $X(t) = (\sin t, \cos t)$ 위의 점 $\left(\dfrac{\sqrt{3}}{2}, \dfrac{1}{2} \right)$에서 접선의 방정식을 구하자.

$X'(t) = (\cos t, -\sin t)$이고

$$X\left(\frac{\pi}{3}\right) = \left(\frac{\sqrt{3}}{2}, \frac{1}{2} \right), \quad V\left(\frac{\pi}{3}\right) = X'\left(\frac{\pi}{3}\right) = \left(\frac{1}{2}, -\frac{\sqrt{3}}{2} \right)$$

이므로 구하는 접선의 방정식은

$$X\left(\frac{\pi}{3}\right) + tX'\left(\frac{\pi}{3}\right) = \left(\frac{\sqrt{3}}{2}, \frac{1}{2} \right) + t\left(\frac{1}{2}, -\frac{\sqrt{3}}{2} \right).$$

성분을 써서 나타내면

$$\begin{cases} x = \dfrac{\sqrt{3}}{2} + \dfrac{t}{2}, \\ y = \dfrac{1}{2} - \left(\dfrac{\sqrt{3}}{2} \right) t. \end{cases} \blacksquare$$

정의 3.21

곡선 $X : [a, b] \longrightarrow \mathbb{R}^n$의 역향곡선 $X_- : [a, b] \longrightarrow \mathbb{R}^n$은

$$X_-(t) = X(a + b - t) \ (a \leq t \leq b)$$

로 정의한다.

X의 **역향곡선**이란 곡선 X의 시점을 종점으로, 종점을 시점으로 하고 방향이 X와 반대인 곡선을 말한다. $X_-(a) = X(b), X_-(b) = X(a)$이므로 곡선 X의 시점은 곡선 X_-의 종점, 곡선 X의 종점은 곡선 X_-의 시점이다. 그리고

$$\frac{d}{dt}X_-(t) = -X'(a+b-t), \quad \frac{d}{dt^2}X_-(t) = X''(a+b-t)$$

이므로 역향곡선 X_-의 속도벡터는 곡선 X의 속도벡터와 크기는 같고 방향은 반대인 벡터이며 역향곡선 X_-의 가속도벡터와 곡선 X의 가속도벡터는 같음을 알 수 있다. (그림 3.16)

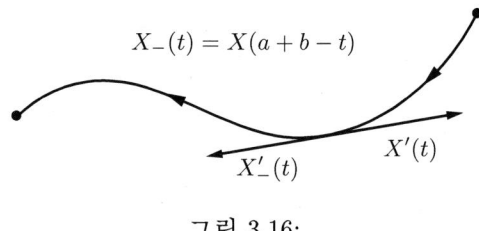

$$X_-(t) = X(a+b-t)$$

$$X'_-(t) \qquad X'(t)$$

그림 3.16:

곡률과 곡률원 어떤 곡선이 구부러진 정도를 측정하기 위한 측도에 대해 알아보자. 곡선 C 위의 두 점 P, Q에서 이 곡선에 접하는 접선과 양의 x축과 이루는 각을 각각 $\theta, \theta + \Delta\theta$라 하고 점 P에서 점 Q까지 곡선의 길이를 Δs라 할 때 $\dfrac{\Delta\theta}{\Delta s}$를 호 PQ의 **평균곡률**이라 한다.

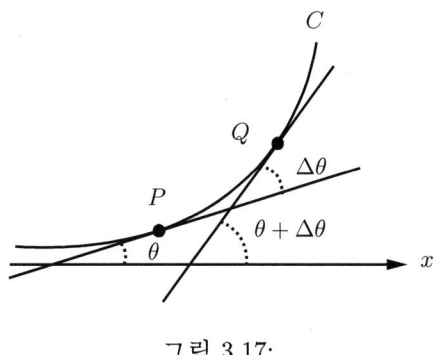

그림 3.17:

그림 3.17에서 만일 호 PQ의 구부러짐의 정도가 클수록 $\dfrac{\Delta\theta}{\Delta s}$가 클 것이라는 것은 직관적으로 알 수 있다. 만일 호의 길이를 작게 하면 평균곡률은 어떤 점에

서 구부러짐의 정도를 나타내는 좋은 측도가 될 것이다. 이 측도를 그 점에서
곡률이라한다.

정의 3.22

곡선 위의 한 점 $P(x, y)$에서 **곡률** κ는 점 $Q(x + \Delta x, y + \Delta y)$가 곡선을
따라 점 P에 접근할 때 호 PQ의 평균곡률의 극한의 절대값이다. 즉,

$$k = \left| \lim_{\Delta s \to 0} \frac{\Delta \theta}{\Delta s} \right|$$

$y = f(x)$가 두 번 미분가능한 함수일 때 이 곡선 위의 점 (x, y)에서 곡률을
구해보자. (그림 3.18)

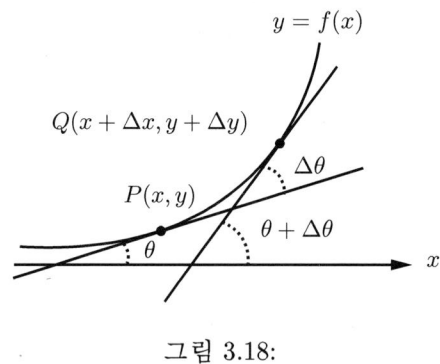

그림 3.18:

$P(x, y), Q(x + \Delta x, y + \Delta y)$에서

$$\tan \theta = f'(x), \quad \tan(\theta + \Delta \theta) = f'(x + \Delta x)$$

이므로

$$\theta = \tan^{-1}[f'(x)], \quad \theta + \Delta \theta = \tan^{-1}[f'(x + \Delta x)]$$

이고

$$\Delta \theta = (\theta + \Delta \theta) - \theta = \tan^{-1}[f'(x + \Delta x)] - \tan^{-1}[f'(x)].$$

$|\Delta x|, |\Delta y|$가 충분히 작으면

$$\Delta s \approx \sqrt{(\Delta x)^2 + (\Delta y)^2}$$

이므로, Δs가 충분히 작으면

$$\frac{\Delta \theta}{\Delta s} \approx \frac{\tan^{-1}[f'(x+\Delta x)] - \tan^{-1}[f'(x)]}{\sqrt{(\Delta x)^2 + (\Delta y)^2}}$$

$$= \left(\frac{\tan^{-1}[f'(x+\Delta x)] - \tan^{-1}[f'(x)]}{\Delta x} \right) \Big/ \sqrt{1 + \left(\frac{\Delta y}{\Delta x}\right)^2}.$$

따라서

$$\kappa = \left| \lim_{\Delta s \to 0} \frac{\Delta \theta}{\Delta s} \right|$$

$$= \left| \lim_{\Delta x \to 0} \left(\frac{\tan^{-1}[f'(x+\Delta x)] - \tan^{-1}[f'(x)]}{\Delta x} \right) \Big/ \sqrt{1 + \left(\frac{\Delta y}{\Delta x}\right)^2} \right|$$

$$= \left(\frac{f''(x)}{[f'(x)]^2 + 1} \right) \Big/ \sqrt{1 + (f'(x))^2}$$

$$= \frac{|y''|}{[1 + (y')^2]^{\frac{3}{2}}}.$$

즉,

> $y = f(x)$가 두 번 미분가능한 함수일 때, 이 곡선 위의 점 (x, y)에서 곡률 κ는
>
> $$\kappa = \frac{|y''|}{[1 + (y')^2]^{\frac{3}{2}}}.$$

예제 3.36 $y = x^2$ 위의 점 $(0, 0)$에서 곡률을 구하여라.

풀이 $x = 0$일 때 $y' = 0, y'' = 2$이므로

$$\kappa = \frac{|y''|}{[1 + (y')^2]^{\frac{3}{2}}} = 2$$

이다. ∎

만일 곡선이 매개방정식 $x = f(t), y = g(t)$[1]로 주어질 때 위 식과 매개방정식의 미분법을 이용하면 곡선 위의 점 (x_0, y_0)에서 곡률을 얻을 수 있다.

---

1) 이때 f, g는 두 번 미분할 수 있는 함수이다.

$x_0 = f(t_0), y_0 = g(t_0)$ 이면 곡선 $x = f(t), y = g(t)$ 위의 점 (x_0, y_0) 에서 곡률 κ 는

$$\kappa = \frac{|f'(t_0)g''(t_0) - f''(t_0)g'(t_0)|}{[(f'(t_0))^2 + (g'(t_0))^2]^{\frac{3}{2}}}.$$

예제 **3.37** 타원 $x^2 + 4y^2 = 1$ 위의 점 $(1, 0)$ 에서 곡률을 구하여라.

풀이 이 타원을 매개화하면[2]

$$x = \cos t, \quad y = \frac{1}{2}\sin t.$$

$t = 0$ 일 때 $x = 1, y = 0$ 이고

$$x' = -\sin t, y' = \frac{1}{2}\cos t, x'' = -\cos t, y'' = -\frac{1}{2}\sin t$$

이므로

$$
\begin{aligned}
\kappa &= \left| \frac{1}{2}\sin^2 t + \frac{1}{2}\cos^2 t \right| \Big/ \left[\sin^2 t + \frac{1}{4}\cos^2 t \right]^{\frac{3}{2}} \\
&= 1 \Big/ \left(2\left[\frac{1}{4} + \frac{3}{4}\sin^2 t \right]^{\frac{3}{2}} \right) = \frac{4}{\sqrt{(1 + 3\sin^2 t)^3}}.
\end{aligned}
$$

$t = 0$ 일 때 $\sin t = 0$ 이므로 구하는 곡률은 4이다. ∎

정의 3.23

곡선 위의 한 점에서 곡률을 κ 라 할 때 그 점에서 곡선의 접선에 접하면서 반지름이 $\frac{1}{\kappa}$ 이고 접선에 대하여 곡선과 같은 쪽에 있는 원을 **곡률원**이라 한다. 그리고 $\frac{1}{\kappa}$ 을 **곡률반경**이라 한다. (그림 3.19)

따라서 곡률과 곡률반경은 반비례한다.

곡선 위의 어떤 점에서 곡률원이 갖는 의미는 그 점 근방에서 곡선과 곡률원이 비슷하다는 것이다. 즉, 그 점에서 곡선의 구부러진 정도가 곡률원의 구부

---

2) 곡률은 곡선을 매개화하는 방법에 무관하다.

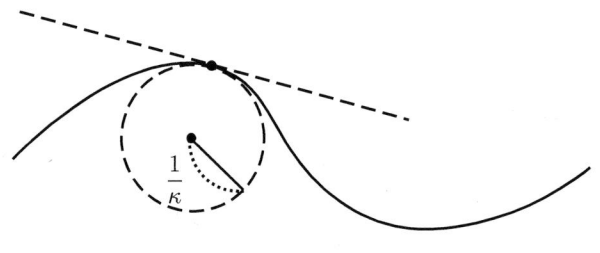

그림 3.19:

러진 정도와 비슷하다는 것이다. 반경이 작은 원이 구부러짐이 크므로 곡률이 크면 곡률반경이 작아진다.

원은 모든 점에서 구부러짐이 일정하므로 원 위의 모든 점에서 곡률이 일정하고 곡률원은 자기 자신이 된다는 것은 직관적으로 명백하다.

예제 **3.38** 반경이 R인 원 위의 모든 점에서 곡률은 $\dfrac{1}{R}$이고 곡률원은 자기 자신이 됨을 보여라.

풀이 중심이 (a, b)이고 반지름이 R인 원은 다음과 같이 나타낼 수 있다.

$$X(t) = (a + R\cos t, b + R\sin t) \quad (0 \leq t \leq 2\pi).$$

따라서 $x(t) = a + R\cos t, y = b + R\sin t$이고

$$\kappa = \frac{|x'y'' - x''y'|}{[(x')^2 + (y')^2]^{\frac{3}{2}}} = \frac{\left|R^2 \sin^2 t + R^2 \cos^2 t\right|}{(R^2)^{\frac{3}{2}}} = \frac{1}{R}.$$

그리고 곡률원은 이 원에 내접하고 반지름이 R이므로 자기 자신이 된다. ∎

············· **연습문제** **3.6.4** ·············

1. 다음 곡선의 속도벡터와 가속도벡터를 구하여라.

$$X(t) = (2\cos t, \sin t, 2t).$$

2. 다음 곡선들에 대하여 주어진 점에서의 접선의 방정식을 구하여라.

(1) $X(t) = (t, 2t, t^2)$, $t = 1$ (2) $X(t) = (e^{3t}, e^{-3t}, 3\sqrt{2}t)$, $t = 1$

3. 곡선 $X(t) = (t, t^2)$의 $t = 1$에서 곡률과 곡률반경을 구하여라.

4. 사이클로이드(cycloid) $X(t) = (t - \sin t, 1 - \cos t)$의 $t = (2n + 1)\pi$에서의 곡률을 구하여라.

5. $y = x^2$ 위의 점 $(1, 1)$에서 곡률원을 구하여라.

6. $\mathbb{R}^3$에서 곡선 $X(t)$의 곡률이 $\kappa(t)$로 주어질 때 곡선 $Y(t) = cX(t)$의 곡률은 $\dfrac{\kappa(t)}{c}$로 주어짐을 보여라.

제 4 장

부정적분과 정적분

4.1 부정적분의 정의 및 기본성질

x^2을 미분하면 $2x$이다. 역으로 $2x$가 어떤 것을 미분한 것인가라는 질문에 $x^2, x^2 + 1, \ldots$ 등 무수히 많은 대답을 할 수 있다. 이와 같이 어떤 함수 $f(x)$가 주어졌을 때 미분하면 $f(x)$가 되는 함수를 어떻게 찾을 것인지 알아보자.

정의 4.1

함수 $f(x)$를 도함수로 하는 함수 $F(x)$, 즉 $F'(x) = f(x)$인 함수 $F(x)$를 $f(x)$의 **부정적분**(또는 **역도함수**)이라 하고 다음과 같이 나타낸다.

$$F(x) = \int f(x)dx.$$

이때 $f(x)$를 **피적분함수**라 한다.

만일 $f(x) = 2x$라 하면 $F(x) = x^2 + C$(단, C는 상수)임을 쉽게 알 수 있다. 따라서

$$\int 2xdx = x^2 + C.$$

부정적분 기본공식 정의 4.1을 이용하면 다음과 같은 부정적분의 기본적인 성질을 얻을 수 있다.

1. $F(x)$와 $G(x)$가 $f(x)$의 부정적분이면

$$F(x) = G(x) + C \quad (\text{단, } C \text{는 상수}).$$

2. 두 함수 $f(x), g(x)$와 상수 c에 대해 다음이 성립한다.

$$\int [f(x) + g(x)]dx = \int f(x)dx + \int g(x)dx,$$

$$\int cf(x)dx = c \int f(x)dx.$$

위 두가지 성질은 미분공식을 이용하면 간단히 증명할 수 있다.

다음은 부정적분의 기본적인 공식들이다. 증명은 우변을 미분한 것이 좌변의 피적분함수가 됨을 보이면 된다.

1. $\displaystyle\int x^\alpha dx = \frac{1}{\alpha+1}x^{\alpha+1} + C$ (단 $\alpha \neq -1$인 실수).

2. $\displaystyle\int \frac{1}{x}dx = \ln|x| + C.$

3. $\displaystyle\int e^{kx}dx = \frac{1}{k}e^{kx} + C$ (단 $k \neq 0$인 실수).

4. $\displaystyle\int a^{kx}dx = \frac{1}{k}\cdot\frac{a^{kx}}{\ln a} + C$ (단 $k \neq 0$인 실수).

5. $\displaystyle\int \ln x\,dx = x\ln x - x + C.$

6. $\displaystyle\int \cos x\,dx = \sin x + C.$

7. $\displaystyle\int \sin x\,dx = -\cos x + C.$

8. $\displaystyle\int \sec^2 x\,dx = \tan x + C.$

9. $\displaystyle\int \csc^2 x\,dx = -\cot x + C.$

10. $\displaystyle\int \sec x\tan x\,dx = \sec x + C.$

11. $\displaystyle\int \csc x\cot x\,dx = -\csc x + C.$

12. $\displaystyle\int \tan x\,dx = -\ln|\cos x| + C.$

13. $\displaystyle\int \cot x\,dx = \ln|\sin x| + C.$

14. $\displaystyle\int \sec x\,dx = \ln|\sec x + \tan x| + C.$

15. $\displaystyle\int \csc x\,dx = \ln|\csc x - \cot x| + C.$

16. $\displaystyle\int \sin^{-1} x\,dx = x\sin^{-1} x + \sqrt{1 - x^2} + C.$

17. $\displaystyle\int \tan^{-1} x\,dx = x\tan^{-1} x - \frac{1}{2}\ln(1 + x^2) + C.$

18. $\displaystyle\int \frac{1}{\sqrt{a^2 - x^2}}\,dx = \sin^{-1}\left(\frac{x}{a}\right) + C.$

19. $\displaystyle\int \frac{1}{a^2 + x^2}\,dx = \frac{1}{a}\tan^{-1}\frac{x}{a} + C.$

20. $\displaystyle\int \cosh x\,dx = \sinh x + C.$

21. $\displaystyle\int \sinh x\,dx = \cosh x + C.$

22. $\displaystyle\int \operatorname{sech}^2 x\,dx = \tanh x + C.$

23. $\displaystyle\int \sqrt{a^2 - x^2}\,dx = \frac{1}{2}\left[x\sqrt{a^2 - x^2} + a^2\sin^{-1}\left(\frac{x}{a}\right)\right] + C.$

24. $\displaystyle\int \sqrt{a^2 + x^2}\,dx = \frac{x}{2}\sqrt{a^2 + x^2} + \frac{a^2}{2}\ln(x + \sqrt{a^2 + x^2}) + C.$

25. $\displaystyle\int \frac{1}{\sqrt{x^2 + a^2}}\,dx = \ln(x + \sqrt{x^2 + a^2}) + C.$

26. $\displaystyle\int \frac{1}{\sqrt{x^2 - a^2}}\,dx = \ln|x + \sqrt{x^2 - a^2}| + C.$

27. $I_n = \displaystyle\int \sin^n x\,dx$ 이면 $I_n = -\dfrac{1}{n}\sin^{n-1} x \cdot \cos x + \dfrac{n-1}{n}I_{n-2}$ $(n \geq 2)$.

28. $I_n = \displaystyle\int \cos^n x\,dx$ 이면 $I_n = \dfrac{1}{n}\cos^{n-1} x \cdot \sin x + \dfrac{n-1}{n}I_{n-2}$ $(n \geq 2)$.

29. $I_n = \displaystyle\int \tan^n x\,dx$ 이면 $I_n = \dfrac{1}{n-1}\tan^{n-1} x - I_{n-2}$ $(n \geq 2)$.

30. $I_n = \displaystyle\int \frac{1}{(x^2 + a^2)^n}\,dx \Longrightarrow I_n = \dfrac{1}{2(n-1)a^2}\left[\dfrac{x}{(x^2 + a^2)^{n-1}} + (2n - 3)I_{n-1}\right]$
$(n \geq 2,\ a \neq 0).$

31. $I_n = \displaystyle\int \frac{1}{(x^2 - a^2)^n}\,dx$ 이면 $I_n = -\dfrac{1}{2(n-1)a^2}\left[\dfrac{x}{(x^2 - a^2)^{n-1}} + (2n - 3)I_{n-1}\right]$
$(n \geq 2,\ a \neq 0).$

32. $\displaystyle\int \frac{1}{x\sqrt{x^2-a^2}}dx = \frac{1}{a}\sec^{-1}\frac{x}{a} + C.$

어떤 미분가능한 함수의 미분은 합, 곱, 나눗셈, 합성함수의 미분공식에 의해 쉽게 구할 수 있으나 부정적분은

$$\int e^{-x^2}dx$$

처럼 명백한 꼴로 나타내지 못하는 경우가 많다. 그러나 두 함수의 곱의 미분공식과 비슷한 부분적분법과 합성함수의 미분공식과 비슷한 치환적분법을 이용하면 여러 가지 함수들의 부정적분을 구할 수 있다.

4.2 적분법

4.2.1 부분적분법

정리 4.2 (부분적분법)

$f(x), g(x)$ 가 C^1 함수[a]이면

$$\int f(x)g'(x)dx = f(x)g(x) - \int f'(x)g(x)dx.$$

[a] 미분가능하고 도함수가 연속인 함수를 C^1-함수라 한다.

증명 $(fg)' = fg' + f'g$ 에서 양변을 적분하면 된다. ∎

위에서 부정적분 $\displaystyle\int f(x)g'(x)dx$ 를 구하기 위해 부정적분

$$\int f'(x)g(x)dx$$

를 구하면 된다. 두 함수의 곱의 부정적분을 부분적분법을 이용해서 구하기 위해서 $\displaystyle\int f'(x)g(x)dx$ 를 구할 수 있도록 $f(x)$ 와 $g'(x)$ 에 해당하는 함수를 적절하게 선택해야한다. 다음 예를 가지고 설명하자.

●예●제 **4.1** 부정적분 $\int xe^{5x}dx$ 를 구하여라.

●풀이 $f(x) = x, g'(x) = e^{5x}$ 라 두면 $f'(x) = 1, g(x) = \dfrac{1}{5}e^{5x}$ 이므로 부분적분법에 의해

$$\int xe^{5x}dx = \int f(x)g'(x)dx = f(x)g(x) - \int f'(x)g(x)dx$$
$$= \frac{1}{5}xe^{5x} - \frac{1}{5}\int e^{5x}dx$$
$$= \frac{1}{5}xe^{5x} - \frac{1}{25}e^{5x} + C$$

이다. ∎

만일 $f(x) = e^{5x}, g'(x) = x$ 라 두면 $f'(x) = \dfrac{1}{5}e^{5x}, g(x) = \dfrac{x^2}{2}$ 이므로

$$\int f'(x)g(x)dx = \frac{1}{10}\int x^2 e^{5x}dx$$

를 쉽게 구할 수 없으므로 $f(x)$ 와 $g'(x)$ 를 잘못 선택했음을 알 수 있다.

경우에 따라 부분적분법을 여러번 사용해서 부정적분을 구할 수 있다. 다음 예는 부분적분법을 두 번 사용한 경우이다.

●예●제 **4.2** 부정적분 $\int x^2 \cos 3x dx$ 를 구하여라.

●풀이 $f(x) = x^2, g'(x) = \cos 3x$ 라 두면 $f'(x) = 2x, g(x) = \dfrac{1}{3}\sin 3x$. 따라서

$$\int x^2 \cos 3x dx = \frac{1}{3}x^2 \sin 3x - \frac{2}{3}\int x \sin 3x dx.$$

$\int x \sin 3x dx$ 를 구하기 위해 다시 $f(x) = x, g'(x) = \sin 3x$ 라 놓으면 $f'(x) = 1, g(x) = -\dfrac{1}{3}\cos 3x$. 따라서

$$\int x \sin 3x dx = -\frac{1}{3}x \cos 3x + \frac{1}{3}\int \cos 3x dx$$
$$= -\frac{1}{3}x \cos 3x + \frac{1}{9}\sin 3x + C.$$

따라서

$$\int x^2 \cos 3x dx = \frac{1}{3}x^2 \sin 3x - \frac{2}{3}\left(-\frac{1}{3}x \cos 3x + \frac{1}{9}\sin 3x + C\right)$$

$$= \frac{1}{3}x^2 \sin 3x + \frac{2}{9}x \cos 3x - \frac{2}{27}\sin 3x + C'. \blacksquare$$

경우에 따라 하나의 함수에 대한 부정적분을 구하기 위해 부분적분법을 사용할 수 있다. 이때 '1'이라는 상수함수가 곱해져 있는 것으로 생각하고 부분적분법을 이용한다. 즉, $xf'(x)$의 부정적분을 구할 수 있다면 $f(x)$의 부정적분을 구하기 위해 $g'(x) = 1$로 두고 다음과 같이 부분적분법을 사용하면 된다.

$$\int f(x)dx = xf(x) - \int xf'(x)dx.$$

다음 예는 이와 같은 경우이다.

예제 4.3 $\int \ln x dx$를 구하여라.

풀이 $f(x) = \ln x$라 두면 $xf'(x) = x \cdot \frac{1}{x} = 1$의 부정적분을 쉽게 구할 수 있으므로 $g'(x) = 1, f(x) = \ln x$로 두고 부분적분법을 이용하면

$$\int \ln x dx = x \ln x - \int 1 dx$$

$$= x \ln x - x + C. \blacksquare$$

어떤 함수의 부정적분은 점화식을 이용해서 구할 수 있다.

예제 4.4 $I_n = \int \sin^n x dx \, (n \geq 2)$의 점화식을 구하여라.

풀이 $f(x) = \sin^{n-1} x, g'(x) = \sin x$라 두면

$$f'(x) = (n-1)\sin^{n-2} x \cos x, \quad g(x) = -\cos x$$

이므로

$$I_n = \int \sin^{n-1} x \cdot \sin x dx$$

$$= -\sin^{n-1} x \cos x + (n-1)\int \sin^{n-2} x \cos^2 x dx$$

$$= -\sin^{n-1} x \cos x + (n-1)\int \sin^{n-2} x(1 - \sin^2 x)dx$$

$$= -\sin^{n-1} x \cos x + (n-1)\int \sin^{n-2} x dx - (n-1)\int \sin^n x dx$$

$$= -\sin^{n-1} x \cos x + (n-1)I_{n-2} - (n-1)I_n.$$

따라서

$$I_n = -\frac{1}{n}\sin^{n-1}x\cos x + \frac{n-1}{n}I_{n-2}\ (n \geq 2).\ \blacksquare$$

위 점화식에서 n 이 짝수일 때 $I_0 = \int 1dx$ 를 구할 수 있으므로 I_n 를 구할 수 있고, n 이 홀수일 때 $I_1 = \int \sin xdx$ 를 구할 수 있으므로 I_n 를 구할 수 있다. 따라서 $n \geq 2$ 인 모든 자연수 n 에 대해 $I_n = \int \sin^n xdx$ 를 구할 수 있다.

비슷한 방법으로

$$\int \cos^n xdx, \qquad \int \tan^n xdx$$

의 점화식들을 구할 수 있다. 이것은 연습문제로 남긴다.

············· 연 습 문 제 **4.2.1** ·············

1. 부분적분법을 이용하여 다음 부정적분을 구하여라.

(1) $\displaystyle\int x\ln xdx$ (2) $\displaystyle\int xe^xdx$ (3) $\displaystyle\int x\sin xdx$

(4) $\displaystyle\int x\cos xdx$ (5) $\displaystyle\int x\sec^2 xdx$ (6) $\displaystyle\int x\sinh xdx$

2. 부분적분법을 두 번 사용하여 다음 부정적분을 구하여라.

(1) $\displaystyle\int (\ln x)^2 dx$ (2) $\displaystyle\int e^x\sin xdx$ (3) $\displaystyle\int x^2e^xdx$

(4) $\displaystyle\int x^2\sin xdx$ (5) $\displaystyle\int x^2\ln xdx$ (6) $\displaystyle\int x^2\sinh xdx$

3. 부분적분법을 이용하여 다음을 보여라.

(1) $\displaystyle\int \cos^n xdx = \frac{1}{n}\cos^{n-1}x\sin x + \frac{n-1}{n}\int \cos^{n-2}xdx\ (n \geq 2)$

(2) $\displaystyle\int \tan^n xdx = \frac{\tan^{n-1}x}{n-1} - \int \tan^{n-2}xdx\ (n \geq 2)$

(3) $\displaystyle\int x^n\cos xdx = x^n\sin x - n\int x^{n-1}\sin xdx$

(4) $\displaystyle\int x^ne^xdx = x^ne^x - n\int x^{n-1}e^xdx$

4.2.2 치환적분법

합성함수의 미분법에 대응하는 적분법에 대해 알아보자.

정리 4.3 (치환적분법)

$F(x)$와 $g(x)$가 미분가능하고 $F' = f$이면

$$\int f(g(x))g'(x)dx = F(g(x)) + C.$$

증명 합성함수 미분법에서

$$[F(g(x))]' = F'(g(x)) \cdot g'(x) = f(g(x)) \cdot g'(x).$$

윗 식에서 양변을 적분하면 된다. ■

즉, f의 부정적분 $F(t) = \int f(t)dt$를 알고 있을 때

$$\int f(g(x))g'(x)dx$$

의 부정적분은 $g(x) = t$로 치환하여 다음과 같이 구한다.

$$\int f(g(x))g'(x)dx = \int f(t)dt = F(t) + C = F(g(x)) + C.$$

$$\uparrow$$

$$\begin{cases} g(x) = t \\ g'(x)dx = dt \end{cases}$$

예제 4.5 다음 부정적분을 구하여라.

$$\int (ax + b)^n dx \ (a \neq 0).$$

풀이 정리 4.3에서

$$f(x) = \frac{1}{a}x^n, \ \ g(x) = ax + b$$

인 경우이다. $ax + b = t$라 치환하면 $dx = \dfrac{1}{a}dt$로 치환되므로

$$\int (ax+b)^n dx = \frac{1}{a} \int t^n dt = \begin{cases} \dfrac{1}{a} \cdot \dfrac{1}{n+1} t^{n+1} + C, & (n \neq -1), \\ \dfrac{1}{a} \ln|t| + C, & (n = -1). \end{cases}$$

$$= \begin{cases} \dfrac{1}{a} \cdot \dfrac{1}{n+1} (ax+b)^{n+1} + C, & (n \neq -1), \\ \dfrac{1}{a} \ln|ax+b| + C, & (n = -1) \end{cases}$$

이다. ∎

예제 4.6 $\displaystyle\int \frac{1}{x^2 + 2x + 2} dx$ 를 구하여라.

풀이

$$\int \frac{1}{x^2 + 2x + 2} dx = \int \frac{1}{(x+1)^2 + 1} dx$$

에서 $x + 1 = t$ 라 치환하면 $dx = dt$. 따라서

$$\int \frac{1}{x^2 + 2x + 2} dx = \int \frac{1}{t^2 + 1} dt$$
$$= \tan^{-1} t + C = \tan^{-1}(x+1) + C. ∎$$

$\sqrt{a^2 - x^2},\ \sqrt{a^2 + x^2}, \sqrt{x^2 - a^2}$ 을 포함하는 함수의 적분은 다음과 같이 치환하면 근호를 없앨 수 있다.

$$\sqrt{a^2 - x^2} \text{ 은 } x = a \sin\theta \left(|\theta| \leq \frac{\pi}{2}\right) \text{로 치환,}$$
$$\sqrt{a^2 + x^2} \text{ 은 } x = a \tan\theta \left(|\theta| < \frac{\pi}{2}\right) \text{로 치환,}$$
$$\sqrt{x^2 - a^2} \text{ 은 } x = a \sec\theta \left(0 \leq \theta \leq \pi\right) \text{로 치환.}$$

이와 같은 치환방법을 **삼각치환**이라 한다. 치환할 때 직각삼각형을 이용하기 때문에 이와 같이 부르는데, 예를 들면 $\sqrt{a^2 - x^2}$ 을 포함하는 경우 다음 직각삼각형을 이용한다. (그림 4.1)

예제 4.7 $\displaystyle\int \sqrt{a^2 - x^2} dx$ 를 구하여라. $(a > 0)$

풀이 $x = a \sin\theta$ 라 두면

$$\sqrt{a^2 - x^2} = a \cos\theta, \quad dx = a \cos\theta d\theta, \quad \theta = \sin^{-1} \frac{x}{a}.$$

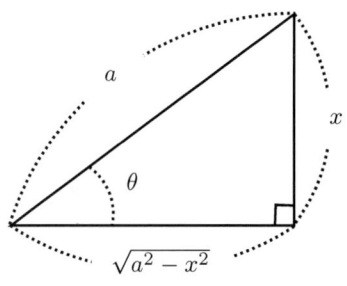

그림 4.1:

따라서

$$\int \sqrt{a^2 - x^2}\,dx = \int a^2 \cos^2 \theta\,d\theta$$
$$= a^2 \int \frac{1 + \cos 2\theta}{2}\,d\theta$$
$$= \frac{a^2}{2}\left(\theta + \frac{\sin 2\theta}{2}\right) + C = \frac{a^2}{2}\left(\theta + \frac{1}{2} \cdot 2\sin\theta\cos\theta\right) + C$$
$$= \frac{1}{2}\left(a^2 \sin^{-1}\frac{x}{a} + x\sqrt{a^2 - x^2}\right) + C. \blacksquare$$

 연습문제 4.2.2

1. 치환적분법을 이용하여 다음 부정적분을 구하여라.

(1) $\displaystyle\int (x+1)^4\,dx$　　　　(2) $\displaystyle\int \cos 3x\,dx$　　　　(3) $\displaystyle\int e^{2x}\,dx$

(4) $\displaystyle\int 2xe^{x^2}\,dx$　　　　(5) $\displaystyle\int e^x \sin e^x\,dx$　　　　(6) $\displaystyle\int \frac{x}{x^2+1}\,dx$

2. 삼각치환법을 이용하여 다음 부정적분을 구하여라.

(1) $\displaystyle\int \sqrt{4-x^2}\,dx$　　(2) $\displaystyle\int \frac{1}{x^2\sqrt{1+x^2}}\,dx$　　(3) $\displaystyle\int \frac{1}{\sqrt{x^2-4x+13}}\,dx$

(4) $\displaystyle\int \frac{1}{\sqrt{x^2-1}}\,dx$　　(5) $\displaystyle\int \frac{1}{x^2\sqrt{4-x^2}}\,dx$　　(6) $\displaystyle\int \sqrt{x^2+1}\,dx$

3. 부분적분법과 치환적분법을 차례로 이용하여 다음 부정적분을 구하여라.

(1) $\displaystyle\int x\sin^{-1} x\,dx$　　　　(2) $\displaystyle\int \sin^{-1} x\,dx$　　　　(3) $\displaystyle\int \tan^{-1} x\,dx$

■■■ 4.2.3 유리함수의 부정적분

다항함수 $p(x)$를 다항함수 $q(x)$로 나눌 때 몫이 $f(x)$, 나머지가 $r(x)$이면 유리함수 $\dfrac{p(x)}{q(x)}$는 다음과 같이 나타낼 수 있다.

$$\frac{p(x)}{q(x)} = f(x) + \frac{r(x)}{q(x)}.$$

여기서 $f(x)$는 다항함수이고 $r(x)$는 $q(x)$보다 낮은 차수의 다항함수이다.

다항함수 $f(x)$의 부정적분은 쉽게 구할 수 있다. 만일

$$f(x) = a_n x^n + \cdots + a_1 x + a_0$$

이면

$$\int f(x)dx = \frac{a_n}{n+1}x^{n+1} + \cdots + \frac{a_1}{2}x^2 + a_0 x + C.$$

따라서 유리함수 $\dfrac{p(x)}{q(x)}$의 부정적분을 구하기 위해서는 $\dfrac{r(x)}{q(x)}$의 부정적분을 구할 수 있으면 된다. 즉, 분자의 차수가 분모의 차수보다 낮은 분수함수의 부정적분만 구할 수 있으면 유리함수의 부정적분을 구할 수 있다.

■■■ **부분분수 분해** 대수학의 기본정리에 의하면 실계수 n차 방정식은 복소수 범위에서 n개의 근을 갖는다. 이 사실로부터 다항식 $q(x)$는 일차식들과 실수범위에서 더 이상 인수분해 되지 않는 이차식들의 곱으로 표시할 수 있다. 즉, 임의의 다항식 $q(x)$는 인수

$$(x - \alpha_i)^{r_i} \ (1 \le i \le k),$$

$$(x^2 + \beta_j x + \gamma_j)^{s_j} \ (1 \le j \le \ell, \ D_j = \beta_j^2 - 4\gamma_j < 0)$$

의 곱으로 표시할 수 있다. 여기서 $D_j < 0$이라는 조건은 식 $x^2 + \beta_j x + \gamma_j$이 더 이상 실수범위에서 인수분해가 되지 않는다는 것을 의미한다.

$q(x)$가 m차 다항식이면

$$r_1 + r_2 + \cdots + r_k + 2(s_1 + s_2 + \cdots + s_\ell) = m$$

이다.

만일 최고차항의 계수가 1이면 $q(x)$는 다음과 같이 인수분해할 수 있다.

$$q(x) = (x - \alpha_1)^{r_1}(x - \alpha_2)^{r_2} \cdots (x - \alpha_k)^{r_k}(x^2 + \beta_1 x + \gamma_1)^{s_1}$$
$$\times (x^2 + \beta_2 x + r_2)^{s_2} \cdots (x^2 + \beta_\ell x + \gamma_\ell)^{s_\ell}. \tag{4.1}$$

식 (4.1)을 이용하면 다음과 같은 **부분분수 분해정리**를 얻을 수 있다.

정리 4.4 (부분분수 분해정리)

$m > n$이고 $p(x)$는 n차다항식, $q(x)$는 m차 다항식이고 식 (4.1)을 만족한다고 하자. 그러면 $\dfrac{p(x)}{q(x)}$를 다음과 같이 나타낼 수 있다.

$$\frac{p(x)}{q(x)} = \left[\frac{a_{1,1}}{(x - \alpha_1)} + \cdots + \frac{a_{1,r_1}}{(x - \alpha_1)^{r_1}} \right] + \cdots + \left[\frac{a_{k,1}}{(x - \alpha_k)} + \cdots + \frac{a_{k,r_k}}{(x - \alpha_k)^{r_k}} \right]$$
$$+ \left[\frac{b_{1,1}x + c_{1,1}}{(x^2 + \beta_1 x + \gamma_1)} + \cdots + \frac{b_{1,s_1}x + c_{1,s_1}}{(x^2 + \beta_1 x + \gamma_1)^{s_1}} \right] + \cdots$$
$$+ \left[\frac{b_{\ell,1}x + c_{\ell,1}}{(x^2 + \beta_\ell x + \gamma_\ell)} + \cdots + \frac{b_{\ell,s_\ell}x + c_{\ell,s_\ell}}{(x^2 + \beta_\ell x + \gamma_\ell)^{s_\ell}} \right].$$

참고 유리식 $\dfrac{p(x)}{q(x)}$ ($p(x)$의 차수 $< q(x)$의 차수)에서, 만일 $\dfrac{p(x)}{q(x)}$가 $q(x)$의 인수를 분모로 하고 그 인수보다 낮은 차수의 다항식을 분자로 하는 유리식들의 합으로 표현될 때, 각 유리식들을 $\dfrac{p(x)}{q(x)}$의 **부분분수**라 한다. ∎

부분분수 구하기   정리 4.4을 이용해서 유리함수 $\dfrac{p(x)}{q(x)}$(단 $p(x)$의 차수 $< q(x)$의 차수)를 부분분수로 분해하기 위해서는 다음 순서로 하면 된다.

1. 분모 $q(x)$를 일차식과 실수범위에서 더 이상 인수분해되지 않는 이차식의 곱으로 인수분해한다.

2. $q(x)$의 인수 중에 $(x - \alpha)^r$인 형태가 있으면 부분분수는

$$\frac{a_1}{x - \alpha} + \frac{a_2}{(x - \alpha)^2} + \cdots + \frac{a_r}{(x - \alpha)^r}$$

에 대응시키고 $(x^2 + \beta x + \gamma)^s$ (단, $\beta^2 - 4\gamma < 0$)인 형태가 있으면 부분분수는

$$\frac{b_1 x + c_1}{x^2 + \beta x + \gamma} + \frac{b_2 x + c_2}{(x^2 + \beta x + \gamma)^2} + \cdots + \frac{b_s x + c_s}{(x^2 + \beta x + \gamma)^s}$$

에 대응시킨다.

3. 분모 $q(x)$의 인수에 대응되는 부분분수들을 모두 더한다.

4. 3에서 더한 부분분수들을 통분해서 분자와 $p(x)$의 계수를 비교하여 부분분수의 계수들을 결정한다.

예를 들어 $\dfrac{x^2-1}{x^5+2x^3+x}$ 을 위 순서에 따라 부분분수로 나타내자.

1. 분모를 인수분해한다. 즉,

$$x^5+2x^3+x = x(x^2+1)^2.$$

2. 분모의 인수 x는 $\dfrac{A}{x}$에 대응하고 $(x^2+1)^2$은

$$\frac{Bx+C}{x^2+1} + \frac{Dx+E}{(x^2+1)^2}$$

에 대응한다.

3. 따라서 $\dfrac{x^2-1}{x^5+2x^3+x}$ 를 부분분수로 분해하면

$$\frac{x^2-1}{x^5+2x^3+x} = \frac{A}{x} + \frac{Bx+C}{x^2+1} + \frac{Dx+E}{(x^2+1)^2}.$$

4. 우변을 통분하면

$$
\begin{aligned}
&\frac{A}{x} + \frac{Bx+C}{x^2+1} + \frac{Dx+E}{(x^2+1)^2} \\
&= \frac{(A+B)x^4 + Cx^3 + (2A+B+D)x^2 + (C+E)x + A}{x(x^2+1)^2}.
\end{aligned}
$$

통분한 것의 분자와 원래식의 분자와 비교하면 다음 식을 얻는다. 즉,

$$x^2-1 = (A+B)x^4 + Cx^3 + (2A+B+D)x^2 + (C+E)x + A.$$

따라서

$$A+B=0,\ C=0,\ 2A+B+D=1,\ C+E=0,\ A=-1.$$

위 식을 연립하여 풀면

$$A=-1,\quad B=1,\quad C=0,\quad D=2,\quad E=0.$$

따라서

$$\frac{x^2 - 1}{x^5 + 2x^3 + x} = \frac{-1}{x} + \frac{x}{x^2 + 1} + \frac{2x}{(x^2 + 1)^2}.$$

예제 4.8 정리 4.4를 이용하여 $\dfrac{3x + 2}{x^3 - 2x^2 + x}$ 를 부분분수로 나타내어라.

풀이 분모를 인수분해하면 $x^3 - 2x^2 + x = x(x - 1)^2$ 이므로

$$\frac{3x + 2}{x^3 - 2x^2 + x} = \frac{A}{x} + \frac{B}{x - 1} + \frac{C}{(x - 1)^2}.$$

우변을 통분하면

$$\frac{A}{x} + \frac{B}{x - 1} + \frac{C}{(x - 1)^2} = \frac{(A + B)x^2 + (-2A - B + C)x + A}{x(x - 1)^2}.$$

따라서

$$3x + 2 = (A + B)x^2 + (-2A - B + C)x + A.$$

계수를 비교하면

$$A + B = 0, \quad -2A - B + C = 3, \quad A = 2.$$

위 식을 연립하여 풀면 $A = 2, B = -2, C = 5$. 즉,

$$\frac{3x + 2}{x^3 - 2x^2 + x} = \frac{2}{x} + \frac{-2}{x - 1} + \frac{5}{(x - 1)^2}. \quad \blacksquare$$

부분분수 분해정리에 의하면 $\displaystyle\int \frac{p(x)}{q(x)} dx$ 를 구하기 위해서는 다음 두 가지 형태의 부정적분을 구하면 된다.

$$\int \frac{A}{(x - \alpha)^n} dx, \quad \int \frac{Ax + B}{(x^2 + \beta x + \gamma)^n} dx \ (\beta^2 - 4\gamma < 0).$$

그런데

$$x^2 + \beta x + \gamma = \left(x + \frac{\beta}{2}\right)^2 + \gamma - \frac{\beta^2}{4} = (x + a)^2 + b^2 \ \left(\text{단, } a = \frac{\beta}{2}, b^2 = \gamma - \frac{\beta^2}{4}\right)$$

이므로 $\dfrac{x+a}{b} = t$ 로 치환하면

$$\int \frac{Ax+B}{(x^2+\beta x+\gamma)^n}dx = b\int \frac{Abt+(B-Aa)}{[b^2(t^2+1)^n]}dt$$
$$= \frac{A}{b^{2n-2}}\int \frac{t}{(t^2+1)^n}dt + \frac{B-Aa}{b^{2n-1}}\int \frac{1}{(t^2+1)^n}dt.$$

따라서 유리함수의 부정적분을 구하기 위해서는 다음 세 가지 형태의 부정적분을 구할 수 있으면 된다.

$$(1)\ \int \frac{1}{(x-c)^n}dx \qquad (2)\ \int \frac{x}{(x^2+1)^n}dx \qquad (3)\ \int \frac{1}{(x^2+1)^n}dx$$

(1)의 경우 $x-c=t$ 로 치환하여 치환적분법을 이용하면

$$\int \frac{1}{(x-c)^n}dx = \begin{cases} -\dfrac{1}{n-1}\cdot\dfrac{1}{(x-c)^{n-1}}+C, & (n\neq 1), \\[2mm] \ln|x-c|+C, & (n=1). \end{cases}$$

(2)의 경우 $x^2+1=t$ 로 치환하여 치환적분법을 이용하면

$$\int \frac{x}{(x^2+1)^n}dx = \begin{cases} -\dfrac{1}{2(n-1)}\cdot\dfrac{1}{(x^2+1)^{n-1}}+C, & (n\neq 1), \\[2mm] \dfrac{1}{2}\ln(x^2+1)+C, & (n=1). \end{cases}$$

(3)의 경우, $n=1$ 이면

$$\int \frac{1}{x^2+1}dx = \tan^{-1}x + C$$

가 되고 $n>1$ 이면 부분적분법에 의해 다음과 같은 점화식을 얻을 수 있다. 즉, $n\geq 1$ 에 대해

$$I_n = \int \frac{1}{(x^2+1)^n}dx = \begin{cases} \tan^{-1}x+C, & (n=1), \\[2mm] \dfrac{1}{2(n-1)}\cdot\dfrac{x}{(x^2+1)^{n-1}}+\dfrac{2n-3}{2(n-1)}I_{n-1}, & (n\geq 2). \end{cases}$$

증명 $n=1$ 인 경우는 당연하므로 $n\geq 2$ 인 경우 부분적분법을 이용하여 점화식을 유도하자. $f'=1, g=\dfrac{1}{(1+x^2)^{n-1}}$ 이라 두면 $f=x, g'=-(n-1)\cdot\dfrac{2x}{(x^2+1)^n}$. 따라서

$$I_{n-1} = \int \frac{1}{(x^2+1)^{n-1}}dx = \frac{x}{(x^2+1)^{n-1}} + 2(n-1)\int \frac{x^2}{(1+x^2)^n}dx.$$

그런데

$$\int \frac{x^2}{(x^2+1)^n}dx = \int \frac{x^2+1-1}{(x^2+1)^n}dx$$
$$= \int \frac{1}{(x^2+1)^{n-1}}dx - \int \frac{1}{(x^2+1)^n}dx = I_{n-1} - I_n$$

이므로

$$I_{n-1} = \frac{x}{(x^2+1)^{n-1}} + 2(n-1)(I_{n-1} - I_n).$$

이 식을 정리하면

$$I_n = \frac{1}{2(n-1)} \cdot \frac{x}{(x^2+1)^{n-1}} + \frac{2n-3}{2(n-1)}I_{n-1}. \quad \blacksquare$$

위 결과를 종합하면 유리함수의 부정적분은 항상 구할 수 있으며 그 결과는
유리함수, 삼각함수의 역함수, 로그함수로 표시된다. 그러나 주의할 것은 유리
함수의 부정적분을 구하기 위해 부분분수 분해정리를 이용해야 하는데, 부분
분수로 분해하기 위해서는 분모가 인수분해되어야 한다. 하지만 5차 이상의
다항식을 인수분해하는 일반적인 방법이 존재하지 않기 때문에 유리함수의 부
정적분에 대한 결과는 이론적으로만 항상 가능하지 실제로는 가능하지 않다는
것을 알 수 있다. [1]

예제 4.9 $I = \int \frac{x^4 + x^2 - 1}{x^3 + 1}dx$ 를 구하라.

풀이

$$\frac{x^4 + x^2 - 1}{x^3 + 1} = x + \frac{x^2 - x - 1}{x^3 + 1},$$
$$x^3 + 1 = (x+1)(x^2 - x + 1)$$

이므로 부분분수 분해정리에 의해

$$\frac{x^2 - x - 1}{x^3 + 1} = \frac{A}{x+1} + \frac{Bx + C}{x^2 - x + 1}.$$

오른쪽을 통분하여 분자의 계수를 비교하면 다음을 얻는다.

---

1) 일반적으로 오차 이상의 방정식은 대수적인 방법으로 풀 수 없다는 사실은 노르웨이 수학자
아벨이 22세 때(1824년) 증명했다.

$$A = \frac{1}{3}, \quad B = \frac{2}{3}, \quad C = -\frac{4}{3}.$$

따라서

$$\int \frac{x^4 + x^2 - 1}{x^3 + 1} dx$$
$$= \int x dx + \frac{1}{3} \int \frac{1}{x + 1} dx + \frac{1}{3} \int \frac{2x - 4}{x^2 - x + 1} dx$$
$$= \frac{1}{2} x^2 + \frac{1}{3} \ln|x + 1| + \frac{1}{3} \int \frac{2x - 1}{x^2 - x + 1} dx - \int \frac{1}{\left(x - \frac{1}{2}\right)^2 + \left(\frac{\sqrt{3}}{2}\right)^2} dx$$
$$= \frac{1}{2} x^2 + \frac{1}{3} \ln|x + 1| + \frac{1}{3} \ln|x^2 - x + 1| - \frac{2}{\sqrt{3}} \tan^{-1}\left(\frac{2x - 1}{\sqrt{3}}\right) + C. \quad \blacksquare$$

몇 가지 특수한 적분 다음 몇 가지 특수한 경우는 치환하면 유리함수의 적분으로 바뀌므로 유리함수 적분법을 이용해서 적분을 구할 수 있다.

$R(x, y)$를 x, y의 유리함수라 하자.

1 $R(\sin x, \cos x)$의 부정적분

$\tan \dfrac{x}{2} = t$로 치환하면

$$\sin\left(\frac{x}{2}\right) = \frac{t}{\sqrt{1 + t^2}}, \quad \cos\left(\frac{x}{2}\right) = \frac{1}{\sqrt{1 + t^2}}$$

이므로

$$dx = \frac{2}{1 + t^2} dt, \quad \sin x = 2\sin\left(\frac{x}{2}\right)\cos\left(\frac{x}{2}\right) = \frac{2t}{1 + t^2},$$
$$\cos x = \cos^2\left(\frac{x}{2}\right) - \sin^2\left(\frac{x}{2}\right) = \frac{1 - t^2}{1 + t^2}.$$

따라서

$$\int R(\sin x, \cos x) dx = \int R\left(\frac{2t}{1 + t^2}, \frac{1 - t^2}{1 + t^2}\right) \cdot \frac{2}{1 + t^2} dt.$$

$R(x, y)$가 x, y의 유리함수면

$$R\left(\frac{2t}{1 + t^2}, \frac{1 - t^2}{1 + t^2}\right) \cdot \frac{2}{1 + t^2}$$

는 t에 대한 유리함수이므로 부정적분을 구할 수 있다.

예제 4.10 $\displaystyle\int \frac{1}{1+\sin x}dx$ 를 구하여라.

풀이 $\tan\left(\dfrac{x}{2}\right) = t$ 로 치환하면

$$\int \frac{1}{1+\sin x}dx = \int \frac{1}{1+\frac{2t}{1+t^2}}\cdot\frac{2}{1+t^2}dt$$
$$= \int \frac{2}{(t+1)^2}dt$$
$$= -\frac{2}{t+1} + C = -\frac{2}{\tan\left(\frac{x}{2}\right)+1} + C. \ \blacksquare$$

2 $R\left(x, \sqrt[n]{ax+b}\right)$ 및 $R\left(x, \sqrt[n]{\dfrac{ax+b}{cx+d}}\right)$ 의 적분

첫 번째는 $\sqrt[n]{ax+b} = t$ 로, 두 번째는 $\sqrt[n]{\dfrac{ax+b}{cx+d}} = t$ 로 치환하면 t 에 대한 유리함수 적분으로 바뀐다.

예제 4.11 다음 적분을 구하여라.

$$\int \frac{1}{x+3}\sqrt{\frac{x+1}{x+2}}dx.$$

풀이 $\sqrt{\dfrac{x+1}{x+2}} = t$ 라 치환하면

$$x = \frac{2t^2-1}{1-t^2}, \quad dx = \frac{2t}{(1-t^2)^2}dt$$

이므로

$$\int \frac{1}{x+3}\sqrt{\frac{x+1}{x+2}}dx$$
$$= \int \frac{2t^2}{(2-t^2)(1-t^2)}dt$$
$$= 2\int \left(\frac{1}{t^2-2} - \frac{1}{t^2-1}\right)dt$$
$$= \sqrt{2}\ln\left|\frac{\sqrt{(x+1)/(x+2)}-\sqrt{2}}{\sqrt{(x+1)/(x+2)}+\sqrt{2}}\right| - \ln\left|\frac{\sqrt{(x+1)/(x+2)}-1}{\sqrt{(x+1)/(x+2)}+1}\right| + C. \ \blacksquare$$

3 $R\left(x, \sqrt{ax^2+bx+c}\right)(a \neq 0)$ 의 적분

(i) $a > 0$일 때, $\sqrt{ax^2 + bx + c} = t - \sqrt{a}x$로 치환하면 다음 관계가 성립한다.

$$x = \frac{t^2 - c}{2\sqrt{a}t + b}, \qquad dx = \frac{2(\sqrt{a}t^2 + bt + c\sqrt{a})}{(2\sqrt{a}t + b)^2}dt,$$

$$\sqrt{ax^2 + bx + c} = t - \sqrt{a}x = \frac{\sqrt{a}t^2 + bt + c\sqrt{a}}{2\sqrt{a}t + b}.$$

(ii) $a < 0$일 때 $b^2 - 4ac \leq 0$이면 $ax^2 + bx + c \leq 0$이므로 $b^2 - 4ac > 0$

이고 $ax^2 + bx + c = 0$은 서로 다른 두 실근 $\alpha, \beta(\alpha < \beta)$를 갖는다. 이때

$\sqrt{\dfrac{x - \alpha}{\beta - x}} = t$로 치환하면

$$x = \frac{\alpha + \beta t^2}{1 + t^2}, \quad dx = \frac{2(\beta - \alpha)t}{(1 + t^2)^2}dt,$$

$$\sqrt{ax^2 + bx + c} = \sqrt{-a(x - \alpha)(\beta - x)} = \sqrt{-a}(\beta - x)\sqrt{\frac{x - \alpha}{\beta - x}}$$

$$= \frac{\sqrt{-a}(\beta - \alpha)t}{1 + t^2}$$

로 변형된다.

예제 4.12 치환적분법으로 $\displaystyle\int \frac{1}{\sqrt{x^2 + 1}}dx$를 구하라.

풀이 $\sqrt{x^2 + 1} = t - x$라 두면

$$x = \frac{t^2 - 1}{2t}, \quad dx = \frac{1}{2}\left(1 + \frac{1}{t^2}\right)dt.$$

따라서

$$\int \frac{1}{\sqrt{x^2 + 1}}dx = \int \frac{1}{t}dt$$
$$= \ln|t| + C = \ln|x + \sqrt{x^2 + 1}| + C. \ \blacksquare$$

· **연습문제 4.2.3** ·

1. 다음 유리함수를 부분분수 분해정리를 이용해서 부분분수로 분해하여라.

(1) $\dfrac{1}{x(x^2 + 1)}$ 　　　　　　(2) $\dfrac{1}{x^3 + x^2}$ 　　　　　　(3) $\dfrac{x + 1}{x^2 - 3x + 2}$

2. 다음 유리함수의 부정적분을 구하여라.

(1) $\displaystyle\int \frac{4x^2 + 6x + 8}{x^2 - 3x + 2}dx$ (2) $\displaystyle\int \frac{1}{x^2 + 6x + 8}dx$ (3) $\displaystyle\int \frac{1}{x^2 - 9}dx$

(4) $\displaystyle\int \frac{2x + 1}{x^2(x - 1)(x - 2)}dx$ (5) $\displaystyle\int \frac{x^3 + x + 2}{x(x^2 + 1)}dx$ (6) $\displaystyle\int \frac{x - 1}{x(x + 1)^2}dx$

3. 치환적분법 II와 유리함수 적분법을 이용하여 다음 부정적분을 구하여라.

(1) $\displaystyle\int \frac{1}{5 + 4\cos x}dx$ (2) $\displaystyle\int \frac{1}{1 + \sin x + \cos x}dx$ (3) $\displaystyle\int \frac{1}{2 + \sin x}dx$

(4) $\displaystyle\int \frac{1}{1 + \cos x}dx$ (5) $\displaystyle\int \frac{1}{\sin x + \cos x}dx$ (6) $\displaystyle\int \frac{1}{1 + \tan x}dx$

4. 다음 부정적분을 구하여라.

(1) $\displaystyle\int \frac{1}{x}\sqrt{\frac{x + 4}{1 - x}}dx$ (2) $\displaystyle\int \frac{1}{1 + \sqrt{x}}dx$ (3) $\displaystyle\int \frac{1}{\sqrt{x^2 + 2x + 2}}dx$

(4) $\displaystyle\int \frac{1}{x\sqrt{3x^2 - 2x - 1}}dx$ (5) $\displaystyle\int \frac{1}{x^2\sqrt{x^2 + 4}}dx$ (6) $\displaystyle\int \sqrt{1 + e^x}dx$

4.3   정적분

S가 공집합이 아닌 실수 $\mathbb{R}$의 부분집합이라 하자. 만일 S의 모든 원소 x에 대해

$$x \le \alpha \quad (x \ge \beta)$$

인 실수 $\alpha(\beta)$가 존재하면 S를 **위로(아래로)유계**라 한다. 그리고 $\alpha(\beta)$를 S의 **상계(하계)**라 한다. 예를 들면 집합

$$A = \{x \in \mathbb{R} : 1 < x < 2\}$$

에서 1과 2는 위 성질을 만족하는 실수이므로 A는 위로 유계이고 아래로 유계[2]이다.

그러나 유리수들의 전체집합 $\mathbb{Q}$는 이러한 성질을 만족하는 실수가 존재하지

---

2) 위로 유계이고 아래로 유계인 집합을 유계집합이라 한다.

않으므로 위로(아래로)유계가 아니다.

만일 s가 S의 상계(하계)이고 S의 모든 상계(하계) t에 대해 $s \leq t(s \geq t)$이면 s를 집합 S의 **최소상계(최대하계) 또는 상한(하한)**이라 하고 $\sup S(\inf S)$로 나타낸다. 예를 들면 위 집합 A에서 $\sup A = 2, \inf A = 1$이다.

함수 $f(x)$가 $[a, b]$에서 유계[3]라 하자. 그러면 실수의 성질인 **최소상계공리**[4]에 의해 함수값은 이 구간에서 반드시 상한과 하한이 존재하는데, 이 사실을 이용해서 어떤 함수의 적분가능을 정의한다.

$a = t_0 < t_1 < t_1 < \cdots < t_n = b$ 만족하는 $[a, b]$ 내의 유한개의 점집합 $P = \{t_0, t_1, \ldots, t_n\}$을 $[a, b]$의 **분할**이라 한다. 예를 들어 $\left\{0, \dfrac{1}{3}, \dfrac{1}{2}, \dfrac{3}{4}, 1\right\}$는 구간 $[0, 1]$의 분할이다. 물론 어떤 주어진 구간에 대한 분할은 많이 존재한다.

함수 f가 $[a, b]$에서 유계이고 $P = \{t_0, t_1, \ldots, t_n\}$을 $[a, b]$의 분할이라 하자. $i = 1, 2, \ldots, n$에 대해

$$M_i = \sup\{f(x) : t_{i-1} \leq x \leq t_i\}, \ m_i = \inf\{f(x) : t_{i-1} \leq x \leq t_i\}$$

이면 분할 P에 대한 f의 **상합** $U(P, f)$와 **하합** $L(P, f)$는 다음과 같이 정의한다. (그림 4.2)

$$U(P, f) = \sum_{i=1}^{n} M_i \Delta t_i, \ \ L(P, f) = \sum_{i=1}^{n} m_i \Delta t_i \ (\text{단 } \Delta t_i = t_i - t_{i-1}).$$

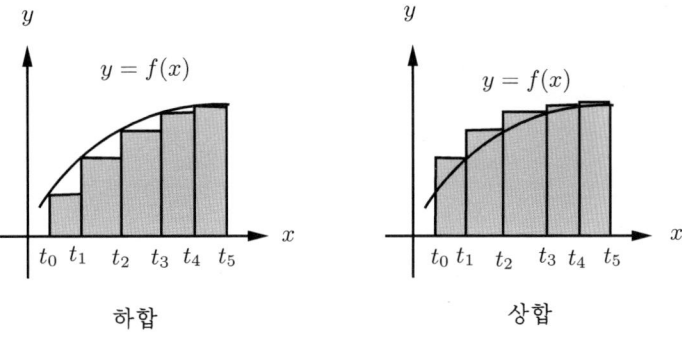

하합   상합

그림 4.2:

상합과 하합의 정의에 따르면 임의의 분할 P, Q에 대해

---

3) 모든 $x \in [a, b]$에 대해 $|f(x)| \leq M$인 양수 M이 존재하면 f가 $[a, b]$에서 유계라 한다.
4) 위로(아래로)유계이고 공집합이 아닌 실수의 부분집합은 반드시 상한(하한)을 갖는다.

$$(b-a)m \leq L(P, f) \leq U(Q, f) \leq (b-a)M.$$

(단 M과 m은 $\{f(x) : x \in [a, b]\}$의 상한과 하한이다.) 따라서 집합

$$\{U(P, f) : P \text{는 } [a, b]\text{의 분할}\}$$

은 아래로 유계이므로 하한이 존재하고

$$\{L(P, f) : P \text{는 } [a, b]\text{의 분할}\}$$

는 위로 유계이므로 상한이 존재한다. 이때

$$\overline{\int_a^b} f(x)dx = \inf\{U(P, f) : P \text{는 } [a, b]\text{의 분할}\}$$

로 정의하고 f의 **상적분**이라 하고

$$\underline{\int_a^b} f(x)dx = \sup\{L(P, f) : P \text{는 } [a, b]\text{의 분할}\}$$

로 정의하고 f의 **하적분**이라 한다.

$$\underline{\int_a^b} f(x)dx \leq \overline{\int_a^b} f(x)dx$$

임은 분명하다.

적분가능성과 정적분 함수 f가 $[a, b]$에서 유계이고 상적분과 하적분이 같을 때, 즉

$$\underline{\int_a^b} f(x)dx = \overline{\int_a^b} f(x)dx$$

일 때 f는 구간 $[a, b]$에서 **리만적분가능**하다 또는 **적분가능하다**고 하고 f의 상적분 또는 하적분을 f의 **정적분**이라 하며 다음과 같이 나타낸다.

$$\int_a^b f(x)dx.$$

이때, a를 적분의 **아랫끝**, b를 적분의 **윗끝**이라 한다.

예제 **4.13** 구간 $[0,1]$에서 정의된 디리클렛함수

$$f(x) = \begin{cases} 0, & x \text{ 는 무리수,} \\ 1, & x \text{ 는 유리수} \end{cases}$$

는 리만적분가능하지 않다. 왜냐하면 $[0,1]$의 임의의 분할 P에 대해서 $U(P,f) = 1, L(P,f) = 0$이므로

$$\underline{\int_0^1} f(x)dx = 0 \neq \overline{\int_0^1} f(x)dx = 1.$$

따라서 f는 적분가능하지 않다. ∎

일반적으로, 구간 I 위에서 함수 $f(x)$의 정적분가능성은 I 위에서 $f(x)$의 연속성과 밀접한 관계가 있다. 다음 정리는 연속성이 적분가능성의 충분조건임을 알려준다.

정리 4.5

폐구간 $I = [a,b]$ 위에서 함수 $f(x)$가 연속이면 $f(x)$는 I 위에서 적분가능하다.

이 정리를 증명하려면 이 책의 정도를 넘는 해석학적 지식이 필요하므로 증명은 생략한다.

함수의 미분가능성은 연속성보다 더욱 강한 조건이기 때문에, 미분가능한 함수는 물론 적분가능하다.

다음 정리는 연속성보다 더 약한 조건인 조각적 연속성도 정적분가능성의 충분조건이 됨을 알려준다.

정리 4.6

$f(x)$가 $[a,b]$에서 유계이고 $P = \{a_0, a_1, \ldots, a_n\}$을 $[a,b]$의 분할이라 하자. 만일 $f(x)$가 각 소구간 (a_{i-1}, a_i)에서 연속이면[a]

$$\int_a^b f(x) = \int_{a_0}^{a_1} f(x)dx + \int_{a_1}^{a_2} f(x)dx + \cdots + \int_{a_{n-1}}^{a_n} f(x)dx.$$

------

[a] 이때 f를 $[a,b]$에서 조각적 연속이라 한다.

이 정리의 증명도 위에서와 같은 이유로 생략한다.

예제 4.14 $f(x)$는 다음과 같다.

$$f(x) = \begin{cases} x, & 0 \le x \le 1, \\ 2, & 1 < x \le 2. \end{cases}$$

이때, $\int_0^2 f(x)dx$를 구하여라.

풀이 $f(x)$가 $[0,2]$에서 유계이고 $(0,1)$과 $(1,2)$에서 연속이므로

$$\int_0^2 f(x)dx = \int_0^1 f(x)dx + \int_1^2 f(x)dx$$
$$= \int_0^1 xdx + \int_1^2 2dx = \frac{5}{2}. \blacksquare$$

예제 4.15 가우스함수 $f(x) = [x]$는 임의의 폐구간 I 위에서 조각적 연속이므로 f는 I에서 정적분가능하다. $\blacksquare$

정적분의 기본성질 정적분의 정의를 이용하면 다음과 같은 기본적인 정적분의 성질을 얻을 수 있다.

함수 $f(x), g(x)$가 구간 $[a,b]$에서 적분가능하면

1. $\int_a^b f(x)dx = -\int_b^a f(x)dx.$

2. $\int_a^a f(x)dx = 0.$

3. $\int_a^b kf(x)dx = k\int_a^b f(x)dx$ (단 k는 상수).

4. $\int_a^b [f(x) + g(x)]dx = \int_a^b f(x)dx + \int_a^b g(x)dx.$

5. $a < c < b$에 대해 $\int_a^b f(x)dx = \int_a^c f(x)dx + \int_c^b f(x)dx.$

6. $[a,b]$에서 $f(x) \ge 0$이면 $\int_a^b f(x)dx \ge 0$. 따라서 $[a,b]$에서 $f(x) \ge g(x)$이면

$$\int_a^b f(x)dx \ge \int_a^b g(x)dx.$$

7. $|f(x)|$도 적분가능하고

$$\left| \int_a^b f(x)dx \right| \le \int_a^b |f(x)|dx.$$

$[a, b]$에서 유계인 함수 f의 정적분 $\int_a^b f(x)dx$를 정의만을 이용해서 구한다면 너무 복잡하고 어렵다. 하지만 $f(x)$가 $[a, b]$에서 연속이면(f가 연속이라는 것은 f의 부정적분이 존재하기 위한 충분조건이다.) 부정적분을 이용해서 $\int_a^b f(x)dx$를 구할 수 있다. 이 결과를 **미분적분학의 기본정리**라 부른다.

미분적분학의 기본정리는 정적분이 부정적분과 관계없이 정의되었음에도 불구하고 정적분을 구하기 위해 부정적분을 이용할 수 있음을 보여주는 아주 중요한 정리이다.

정리 4.7 (미분적분학의 기본정리)

함수 $f(x)$가 $[a, b]$에서 연속이고 $F(x)$가 $f(x)$의 부정적분이면

$$\int_a^b f(x)dx = \left[F(x) \right]_a^b = F(b) - F(a).$$

함수 $F(x)$에 대하여 평균값 정리를 적용하고, 정적분의 성질을 이용하여 증명할 수 있다. 자세한 증명은 참고문헌 [1], [4]를 참고하라.

참고 정적분을 구하기 위해 항상 부정적분을 이용할 수 있는 것은 아니다. 구하고자 하는 정적분의 피적분함수의 부정적분이 존재하지 않거나 또는 부정적분이 존재해도 실제로 구할 수 없는 경우는 부정적분을 이용할 수 없다.

그리고 미분적분학의 기본정리는 $f(x)$가 연속이어야 성립한다. 예를 들어 $f(x) = \dfrac{1}{x^2}$은 $x = 0$에서 연속이 아니므로

$$\int_{-1}^1 \frac{1}{x^2}dx = \left[-\frac{1}{x} \right]_{-1}^1 = -2$$

는 잘못된 계산이다. ∎

예제 4.16 $\displaystyle\int_0^\pi \sin x dx$의 값을 구하여라.

풀이 $\int \sin x\,dx = -\cos x + C$ 이므로 미분적분학의 기본정리에 의해

$$\int_0^\pi \sin x\,dx = \Big[-\cos x\Big]_0^\pi = 2. \ \blacksquare$$

참고 f 가 $[a,b]$ 에서 연속일 때 구간 $[a,b]$ 를 n등분하여 부분합

$$S_n = \sum_{k=1}^n f(t_k)\frac{b-a}{n}$$

을 생각하자. 여기서

$$t_k \in \left[a + \frac{(b-a)(k-1)}{n}, a + \frac{(b-a)k}{n}\right]$$

는 임의로 택할 수 있다. f 가 연속이므로 적분가능하고

$$\begin{aligned}
\int_a^b f(x)\,dx &= \lim_{n\to\infty} \sum_{k=1}^n f(t_k)\frac{b-a}{n} \\
&= \lim_{n\to\infty} \sum_{k=1}^n f\left(a + \frac{(b-a)(k-1)}{n}\right)\frac{b-a}{n} \\
&= \lim_{n\to\infty} \sum_{k=1}^n f\left(a + \frac{(b-a)k}{n}\right)\frac{b-a}{n}
\end{aligned}$$

그러므로 다양한 형태의 급수의 값들을 미분적분학의 기본성질에 의해 구할 수 있다. $\blacksquare$

예제 4.17 무한급수 $\displaystyle \lim_{n\to\infty} \sum_{k=1}^n \frac{n}{n^2+k^2}$ 을 구하여라.

풀이

$$\begin{aligned}
\lim_{n\to\infty} \sum_{k=1}^n \frac{n}{n^2+k^2} &= \lim_{n\to\infty} \sum_{k=1}^n \frac{1}{1+\left(\frac{k}{n}\right)^2}\cdot\frac{1}{n} \\
&= \int_0^1 \frac{1}{1+x^2}\,dx = \tan^{-1} 1 = \frac{\pi}{2}.
\end{aligned}$$

특이적분 앞에서 정의한 리만적분은 폐구간 $[a,b]$ 에서 유계인 함수에 대한 정의였다. 이번에는 정의역이 폐구간이 아니거나 또는 함수가 유계가 아닌

경우의 리만적분의 정의에 대해 알아보자. 이런 경우의 적분을 **이상적분** 또는 **특이적분**이라 한다.

1 f 가 $(a, b]$ 에서 연속이면

$$\int_a^b f(x)dx = \lim_{\varepsilon \to 0+} \int_{a+\varepsilon}^b f(x)dx$$

로 정의한다. 만일 극한값이 존재하면 f 의 **특이적분이 존재한다** 또는 **수렴한다**고 말하고 존재하지 않을 때 **발산한다**고 한다.

비슷하게 $f(x)$ 가 $[a, b)$ 에서 연속이면

$$\int_a^b f(x)dx = \lim_{\varepsilon \to 0+} \int_a^{b-\varepsilon} f(x)dx$$

로 정의한다. 그리고 f 가 (a, b) 에서 연속이면

$$\int_a^b f(x)dx = \lim_{\varepsilon_1, \varepsilon_2 \to 0+} \int_{a+\varepsilon_1}^{b-\varepsilon_2} f(x)dx$$

로 정의한다.

예제 4.18 $\int_0^1 \frac{1}{\sqrt{x}}dx$ 를 구하여라.

풀이 $f(x) = \dfrac{1}{\sqrt{x}}$ 은 $(0, 1]$ 에서 연속이므로

$$\int_0^1 \frac{1}{\sqrt{x}}dx = \lim_{\varepsilon \to 0+} \int_\varepsilon^1 \frac{1}{\sqrt{x}}dx = \lim_{\varepsilon \to 0+} \left[2\sqrt{x} \right]_\varepsilon^1 = 2. \ \blacksquare$$

2 $f(x)$ 가 구간 $[a, b]$ 의 한 점 c 에서 불연속일 때

$$\int_a^b f(x)dx = \lim_{\varepsilon_1 \to 0+} \int_a^{c-\varepsilon_1} f(x)dx + \lim_{\varepsilon_2 \to 0+} \int_{c+\varepsilon_2}^b f(x)dx$$

로 정의한다. 만일 오른쪽 두 극한값이 존재하면 $\int_a^b f(x)dx$ 가 존재한다고 한다.

예제 4.19 $\int_{-1}^1 \frac{1}{x}dx$ 는 존재하지 않음을 보여라.

풀이 정의에 의해

$$\int_{-1}^{1} \frac{1}{x}dx = \lim_{\varepsilon_1 \to 0+} \int_{-1}^{-\varepsilon} \frac{1}{x}dx + \lim_{\varepsilon_2 \to 0+} \int_{\varepsilon_2}^{1} \frac{1}{x}dx.$$

그러나

$$\lim_{\varepsilon_2 \to 0+} \int_{\varepsilon_2}^{1} \frac{1}{x}dx = \lim_{\varepsilon_2 \to} \left[\ln x \right]_{\varepsilon_2}^{1} = \infty \tag{4.2}$$

이므로 $\int_{-1}^{1} \frac{1}{x}dx$ 는 존재하지 않는다. ∎

3 $f(x)$ 가 $[a, \infty)$ 에서 연속이면

$$\int_{a}^{\infty} f(x)dx = \lim_{b \to +\infty} \int_{a}^{b} f(x)dx.$$

$f(x)$ 가 $(-\infty, b]$ 에서 연속이면

$$\int_{-\infty}^{b} f(x)dx = \lim_{a \to -\infty} \int_{a}^{b} f(x)dx.$$

$f(x)$ 가 $(-\infty, \infty)$ 에서 연속이면

$$\int_{-\infty}^{\infty} f(x)dx = \lim_{\substack{a \to -\infty \\ b \to +\infty}} \int_{a}^{b} f(x)dx$$

로 정의한다. 각 극한값이 존재하면 각 특이적분이 존재한다고 한다.

예제 4.20 $\int_{-\infty}^{\infty} \frac{1}{x^2 + 1}dx$ 의 값을 구하여라.

풀이

$$\begin{aligned}
\int_{-\infty}^{\infty} \frac{1}{x^2 + 1}dx &= \lim_{\substack{a \to -\infty \\ b \to +\infty}} \int_{a}^{b} \frac{1}{x^2 + 1}dx \\
&= \lim_{\substack{a \to -\infty \\ b \to +\infty}} \left[\tan^{-1} x \right]_{a}^{b} \\
&= \lim_{\substack{a \to -\infty \\ b \to +\infty}} \left[\tan^{-1} b - \tan^{-1} a \right] = \pi
\end{aligned}$$

이다. ∎

이 절에서는 정적분을 정의하고 여러 가지 성질들을 증명없이 알아보았다. 자세한 증명은 참고문헌 [1], [4]를 참고하라.

·····························**연습문제** 4.3 ····························

1. 리만 합을 이용하여 다음 정적분을 구하여라.

   (1) $\displaystyle\int_2^5 (x+5)dx$ (2) $\displaystyle\int_{-1}^1 (x^2+1)dx$

2. 함수 $f(x)$가 구간 $[a, b]$에서 단조증가함수이면 $f(x)$는 이 구간에서 적분가능함을 보여라.

3. 함수 $f(x)$가 구간 $[a, b]$에서 유계이고 이 구간 내의 유한개의 점을 제외한 나머지 모든 점에서 연속이면 적분가능함을 보여라.

4. 다음 정적분을 미분적분학의 기본정리를 이용하여 구하여라.

   (1) $\displaystyle\int_0^1 (2x-1)^4 dx$ (2) $\displaystyle\int_0^1 e^{3x} dx$ (3) $\displaystyle\int_0^1 e^x \sin x dx$

   (4) $\displaystyle\int_1^2 \ln x dx$ (5) $\displaystyle\int_1^2 x \ln x dx$ (6) $\displaystyle\int_0^1 \frac{x}{1+x^2} dx$

5. 다음 특이적분의 수렴, 발산을 조사하고 수렴하면 그 값을 구하여라.

   (1) $\displaystyle\int_0^1 \ln x dx$ (2) $\displaystyle\int_0^1 x \ln x dx$ (3) $\displaystyle\int_0^5 \frac{1}{5-x} dx$

   (4) $\displaystyle\int_0^\infty \frac{1}{x^2} dx$ (5) $\displaystyle\int_0^\infty \frac{1}{x^2+4} dx$ (6) $\displaystyle\int_0^1 \frac{1}{\sqrt[3]{x-1}} dx$

6. 특이적분 $\displaystyle\int_0^1 \frac{1}{x^p} dx (p > 0)$와 $\displaystyle\int_1^\infty \frac{1}{x^q} dx (q > 0)$의 수렴성을 조사하고 수렴하면 그 값을 구하여라.

▪▪▪ 4.4 정적분의 응용

면적 $y = f(x) \geq 0 (a \leq x \leq b)$일 때 $y = f(x)$의 그래프와 직선 $x = a, x = b$ 그리고 x축으로 둘러싸인 면적을 구하는 과정은 다음과 같다.

먼저 구간 $[a, b]$를 분할한 다음 분할된 각 소구간을 밑변으로 하며 $y = f(x)$
의 그래프 아래쪽(위쪽)에서 접하는 직사각형의 합을 생각하자. (그림 4.3)

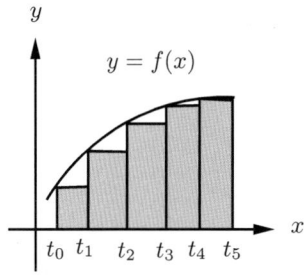
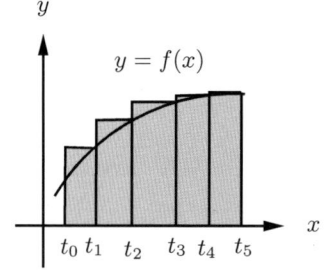

아래쪽에서 접하는 직사각형들   위쪽에서 접하는 사각형들

그림 4.3:

이 직사각형들의 합은 구하고자 하는 면적보다 크거나 작지만 분할을 점점
세분화해 가면, 즉 직사각형의 밑변인 소구간의 길이를 작게해 가면 직사각형
들의 면적의 합은 구하고자 하는 면적에 점점 가까워질 것이다. 이때 구하고
자하는 면적은 이러한 직사각형들의 면적의 합의 극한(만일 존재한다면)으로
정의하면 다음을 얻는다.

정리 4.8

$f(x)$가 $[a, b]$에서 유계이고 $f(x) \geq 0$일 때 $y = f(x)$의 그래프와 x축, 그리
고 직선 $x = a, x = b$로 둘러싸인 부분(그림 4.4)의 면적 S는

$$S = \int_a^b f(x)dx.$$

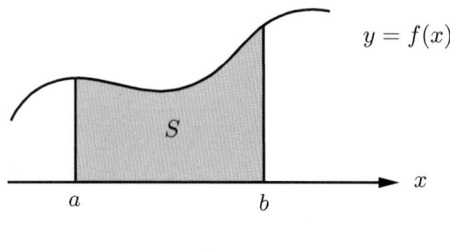

그림 4.4:

예제 4.21 $f(x) = x^2$이라 할 때 $y = f(x)$의 그래프와 x축, 그리고 직선 $x =$
$0, x = 1$로 둘러싸인 부분의 면적 S는

$$S = \int_0^1 x^2 dx = \left[\frac{x^3}{3}\right]_0^1 = \frac{1}{3}. \ \blacksquare$$

예제 4.22 $y = 4x - x^2$의 그래프와 x축으로 둘러싸인 부분의 면적 S는

$$S = \int_0^4 (4x - x^2)dx = \left[2x^2 - \frac{x^3}{4}\right]_0^4 = \frac{32}{3}. \ \blacksquare$$

정리 4.9

$f(x)$가 $[a, b]$에서 유계이고 $f(x) \leq 0$일 때 $y = f(x)$의 그래프와 x축, 그리고 직선 $x = a, x = b$로 둘러싸인 부분(그림 4.5)의 면적 S는

$$S = -\int_a^b f(x)dx$$

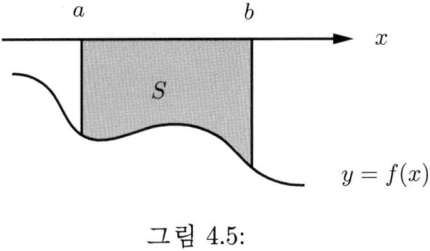

그림 4.5:

예제 4.23 $f(x) = -x^2$이라 할 때 $y = f(x)$의 그래프와 x축, 그리고 직선 $x = 0, x = 1$로 둘러싸인 부분(그림 4.6)의 면적을 S라 하면

$$S = -\int_0^1 f(x)dx = \int_0^1 x^2 dx = \left[\frac{x^3}{3}\right]_0^1 = \frac{1}{3}. \ \blacksquare$$

정리 4.8과 정리 4.9를 이용하면 다음과 일반적인 결과를 얻는다.

정리 4.10

$[a, b]$에서 유계인 함수 $y = f(x)$의 그래프와 x축, 그리고 직선 $x = a, x = b$로 둘러싸인 부분(그림 4.6)의 면적 S는

$$S = \int_a^b |f(x)|dx.$$

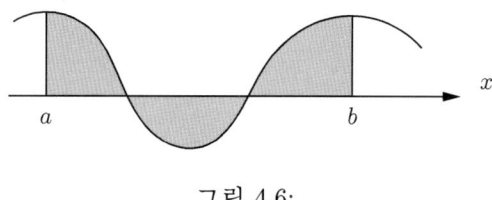

그림 4.6:

예제 **4.24** $y = x^3$의 그래프와 x축, 그리고 직선 $x = -1, x = 1$로 둘러싸인 부분의 면적 S을 구하라.

풀이 $0 \leq x \leq 1$이면 $y = x^3 \geq 0$이고 $-1 \leq x \leq 0$이면 $y = x^3 \leq 0$이므로 구하고자 하는 면적은

$$S = \int_{-1}^{1} |x^3| dx$$
$$= \int_{0}^{1} x^3 dx - \int_{-1}^{0} x^3 dx = \left[\frac{x^4}{4}\right]_0^1 - \left[\frac{x^4}{4}\right]_{-1}^0 = \frac{1}{2}. \quad \blacksquare$$

정리 4.11

$f(x), g(x)$가 $[a, b]$에서 유계이고 $f(x) \geq g(x)$일 때 $y = f(x), y = g(x)$의 그래프와 직선 $x = a, x = b$로 둘러 싸인 부분(그림 4.7)의 면적 S는

$$S = \int_a^b \left[f(x) - g(x)\right] dx$$

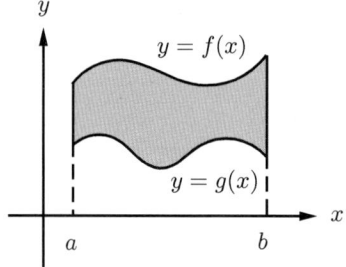

그림 4.7:

예제 **4.25** $y = x, y = x^2$으로 둘러싸인 부분(그림 4.8)의 면적을 구하여라.

풀이 $S = \int_0^1 (x - x^2) dx = \left[\frac{x^2}{2} - \frac{x^3}{3}\right]_0^1 = \frac{1}{6}$ 이다. $\quad \blacksquare$

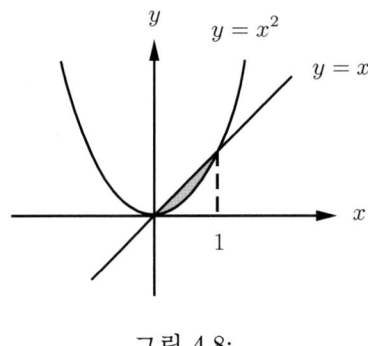

그림 4.8:

다음은 정리 4.11을 일반화한 것이다.

정리 4.12

$[a, b]$에서 유계인 함수 $y = f(x), y = g(x)$의 그래프와 직선 $x = a, x = b$로 둘러싸인 부분의 면적 S는

$$S = \int_a^b |f(x) - g(x)| dx$$

예제 4.26 $y = \sqrt{x}$와 $y = x$, 그리고 직선 $x = 0, x = 2$로 둘러싸인 부분의 면적 S를 구하여라.

풀이 $0 \le x \le 1$이면 $x \le \sqrt{x}$이고, $1 \le x \le 2$이면 $x \ge \sqrt{x}$이므로 구하고자 하는 면적은

$$
\begin{aligned}
S &= \int_0^2 |x - \sqrt{x}| dx \\
&= \int_0^1 (\sqrt{x} - x) dx + \int_1^2 (\sqrt{x} - x) dx \\
&= \left[\frac{2}{3} x\sqrt{x} - \frac{x^2}{2} \right]_0^1 - \left[\frac{x^2}{2} - \frac{2}{3} x\sqrt{x} \right]_1^2 = \frac{7 - 4\sqrt{2}}{3}. \quad \blacksquare
\end{aligned}
$$

구간 $[a, b]$에서 유계인 함수 $y = f(x)$의 그래프와 x축, 그리고 y축과 평행한 직선 $x = a, x = b$로 둘러싸인 면적을 구하는 방법과 비슷하게 구간 $[c, d]$에서 유계인 함수 $x = g(y)$의 그래프와 y축, 그리고 x축과 평행한 직선 $y = c, y = d$로 둘러싸인 부분의 면적을 구할 수 있다.

정리 4.13

구간 $[c,d]$에서 유계인 함수 $x = g(y)$의 그래프와 y축, 그리고 직선 $y = c, y = d$로 둘러싸인 부분의 면적(그림 4.9) S는

$$S = \int_c^d |g(y)|dy.$$

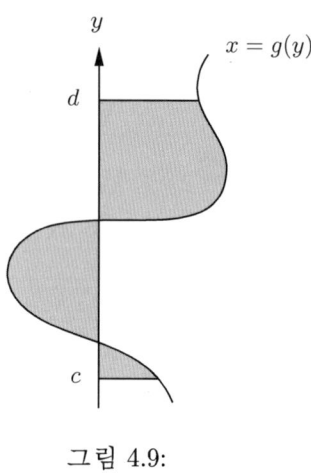

그림 4.9:

예제 **4.27** $x = y^2 - 4$의 그래프와 y축, 그리고 직선 $y = 0, y = 1$로 둘러싸인 면적 S를 구하라.

풀이 구간 $[0, 1]$에서 $y^2 - 4 \leq 0$이므로 구하는 면적은

$$S = \int_0^1 |y^2 - 4|dy$$
$$= \int_0^1 (4 - y^2)dy = \left[4y - \frac{y^3}{3}\right]_0^1 = 4 - \frac{1}{3} = \frac{11}{3}. \quad \blacksquare$$

정리 4.14

$f(y), g(y)$가 $[c,d]$에서 유계일 때 $x = f(y), x = g(y)$의 그래프와 직선 $y = c, y = d$로 둘러 싸인 부분의 면적(그림 4.10) S는

$$S = \int_c^d |f(y) - g(y)| \, dy.$$

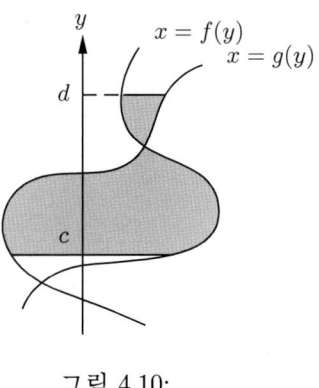

그림 4.10:

예제 4.28 $x = y^2$과 $x = 2 - y^2$의 그래프로 둘러싸인 부분의 면적 S을 구하라.

풀이 $y^2 = 2 - y^2$이면 $y = 1, -1$. 그리고 구간 $[-1, 1]$에서 $y^2 \leq 2 - y^2$이므로 구하는 면적은

$$
\begin{aligned}
S &= \int_{-1}^{1} |y^2 - (2 - y^2)| dx \\
&= \int_{-1}^{1} (2 - y^2 - y^2) dy \\
&= \int_{-1}^{1} (2 - 2y^2) dy \\
&= \left[2y - \frac{2}{3} y^3 \right]_{-1}^{1} = \left(2 - \frac{2}{3} \right) - \left(-2 + \frac{2}{3} \right) = \frac{8}{3}. \quad \blacksquare
\end{aligned}
$$

정리 4.15

곡선의 방정식이 매개변수방정식

$$x = f(t), \quad y = g(t) \quad (\alpha \leq t \leq \beta, y \geq 0)$$

으로 주어질 때 곡선과 직선 $x = a = f(\alpha), x = b = f(\beta)$ 및 x축으로 둘러싸인 부분의 면적 S는

$$S = \int_{\alpha}^{\beta} g(t) f'(t) dt.$$

예제 **4.29** 사이클로이드(cycloid)

$$x = a(t - \sin t), y = a(1 - \cos t) \ (0 \leq t \leq 2\pi, a > 0)$$

및 x축으로 둘러싸인 부분의 면적을 구하여라. (그림 4.11)

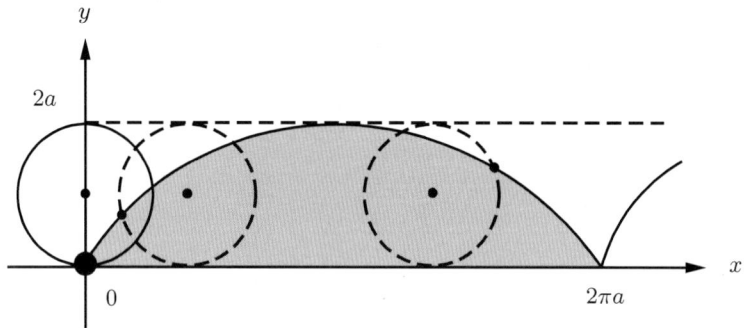

그림 4.11:

풀이

$$
\begin{aligned}
S &= \int_0^{2\pi} a(1 - \cos t) \cdot a(1 - \cos t) dt \\
&= a^2 \int_0^{2\pi} (1 - \cos t)^2 dt = a^2 \int_0^{2\pi} (1 - 2\cos t + \cos^2 t) dt \\
&= a^2 \int_0^{2\pi} \left(\frac{3}{2} - 2\cos t + \frac{1}{2}\cos 2t \right) dt \\
&= a^2 \left[\frac{3}{2}t - 2\sin t + \frac{1}{4}\sin 2t \right]_0^{2\pi} = 3\pi a^2. \ \blacksquare
\end{aligned}
$$

극좌표에 의한 면적 극방정식으로 주어진 연속곡선 $r = f(\theta)$와 동경 $\theta = \alpha, \theta = \beta (0 \leq \alpha < \beta \leq 2\pi)$에 의해서 둘러싸인 면적을 구해보자.(그림 4.12)

$\theta = \alpha$와 $\theta = \beta$ 사이의 면적을 $F(\theta)$로 표시하면 $F(\alpha) = 0$이다. 동경 θ와 $\theta + \Delta\theta$에 의해서 둘러싸인 면적을 ΔF라 하고 $\Delta\theta > 0$일 때 구간 $[\theta, \theta + \Delta\theta]$에서의 $f(\theta)$의 최소값과 최대값이 각각 m, M이면, 부채꼴의 면적공식에 의하여

$$\frac{1}{2}m^2 \Delta\theta \leq \Delta F \leq \frac{1}{2}M^2 \Delta\theta$$

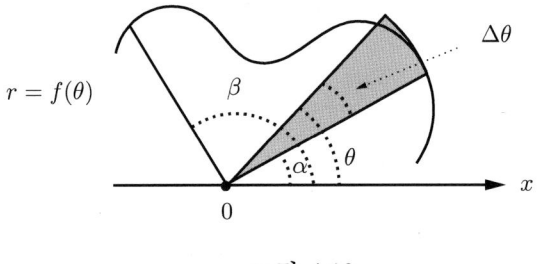

그림 4.12:

가 성립한다. $\Delta\theta \to 0$ 이면 $m \to f(\theta), M \to f(\theta)$ 이므로

$$F'(\theta) = \lim_{\Delta\theta \to 0} \frac{\Delta F}{\Delta\theta} = \frac{1}{2}[f(\theta)]^2.$$

따라서 구하는 면적을 S 라 하면

$$S = F(\beta) - F(\alpha) = \frac{1}{2}\int_\alpha^\beta \left[f(\theta)\right]^2 d\theta$$
$$= \frac{1}{2}\int_\alpha^\beta r^2 d\theta.$$

정리 4.16

극방정식 $r = f(\theta)$ 가 구간 $[\alpha, \beta](\beta \le \alpha + 2\pi)$ 에서 연속이고 $f(\theta) \ge 0$ 일 때, 이 곡선과 두 반직선 $\theta = \alpha, \theta = \beta$ 로 둘러싸인 부분의 면적 S 는

$$S = \int_\alpha^\beta \frac{1}{2}\left[f(\theta)\right]^2 d\theta.$$

예제 4.30 곡선 $r = a(1 + \cos\theta)(a > 0)$ 에 의해서 둘러싸인 면적을 구하여라. (그림 4.13)

풀이 구하는 면적을 S 라 하면

$$S = \frac{1}{2}\int_0^{2\pi} a^2(1 + \cos\theta)^2 d\theta$$
$$= \frac{1}{2}a^2 \cdot 2 \int_0^\pi (1 + 2\cos\theta + \cos^2\theta) d\theta$$
$$= a^2 \left[\theta + 2\sin\theta + \frac{1}{2}\left(\theta + \frac{1}{2}\sin 2\theta\right)\right]_0^\pi = \frac{3}{2}\pi a^2. \quad \blacksquare$$

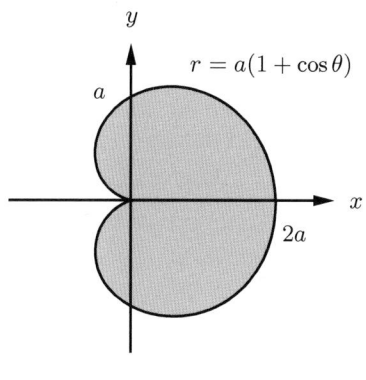

그림 4.13:

예제 **4.31** 곡선 $r = 1 + \sin\theta$로 둘러싸인 면적을 구하라.

풀이 구하는 면적을 S라 하면(그림 4.14)

$$
\begin{aligned}
S &= \frac{1}{2}\int_0^{2\pi}(1+\sin\theta)^2 d\theta \\
&= \frac{1}{2}\cdot 2\cdot\int_{-\frac{\pi}{2}}^{\frac{\pi}{2}}(1+\sin\theta)^2 d\theta \\
&= \int_{-\frac{\pi}{2}}^{\frac{\pi}{2}}(1+2\sin\theta+\sin^2\theta)d\theta \\
&= \Big[\theta+(-2\cos\theta)\Big]_{-\frac{\pi}{2}}^{\frac{\pi}{2}}+\int_{-\frac{\pi}{2}}^{\frac{\pi}{2}}\frac{(1-\cos 2\theta)}{2}d\theta = \pi+\frac{\pi}{2} = \frac{3}{2}\pi. \quad\blacksquare
\end{aligned}
$$

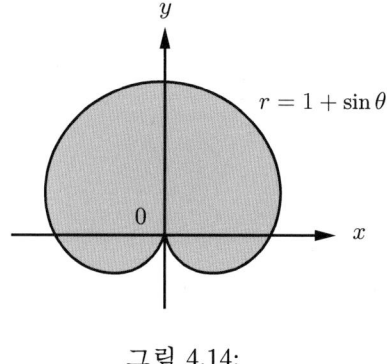

그림 4.14:

예제 **4.32** $r = 1 + 2\cos\theta$의 작은 닫힌곡선으로 둘러싸인 부분의 면적을 구여라.

풀이 이 곡선은 극축 OA에 대칭이고, 작은 폐로는 구간 $\left(\dfrac{2\pi}{3}, \dfrac{4\pi}{3}\right)$에 의하여

결정된다. (그림 4.15) 그러므로 구하는 면적 S는

$$
\begin{aligned}
S &= \int_{\frac{2\pi}{3}}^{\frac{4\pi}{3}} (1 + 2\cos\theta)^2 d\theta \\
&= \frac{1}{2} \int_{\frac{2\pi}{3}}^{\frac{4\pi}{3}} (1 + 4\cos\theta + 4\cos^2\theta) d\theta \\
&= \frac{1}{2} \left[\theta + 4\sin\theta + 2\left(\theta + \frac{\sin 2\theta}{2} \right) \right]_{\frac{2\pi}{3}}^{\frac{4\pi}{3}} = \frac{2\pi - 3\sqrt{3}}{2}. \quad \blacksquare
\end{aligned}
$$

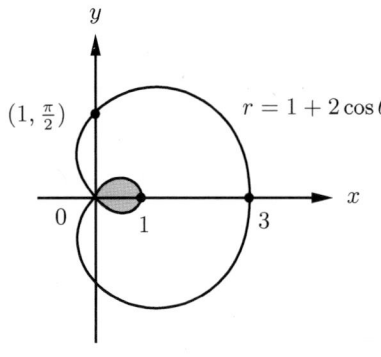

그림 4.15:

예제 **4.33** 곡선 $r = 3\cos\theta$의 내부에 있고 곡선 $r = 1 + \cos\theta$의 외부에 있는 부분의 면적을 구하라. (그림 4.16)

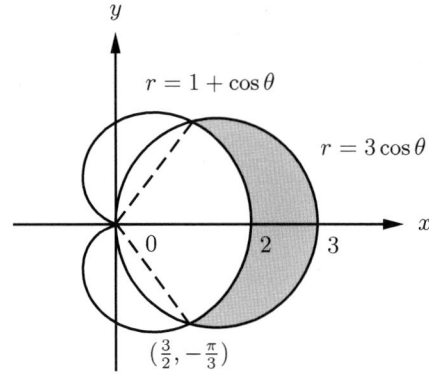

그림 4.16:

풀이 구하는 면적을 S라 하면

$$S = 2\int_0^{\frac{\pi}{3}} \left[\frac{1}{2}(3\cos\theta)^2 - \frac{1}{2}(1+\cos\theta)^2 \right] d\theta$$

$$= \int_0^{\frac{\pi}{3}} (8\cos^2\theta - 2\cos\theta - 1)d\theta$$

$$= \left[8\left(\frac{1}{2}\theta + \frac{1}{4}\sin 2\theta \right) - 2\sin\theta - \theta \right]_0^{\frac{\pi}{3}}$$

$$= \left[8\left(\frac{\pi}{6} + \frac{1}{4}\sin\frac{2\pi}{3} \right) - 2\sin\frac{\pi}{3} - \frac{\pi}{3} \right] = \pi. \ \blacksquare$$

회전체의 부피와 표면적 회전체의 부피와 표면적을 구하는 과정도 면적을 구하는 과정과 비슷하며 결과는 다음과 같다. 자세한 것은 참고문헌 [1]을 참고하라.

정리 4.17

함수 $y = f(x)$가 구간 $[a,b]$에서 연속이고 (a,b)에서 미분가능하며 f'이 연속이라 하자. $f(x) \geq 0$일 때 곡선 $y = f(x)(a \leq x \leq b)$를 x축 둘레로 회전하여 얻은 회전체의 체적 V와 표면적 S는 다음과 같다. (그림 4.17)

$$V = \pi \int_a^b [f(x)]^2 dx,$$

$$S = 2\pi \int_a^b f(x)\sqrt{1 + (f'(x))^2}\,dx.$$

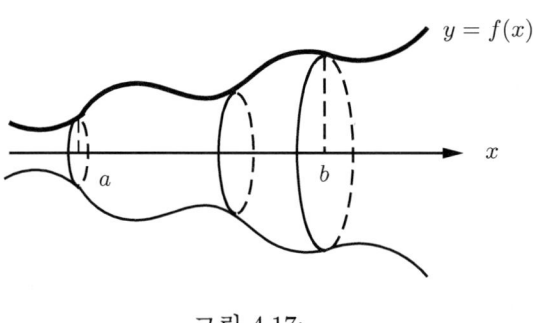

그림 4.17:

예제 4.34 곡선 $y = f(x) = x(0 \leq x \leq 1)$을 x축 둘레를 회전하여 얻은 회전체의 체적 V와 표면적 S를 구하자.

$$V = \pi \int_0^1 [f(x)]^2 dx = \pi \int_0^1 x^2 dx = \frac{\pi}{3},$$

$$S = 2\pi \int_0^1 f(x)\sqrt{1 + (f'(x))^2}\,dx = 2\pi \int_0^1 x\sqrt{1+1}\,dx = \sqrt{2}\pi. \ \blacksquare$$

정리 4.18

함수 $x = g(y)$가 구간 $[c, d]$에서 연속이고 (c, d)에서 미분가능하며 g'이 연속이라 하자. $g(y) \geq 0$일 때 곡선 $x = g(y)(c \leq y \leq d)$를 y축 둘레로 회전하여 얻은 회전체의 체적 V와 표면적 S는 다음과 같다. (그림 4.18)

$$V = \pi \int_c^d [g(y)]^2 dy,$$
$$S = 2\pi \int_c^d g(y)\sqrt{1 + (g'(y))^2} dy.$$

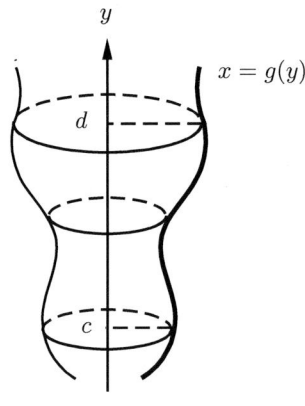

그림 4.18:

정리 4.19

f', g'이 연속인 미분가능한 함수 f, g에 대해 곡선이 매개변수방정식 $x = f(t)$, $y = g(t)$ $(\alpha \leq t \leq \beta)$로 주어질 때 이 곡선과 x축으로 둘러싸인 부분을 x축 둘레로 회전하여 얻은 회전체의 체적 V와 표면적 S는

$$V = \pi \int_\alpha^\beta [g(t)]^2 f'(t) dt,$$
$$S = 2\pi \int_\alpha^\beta g(t)\sqrt{(f'(t))^2 + (g'(t))^2} dt.$$

예제 4.35 반지름이 $\dfrac{a}{4}$인 원이 반지름이 a인 원의 내부에 내접하여 회전할 때 작은 원의 어떤 점의 자취인 성망형곡선(asteriod)

$$x = a\cos^3 t, y = a\sin^3 t(0 \leq t \leq \pi, a > 0)$$

를 x축 둘레로 회전하여 생기는 회전체의 표면적을 구하라. (그림 4.19)

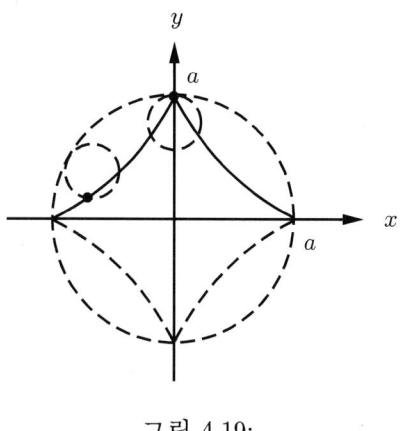

그림 4.19:

풀이

$$S = 2\pi \int_0^\pi y \cdot \sqrt{\left(\frac{dx}{dt}\right)^2 + \left(\frac{dy}{dt}\right)^2} dt$$

$$= 4\pi \int_0^{\frac{\pi}{2}} a \sin^3 t \cdot 3a \sin t \cos t dt$$

$$= 12\pi a^2 \int_0^{\frac{\pi}{2}} \sin^4 t \cos t dt = 12\pi a^2 \left[\frac{1}{5} \sin^5 t\right]_0^{\frac{\pi}{2}} = \frac{12}{5}\pi a^2. \quad\blacksquare$$

곡선의 길이 $y = f(x)$를 구간 $[a, b]$에서 미분가능한 함수라 하고 도함수 f'이 연속이라 하자. 이때 그림 4.20과 같이 곡선을 작은 곡선으로 분할하고 곡선을 분할하는 점들을 잇는 선분의 길이를 합한다. 만일 곡선을 아주 작은 곡선으로 분할한다면 직관적으로 선분의 길이의 합은 구하고자 하는 곡선의 길이와 비슷하게 될 것이다. 이때 곡선의 길이 ℓ을 선분의 길이의 합의 극한(만일 존재한다면)으로 정의하면 다음을 얻는다.

정리 4.20

$y = f(x)$가 $[a, b]$에서 C^1 함수라 할 때 $y = f(x)$의 그래프로 주어지는 곡선의 길이 ℓ은 다음과 같다.

$$\ell = \int_a^b \sqrt{1 + (f'(x))^2} dx.$$

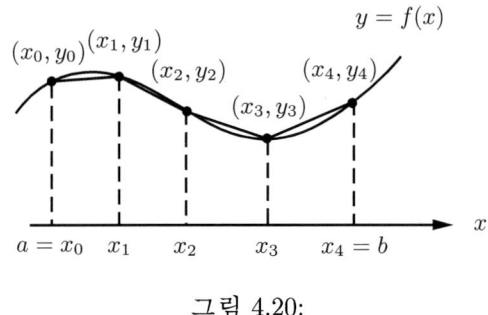

그림 4.20:

예제 4.36 곡선 $y = \dfrac{1}{2}x^2 (0 \le x \le 1)$의 길이 ℓ을 구하여라.

풀이

$$\ell = \int_0^1 \sqrt{1 + x^2}\, dx$$

$$= \left[\frac{x}{2}\sqrt{1 + x^2} + \frac{1}{2}\ln\left(x + \sqrt{1 + x^2}\right)\right]_0^1 = \frac{1}{2}(\sqrt{2} + \ln(1 + \sqrt{2}). \quad \blacksquare$$

만일 곡선이 매개변수방정식으로 주어진다면 위와 같은 방법으로 곡선의 길이를 구하면 다음을 얻는다.

정리 4.21

곡선이 매개변수방정식 $x = f(t), y = g(t)$로 주어지고 f, g가 구간 $[a, b]$에서 C^1 함수라 할 때 곡선의 길이 ℓ은 다음과 같다.

$$\ell = \int_a^b \sqrt{(f'(t))^2 + (g'(t))^2}\, dt.$$

예제 4.37 곡선 $x = \dfrac{t^3}{3} + \dfrac{1}{t}, y = 2t (1 \le t \le 3)$의 길이 ℓ을 구하라.

풀이

$$\ell = \int_1^3 \sqrt{\left(\frac{dx}{dt}\right)^2 + \left(\frac{dy}{dt}\right)^2}\, dt$$

$$= \int_1^3 \sqrt{(t^2 - t^{-2})^2 + 2^2}\, dt = \int_1^3 (t^2 + t^{-2})\, dt = \left[\frac{1}{3}t^3 - \frac{1}{t}\right]_1^3 = \frac{28}{3}. \quad \blacksquare$$

참고 (파푸스 정리) xy 평면의 $y > 0$인 부분에 있는 영역 D를 x축 둘레로 회전하여 얻어지는 회전체의 부피는, D의 중심과 회전축과의 거리를 d라 하면 $2\pi d \cdot A(D)$(단 $A(D)$는 D의 면적)으로 주어진다. 그리고 $y = f(x) > 0$인 곡선을 x축 둘레로 회전하여 얻어지는 곡면의 표면적은 곡선의 길이를 ℓ이라 하고 곡선의 중심에서 회전축까지 거리를 d라 하면 $2\pi d\ell$로 주어진다. (그림 4.21) 여기서 면적의 중심은 무게중심이지만 곡선의 중심은 길이의 중심이 아니다. 중심에 대한 것은 참고문헌 [4]를 참고하라. ∎

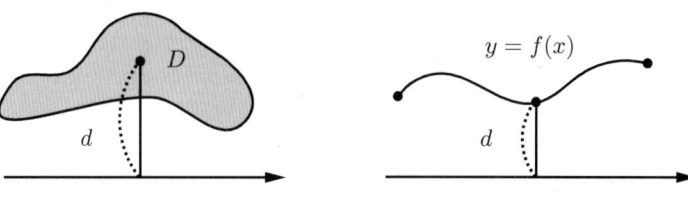

그림 4.21:

······························ **연습문제 4.4** ···························

1. 다음 곡선으로 둘러싸인 부분의 면적을 구하여라.

    (1) $y = x^2, y = x$ (2) $y = x^3, y = x$

    (3) $x = y^2 - 4y + 3, x = 0$ (4) $x = y^2 - 6y, x = -2y^2 + 12y$

2. 다음 곡선으로 둘러싸인 부분의 면적을 구하라.

    (1) $r = 4\sin\theta$ (2) $r = 8\sin^2\dfrac{1}{2}\theta$ (3) $r^2 = 4\cos 2\theta$

3. 다음 두 곡선에 의해서 둘러싸인 공통부분의 면적을 구하라.

    (1) $\begin{cases} r = 3\cos\theta \\ r = 1 + \cos\theta \end{cases}$ (2) $\begin{cases} r = 3 - 2\cos\theta \\ r = 2 \end{cases}$

4. $r = 2\sin\theta, r = 2 + 2\sin\theta, \theta = 0, \theta = \pi$로 둘러싸인 부분의 면적을 구하여라.

5. 다음 곡선으로 둘러싸인 부분이 x축을 회전축으로 하여 회전할 때 생기는

회전체의 체적을 구하여라.

(1) $y = x^3, y = 0, x = 2$ (2) $y = x^2, y = 2x$

(3) $y = \sin x, y = 0, x = \pi$ (4) $y = e^x, x = -1, x = 1, y = 0$

6. 다음 곡선을 x축을 회전축으로 하여 회전시킬 때 회전체의 표면적을 구하여라.

(1) $y = \sqrt{x}(4 \leq x \leq 9)$ (2) $y = \sin x(0 \leq x \leq \pi)$

(3) $x^2 + y^2 = 1(-1 \leq x \leq 1)$ (4) $x = t^3 - 3t, y = t(0 \leq t \leq 1)$

7. 다음 주어진 곡선의 길이를 구하여라.

(1) $y = x\sqrt{x}(0 \leq x \leq 5)$ (2) $y = \cosh x(0 \leq x \leq 1)$

(3) $y = \ln x(1 \leq x \leq 2\sqrt{2})$ (4) $x = t - \sin t, y = 1 - \cos t(0 \leq t \leq 2\pi)$

4.5   테일러(Taylor) 정리

여러 가지 함수들 중에서 가장 이해하기 쉽고 다루기 쉬운 것 중 하나가 다항함수이다. 그러므로 어떤 함수를 다항함수로 근사시킬 수 있다면 그 함수 또한 다루기 쉬워진다. 이런 이유 때문에 어떤 함수의 근사다항식을 구하는 문제는 중요하다.

테일러 정리 f의 근사다항식을 구하는 방법 중 하나인 테일러 정리에 대하여 알아보자.

f가 a를 포함하고 있는 구간 I에서 C^n 함수, 즉 I에서 $f', f'', \ldots, f^{(n)}$이 존재하고 연속이라 하자. 이때

$$P_n(x) = f(a) + f'(a)(x-a) + \cdots + \frac{f^{(n)}(a)}{n!}(x-a)^n$$

을 $x = a$에서 f의 **n차 테일러 다항식**이라 한다.

예제 4.38 $f(x) = e^x$ 라 하면 $f^{(n)}(x) = e^x$ $(n = 0, 1, 2, \ldots)$ 이므로 $x = 0$ 에서 n 차 테일러 다항식은

$$P_n(x) = f(0) + f'(0)x + \frac{f''(0)}{2!}x^2 + \frac{f'''(0)}{3!}x^3 + \cdots + \frac{f^{(n)}(0)}{n!}x^n$$
$$= 1 + x + \frac{1}{2!}x^2 + \frac{1}{3!}x^3 + \cdots + \frac{1}{n!}x^n. \quad \blacksquare$$

$n = 1$ 이면 P_1 는 점 $(a, f(a))$ 를 지나고 기울기가 $f'(a)$ 인 일차식

$$P_1(x) = f(a) + f'(a)(x - a)$$

이고, 이것은 점 $(a, f(a))$ 에서 f 의 그래프에 접하는 접선이다.

$n = 2$ 이면 P_2 는 점 $(a, f(a))$ 을 지나고 f 에 접하는 포물선

$$P_2(x) = f(a) + f'(a)(x - a) + \frac{f''(a)}{2}(x - a)^2$$

이고, 따라서 점 $(a, f(a))$ 에서 f 와 P_2 의 곡률이 같아진다.

근사다항식을 구하는 문제보다 더 중요한 것은 구간 I 에서 f 와 f 의 n 차 테일러 다항식 P_n 사이의 오차

$$R_n(x) = f(x) - P_n(x)$$

에 대한 것이다.

다음 정리는 $R_n(x)$ 는 f 를 이용해서 나타낼 수 있음을 보여준다. 이 결과를 **테일러 정리**라 한다.

정리 4.22 (테일러 정리)

f 는 a 를 포함하는 구간 I 에서 C^{n+1} 함수이고 $P_n(x)$ 는 a 에서 f 의 n 차 테일러 다항식이라 하자. 그러면 모든 $x \in I$ 에 대하여

$$f(x) = P_n(x) + R_n(x).$$

여기서

$$R_n(x) = \frac{1}{n!}\int_a^x f^{(n+1)}(t)(x - t)^n dt$$

증명 만일

$$g(t) = p_t(x) = f(t) + f'(t)(x-t) + \cdots + \frac{f^{(n)}(t)(x-t)^n}{n!}$$

이면 $g(x) = f(x)$ 이고 $g(a) = P_n(x)$. 따라서

$$R_n(x) = f(x) - P_n(x) = g(x) - g(a) = \int_a^x g'(t)dt.$$

그런데

$$g'(t) = f'(t) + [f''(t)(x-t) - f'(t)] + \cdots + \left[\frac{f^{(n+1)}(t)(x-t)^n}{n!} - \frac{f^{(n)}(t)}{n!} \right]$$

$$= \frac{f^{(n+1)}(t)(x-t)^n}{n!}$$

이므로

$$R_n(x) = \int_a^x g'(t)dt = \int_a^x \frac{f^{(n+1)}(t)(x-t)^n}{n!}dt$$

이다. ■

따름정리 4.23

$x \in I$ 에 대하여 $\left| f^{(n+1)}(x) \right| \leq M$ 이면

$$|R_n(x)| \leq M\frac{|x-a|^{n+1}}{(n+1)!}$$

이 성립한다.

증명 $x \in I$ 에 대하여 $\left| f^{(n+1)}(x) \right| \leq M$ 이므로

$$|R_n(x)| = \left| \frac{1}{n!} \int_a^x f^{(n+1)}(t)(x-t)^n dt \right|$$

$$\leq \frac{1}{n!} M \left| \int_a^x (t-a)^n dt \right|$$

$$= \frac{1}{n!} M \cdot \frac{|x-a|^{n+1}}{n+1} = \frac{M|x-a|^{n+1}}{(n+1)!}$$

이다. ■

나머지 $R_n(x)$ 을 다른 형태로 표현할 수 있다.

따름정리 4.24

만일 a의 근방 I에서 $f \in C^{n+1}$이면 모든 $x \in I$에 대해

$$f(x) = f(a) + f'(a)(x - a) + \cdots + f^{(n)}(a)\frac{(x - a)^n}{n!} + R_n(x).$$

여기서

$$R_n(x) = f^{(n+1)}(\tau)\frac{(x - a)^{n+1}}{(n + 1)!}$$

이고 τ는 x와 a사이의 값이다. [a)]

---

a) τ는 상수가 아니라 x에 의존하는 값이다.

증명 참고문헌 [7]을 참고하라. ■

테일러 급수 f가 a을 포함하는 열린 구간에서 계속 미분가능한 함수이면 모든 n에 대해

$$f(x) = \sum_{k=0}^{n} \frac{f^{(k)}(a)}{k!}(x - a)^k + R_n(x)$$

로 나타낼 수 있다. 만일 이 구간의 모든 x에 대해 $\lim_{n \to \infty} R_n(x) = 0$이면

$$\lim_{n \to \infty} \sum_{k=0}^{n} \frac{f^{(k)}(a)}{k!}(x - a)^k = \sum_{n=0}^{\infty} \frac{f^{(n)}(a)}{n!}(x - a)^n = f(x)$$

이다. 이 경우 $f(x)$는 $x = a$에서 테일러 급수로 전개되어 있다고 하고

$$\sum_{n=0}^{\infty} \frac{f^{(n)}(a)}{n!}(x - a)^n$$

을 $x = a$에서 $f(x)$의 **테일러 급수**라 한다.

예제 4.39 $f(x) = e^x$는 0을 포함하는 모든 구간에서 계속 미분가능한 함수이고 모든 n에 대해 $f^{(n)}(0) = 1$이므로 $x = 0$에서 f의 테일러 급수는

$$e^x = 1 + x + \frac{1}{2!}x^2 + \frac{1}{3!}x^3 + \cdots + \frac{1}{n!}x^n + \cdots$$

이다. ∎

테일러 정리와 근사값 $n = 0$ 이면 테일러 정리는 평균값 정리가 된다. 그러므로 테일러 정리는 평균값 정리의 일반화로 볼 수 있다.

테일러 정리의 중요성은 R_n 을 공식화함으로서 R_n 의 크기를 측정할 수 있다는 데 있다.

예제 4.40 구간 $[-1, 1]$ 에서 차가 0.005 보다 작은 e^x 의 근사다항식을 구하자.

$f(x) = e^x$ 이고 $I = [-1, 1], a = 0$ 이면

$$P(x) = f(0) + f'(0)x + \cdots + \frac{f^{(n)}(0)}{n!}x^n$$
$$= 1 + x + \cdots + \frac{x^n}{n!}.$$

따라서

$$|e^x - P(x)| = |R_n(x)| \leq M \cdot \frac{|x|^{n+1}}{(n+1)!}.$$

여기서 $M = \max_{-1 \leq x \leq 1} e^x = e$ 이다. 그러므로 모든 $x \in [-1, 1]$ 에 대해

$$|R_n(x)| \leq \frac{e}{(n+1)!}.$$

만일 $n = 5$ 이면

$$|R_5| \leq \frac{e}{6!} < \frac{3}{6!} = 0.004 \times \times \times \cdots < 0.005$$

이므로 구하는 근사다항식은 0 에서 e^x 의 테일러 5 차 다항식이다. 그리고 $n!$ 의 증가속도가 매우 빠르므로 좀 더 좋은 근사다항식은 n 을 크게하면 얻을 수 있다. ▮

테일러 다항식은 쉽게 구할 수 있지만 항상 주어진 함수의 근사다항식으로 이용할 수 있는 것은 아니다. 뿐만 아니라 테일러 다항식이 최적의 근사다항식은 아니다. 예를 들어 $[-1, 1]$ 에서 e^x 와 e^x 의 테일러 다항식 $1 + x + \frac{x^2}{2}$ 과 차는 0.22 이내이지만 다항식 $0.99 + 1.175x + 0.543x^2$ 과의 차는 0.04 이내이다. 따라서 테일러 다항식이 항상 좋은 근사다항식은 아님을 알 수 있다.

예제 4.41 $f(x) = \dfrac{1}{1 + x^2}$ 이면 a 에서 f 의 $2n$ 차 테일러 다항식은

$$P(x) = 1 - x^2 + x^4 - x^6 + \cdots + (-1)^n x^{2n}.$$

그리고

$$R_{2n}(x) = \frac{1}{1+x^2} - P(x) = (-1)^{n+1} \frac{x^{2n+2}}{1+x^2}.$$

따라서 n이 충분히 크면 구간 $-1 < x < 1$에서 $|R_{2n}(x)|$이 아주 작다. 그러므로 P의 차수가 클 수록 구간 $(-1, 1)$에서 f에 더 좋은 근사식이 된다. 그러나 구간 $(-1, 1)$ 밖에서는 $P(x)$가 n이 아무리 크다고 해도 결코 f의 좋은 근사식이 될 수 없을 것이다. 예를 들어 $x = 2$이면 n이 증가함에 따라 $|R_{2n}(x)|$가 증가하므로 $P(x)$가 f의 좋은 근사식이 될 수 없다. ∎

연습문제 4.5

1. $x = 0$에서 다음 함수의 테일러 3차 다항식을 구하여라.

   (1) $x - \sin x$ (2) $\dfrac{1}{1+x}$

2. $x = 0$에서 다음 함수의 테일러 급수를 구하여라.

   (1) $\cos x$ (2) $1 + x + x^2 + x^3$

4.6 정적분의 근사값

정적분 $\displaystyle\int_a^b f(x)dx$를 계산하기 위해 미분적분학의 기본정리를 이용할 수 있다. 그러나 $f(x)$의 부정적분을 구할 수 없으면 미분적분학의 기본정리를 이용할 수 없으므로 다른 방법을 이용해서 이 값을 계산해야 하지만 쉽지 않다.

일반적으로 정적분을 정확히 계산할 수 없는 경우가 많다. 만일 정적분을 정확히 계산할 수 없다면 정적분의 근사값을 계산해야 한다. 그런데 중요한 것은 근사값이 아니라 참값과 근사값의 차(오차)에 대한 정보이다. 만일 참값과 근사값에 대한 정보가 없다면 근사값은 무의미하다.

사다리꼴 공식 구간 $[a, b]$를 n등분해서 그 분점을 $a = x_0, x_1, \ldots, x_n = b$라 하고, 이 분점에 대한 함수의 값을 각각 $y_0, y_1, \ldots, y_n$라 할 때 $\dfrac{b-a}{n} = h$라 놓으면

$$\int_a^b f(x)dx \fallingdotseq \frac{1}{2}(y_0 + y_1)h + \frac{1}{2}(y_1 + y_2) + \cdots + \frac{1}{2}(y_{n-1} + y_n)h$$
$$= \left(\frac{1}{2}y_0 + y_1 + y_2 + \cdots + y_{n-1} + \frac{1}{2}y_n\right)h.$$

이것을 **사다리꼴 공식**이라 한다. (그림 4.22)

만일 f''이 연속이고 $[a, b]$에서 $|f''| \leq M$이면

$$\left|\int_a^b f - \frac{h}{2}(y_0 + 2y_1 + 2y_2 + \cdots + 2y_{n-1} + y_n)\right| \leq \frac{b-a}{12}h^2 M$$

을 만족한다. 이것은 구간 $[a, b]$를 n등분하고 사다리꼴 공식을 이용하여 구한 $\int_a^b f$의 근사값의 오차한계는 $\dfrac{b-a}{12}h^2 M$임을 보여준다.

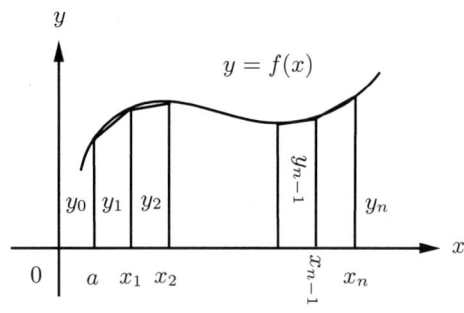

그림 4.22:

예제 4.42 사다리꼴 공식에 의해서 $\displaystyle\int_0^2 \sqrt{1 + x^3}dx$의 근사치를 구하라. 단 $n = 4$로 잡는다.

풀이 $h = \dfrac{2-0}{4} = \dfrac{1}{2}$이다. 분점

$$x = 0, \frac{1}{2}, 1, \frac{3}{2}, 2$$

에 대한 $\sqrt{1+x^3}$ 의 값은 각각

$$1, 1.061, 1.414, 2.093, 3$$

이므로

$$\int_0^2 \sqrt{1+x^3}\,dx \fallingdotseq \frac{1}{2}(0.5 + 1.061 + 1.414 + 2.092 + 1.5) = 3.284. \quad \blacksquare$$

심프슨 (Simpson) 공식   곡선 위의 점들을 차례로 선분으로 연결하여 사다리꼴을 만드는 대신에 포물선의 호로 연결하면 더욱 정밀한 근사치를 얻을 수 있다.

세 점 $(x_1,\ y_1)$, (x_2, y_2), (x_3, y_3) 을 지나는 포물선과 직선 $x = x_1, x = x_3, x$ 축으로 둘러싸인 면적을 S 라 하고 포물선의 방정식을 $y = ax^2 + bx + c$ 라 하면 (그림 4.23)

$$\begin{aligned}
S &= \int_{x_1}^{x_3} (ax^2 + bx + c)dx = \left[\frac{1}{3}ax^3 + \frac{1}{2}bx^2 + cx\right]_{x_1}^{x_3} \\
&= \frac{1}{3}a(x_3^3 - x_1^3) + \frac{1}{2}b(x_3^2 - x_1^2) + c(x_3 - x_1) \\
&= \frac{x_3 - x_1}{6}\left[2a(x_1^2 + x_1 x_3 + x_3^2) + 3b(x_1 + x_3) + 6c\right] \\
&= \frac{x_3 - x_1}{6}\left[(ax_1^2 + bx_1 + c) + (ax_3^2 + bx_3 + c) + a(x_1 + x_3)^2 + 2b(x_1 + x_3) + 4c\right].
\end{aligned}$$

특히, 여기서 $x_3 - x_2 = x_2 - x_1 = h$ 일 때는 $x_3 - x_1 = 2h$, $x_1 + x_3 = 2x_2$ 이므로

$$a(x_1 + x_3)^2 + 2b(x_1 + x_3) + 4c = 4(ax_2^2 + bx_2 + c) = 4y_2.$$

따라서

$$S = \frac{h}{3}(y_1 + 4y_2 + y_3).$$

구간 $[a, b]$ 를 $2n$ 등분하자. 그리고 그 분점들에 대한 함수 $y = f(x)$ 의 값을 차례로 $y_0, y_1, \ldots, y_{2n-1}, y_{2n}$ 이라 하고

$$h = \frac{b - a}{2n}$$

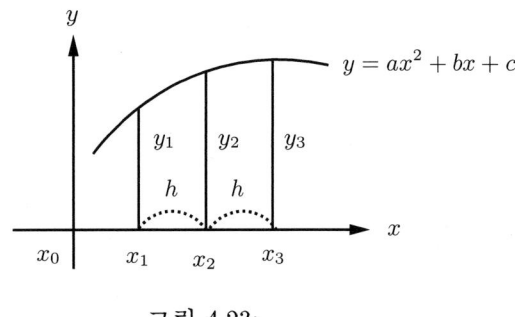

그림 4.23:

로 놓으면

$$\int_a^b f(x)dx \fallingdotseq \frac{h}{3}(y_0+4y_1+y_2)+\frac{h}{3}(y_2+4y_3+y_4)+\cdots+\frac{h}{3}(y_{2n-2}+4y_{2n-1}+y_{2n})$$
$$= \frac{h}{3}\Big[y_1+y_{2n}+4(y_1+y_3+\cdots+y_{2n-1})+2(y_2+y_4+\cdots+y_{2n-2})\Big].$$

이것을 **심프슨 공식**이라 한다. (그림 4.24) 만일 $f^{(4)}$ 가 연속이고 $[a,b]$ 에서 $|f^{(4)}| \le M$ 이면

$$\left| \int_a^b f - \frac{h}{3}(y_0+4y_1+2y_2+4y_3+2y_4+\cdots+4y_{2n-1}+y_{2n}) \right| \le \frac{b-a}{180}h^4 M.$$

즉, 심프슨 공식으로 구한 $\int_a^b f$ 의 근사값의 오차한계는 $\dfrac{b-a}{180}h^4 M$ 이다.

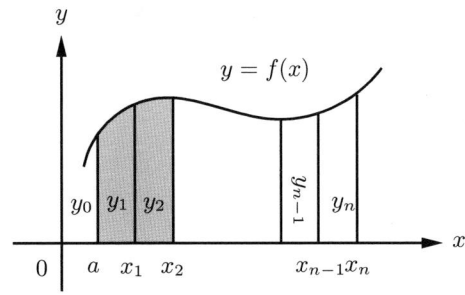

그림 4.24:

참고 심프슨 공식으로 구한 $\int_a^b f$ 의 근사값이 사다리꼴 공식으로 구한 근사값 보다 더 정확하지만 심프슨 공식은 계산이 복잡하므로 사다리꼴 공식을 많이 사용한다.

그리고 사다리꼴 공식과 심프슨 공식이 중요한 이유는 참값과 근사값의 차에

대한 정보를 알 수 있다는 데 있다. ▮

예제 **4.43** 심프슨 공식을 써서 $\displaystyle\int_0^1 \frac{1}{1+x}dx(=\log 2)$의 근사값을 구하여라. 단, $n=5$로 한다.

풀이 $h=\dfrac{1}{10}$ 이고 $f(x)=\dfrac{1}{1+x}$ 에서

$y_0=1,00000,\; y_1=0.909090,\; y_2=0.83333,\; y_3=0.76923,\; y_4=0.71429,$

$y_5=0.66667,\; y_6=0.62500,\; y_7=0.58824,\; y_8=0.55556,\; y_9=0.52632,$

$y_{10}=0.50000.$

따라서

$$\int_0^1 \frac{1}{1+x}dx \fallingdotseq \frac{1}{30}(1.50000+13.83820+5.45636)=0.69315. \quad ▮$$

연습문제 4.6

1. 사다리꼴 공식을 써서 다음 적분의 근사값을 구하라.

  (1) $\displaystyle\int_2^7 \frac{1}{x^2}dx;\; n=5$ (2) $\displaystyle\int_0^{\frac{3}{2}} \frac{x}{\sqrt{1+x^2}}dx;\; n=3$

2. 심프슨 공식을 써서 다음 적분의 근사값을 구하여라.

  (1) $\displaystyle\int_2^8 x^3 dx;\; n=2$ (2) $\displaystyle\int_0^2 \frac{x^2}{\sqrt{1+x^3}}dx;\; n=4$

금융분야에서 수학의 활용[5)]

제가 수학을 공부하면서 가장 궁금하면서도 소홀히 했던 의문 중에 하나가 "내가 공부하고 있는 이 어려운 수학이 다른 분야에서 어떻게 쓰이고 있을까?" 하는 것이었습니다. 물론 수학이 기초학문으로서, 자연과학의 언어로서 매우 중요한 학문이라는 것은 누구나 인정하는 사실이지만 제가 갖고 있는 의문점에 대해 단지 "이공계에서 많이 쓰인다" 는 정도의 피상적인 대답 밖에 할 수 없었던 것이 저의 현실이었습니다. 실제로 "이 어려운 수학이 어디에 쓰일까?" 하는 의문을 갖는 것은 저 뿐만이 아니라고 생각하며 그 의문에 대한 답 또한 저와 비슷하리라 생각합니다.

몇 해 전까지 국내 수학의 흐름은 순수학문으로서의 수학만을 추구해왔던 것도 사실이고 그 후 몇 년간 많은 변화가 있었지만 그러한 흐름은 쉽게 변하지 않고 있습니다. 즉 응용을 위한 수학이 아니라 수학자를 위한 수학만을 해왔던 것 같은 생각이 듭니다. 하지만 시대는 "위대한 수학"의 실질적인 역할을 자꾸 요구하고 있습니다. 그래서 시대의 요구에 부응하여 수학이 새롭게 나아가고 있는 흐름 하나를 소개할까 합니다.

국내외의 경제 및 금융환경은 1970년 후부터 주가, 환율, 금리, 물가 등의 변동성의 증가하는 특성을 보이고 있고 이러한 것들이 경제주체들에게는 위험요소로 작용하여 이러한 위험의 효과적인 관리는 경제활동 못지 않게 중요한 것이 되고 있습니다. 그리고 위험관리의 효과적인 수단 중의 하나로 파생상품(Derivatives)을 적극적으로 활용하고 있습니다. 파생상품이란 상품의 가치가 기초자산(Underlying Asset)의 가치에 의존하는 금융상품을 말합니다. 파생상품에는 선도계약(Forward Contract), 선물계약(Futures Contract), 옵션(Option), 스왑(Swap) 등이 있으며 여기에서는 옵션에 대해 설명하고 수학이 옵션이란 파생상품에서 어떻게 쓰이는지 소개하겠습니다.

옵션이란 "선택권"이란 의미를 갖고 있으며, 어떤 상품이나 자산 등 재화

---

5) 이 글은 제주대학교 수학교육과 학생회에서 발간하는 **시그마지** 13호(2000년)에 기고한 내용입니다.

(기초물)을 일정한 기간(만기일)이 지난 후 일정한 가격(행사가격)으로 그 기초물을 사거나(콜옵션, Call Option) 팔 수 있는 권리(풋옵션, Put Option)를 말합니다. 권리를 행사하는 방법에 따라 만기일에만 권리를 행사할 수 있는 유럽식 옵션(European Option)과 만기일 전 아무 때나 권리를 행사할 수 있는 미국식 옵션(American Option)이 대표적입니다. 유럽식 콜옵션의 예를 들면, 현재 주가가 10,000원인 주식 1개(기초물)을 1년(만기일) 후에 12,000원(행사가격)에 살 수 있는 계약이 유럽식 콜옵션입니다. 팔 수 있는 계약이라면 풋옵션이라 합니다. 만일 주가가 얼마가 되든지 간에 12,000원에 반드시 사야한다면 선도계약(개인간의 거래) 또는 선물계약(공신력이 있는 기관에서 중개한 거래)이 되고 살 권리(선택권)를 가진다면 콜옵션이 되는 것이지요. 콜옵션은 살 권리이므로 만일 1년 후의 주가가 10,000원이라면 권리를 포기하면 되고(10,000원 하는 주식을 12,000원에 사기 위해 권리를 행사하는 바보는 없겠지요?), 만일 14,000원이라면 권리를 행사하여 2,000원의 이익을 남기게 됩니다. 즉 이러한 콜옵션을 보유함으로서 1년 후의 수익은

$$\max\{\ 1년후의\ 주가\ -\ 행사가격,\ 0\}$$

가 됩니다.

옵션은 돈을 주고 산 권리이기 때문에 하나의 금융상품이며 다른 사람에게 매도할 수 있습니다. 만일 옵션보유자가 옵션을 만기까지 보유하여 권리를 행사한다면 별 문제가 발생하지 않지만 만일 만기일 전에 다른 사람에게 옵션을 매도한다면 얼마에 팔 것인가 하는 "옵션가치평가의 문제"가 발생합니다. 이 문제에 대해 1973년 미국의 피셔 블랙(Fisher Black)과 마이런 숄즈(Myron Scholes)가 무배당 주식옵션의 가격결정이론을 수학적으로 모형화 하였으며 이 모형을 "블랙-숄즈의 옵션가격결정 모형"이라고 합니다. 블랙-숄즈의 옵션가격결정 모형은 거래비용이나 세금이 없고 무위험 금리로 차입이나 대출이 가능하며 자산은 무한정 분리가능하고 주가는 위너과정(Wiener Process)라는 확률과정(Stochastic)을 따른다는 등의 조금은 비현실적인 가정을 포함하고 있지만 이 모형을 발표하기 전까지 체계적인 옵션가치평가 이론이 없었기 때문에 금융계에 화제를 불러 일으켰으며 거래의 확대에 크게 기여하였고 현재도 옵션의 대표적인 평가식으로 널리 이용되고 있습니다. 이 모형에 대해 간단히

소개하겠습니다.

블랙과 숄즈는 무배당 주식과 해당 콜옵션을 적절히 결합시키면 무위험 투자를 할 수 있다는 점에 착안하여 행사가격이 K이고 만기가 T인 콜옵션의 가치는 다음 미분방정식을 만족한다는 것을 발견하였습니다.

$$\begin{cases} C_t + \dfrac{\sigma^2}{2} S^2 C_{SS} + rSC_S - rC = 0, \\ C(S_T, T) = (S_T - K)^+ = \max(S_T - K, 0). \end{cases}$$

여기서 S_t는 시간 $t(0 \le t \le T)$ 때 주가, $C = C(S_t, t)$는 시간 t 때 콜옵션의 가치, r은 무위험 금리, 그리고 σ는 주가의 변동성을 나타내며, 이 방정식을 "블랙-숄즈 미분방정식 (Black-Scholes Differential Equation)" 이라고 합니다. 이 방정식의 해는 열방정식 (Heat Equation) 관련지식을 이용하여 구하면 다음과 같습니다.

$$C(S, t; K, T; r, \sigma) = SN(d_1) - Ke^{-r(T-t)}N(d_2).$$

여기서

$$d_1 = \frac{1}{\sigma\sqrt{T-t}} \ln\left(\frac{S}{Ke^{-r(T-t)}}\right) + \frac{1}{2}\sigma\sqrt{T-t},$$

$$d_2 = d_1 - \sigma\sqrt{T-t}.$$

그리고

$$N(z) = \frac{1}{\sqrt{2\pi}} \int_{-\infty}^{z} e^{-\frac{y^2}{2}} dy.$$

블랙-숄즈 옵션가격결정 모형에는 옵션을 결정하는 현재가격, 행사가격, 주가의 분산(변동성), 잔존기간, 그리고 무위험 이자율을 모두 포함하고 있어 비현실적인 가정을 포함하고 있음에도 불구하고 가장 널리 쓰이고 있고 지금도 블랙-숄즈 모형의 비현실적인 가정을 수정하려는 노력이 계속되고 있습니다. 그리고 이 공식을 응용한 결과 옵션 및 다른 파생상품의 거래가 투자자에게 더욱 매력적인 투자대상이 됨으로서 파생상품의 거래가 활발히 이루어지고 있습니다. 숄즈와 머튼(블랙, 숄즈와 공동연구자)은 이 공로를 인정받아 1997

년에 노벨 경제학상을 수상하였습니다. 하지만 이 모형을 발견하는데 가장 큰 역할을 한 블랙은 1995년에 사망하여 사후에는 노벨상을 수여하지 않는다는 규정 때문에 상을 받지 못했습니다.

지금까지 제가 소개한 것은 주식옵션의 가치평가에서 이용되어진 수학입니다. 금융분야에서 수학은 옵션의 가치평가 뿐만 아니라 채권 수익성 구조의 연구, 파생상품의 개발 및 수익성 연구, 위험관리 등과 같은 금융의 여러 분야에서 쓰이고 있습니다.

이처럼 수학이 우리가 생각하지 못한 분야에서 중요하게 쓰이고 있음을 알았을 때 "이 어려운 수학을 왜 공부하고 있을까?" 하는 회의적인 의문에서 조금이라도 벗어날 수 있으리라 믿습니다.

제 5 장

다변수함수와 편미분

5.1 다변수함수와 연속

지금까지 다루었던 $y = f(x)$ 형태의 함수는 하나의 독립변수 x에 따라 함수값 y가 결정되며 이런 함수를 일변수함수라 한다. 만일 두 개 이상의 독립변수가 함수값을 결정하면 이 함수를 **다변수함수**라 한다.

정의 5.1

$D \subset \mathbb{R}^n (n \geq 2)$라 할 때

$$f : D \longrightarrow \mathbb{R}$$

형태의 함수를 다변수함수라 한다.

일반적으로 다변수함수란 변수가 두 개 이상인 함수를 말하지만 여기서는 변수가 두 개 또는 세 개인 경우로 한정한다. 즉, 다변수함수를 $z = f(x, y)$ 형태이거나 또는 $w = f(x, y, z)$ 형태의 함수로 한정한다.

예제 5.1 $z = f(x, y) = x^2 + y^2$이면 이 함수는 점 (x, y)를 실수 $z = x^2 + y^2$에 대응시키는 함수이다. (그림 5.1) ∎

예를 들면 $(1, 1)$은 $z = 1^2 + 1^2 = 2$에 대응하고 $(2, 3)$은 $z = 2^2 + 3^2 = 13$에 대응한다.

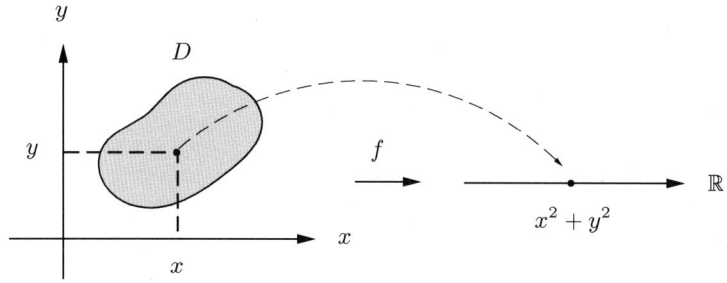

그림 5.1:

예제 **5.2** $w = f(x, y, z) = x^2 + y^2 + z^2$ 일 때 점 $(1, 2, 3)$에 대응하는 함수값은

$$f(1, 2, 3) = 1^2 + 2^2 + 3^2 = 14$$

이다. ∎

이변수함수의 그래프 D가 $\mathbb{R}^2$의 부분집합이고 f가 D에서 정의된 이변수함수라 할 때 다음 집합을 f의 **그래프** 또는 **곡면**이라 한다.

$$\{(x, y, z) : (x, y) \in D, z = f(x, y)\}.$$

그래프는 $\mathbb{R}^3$의 부분집합인데 곡선 $f(x, y) = c$(단 c는 상수)를 이용해서 다음과 같은 순서로 곡면의 모양을 어느 정도 추적할 수 있다. 곡선 $f(x, y) = c$를 c-**등위선**이라 한다.

1. 몇 가지 c에 대해 곡선 $f(x, y) = c$를 xy평면의 부분집합 D 위에 그린다.

2. 1에서 그린 곡선을 z축 방향으로 c만큼 평행이동한다.

3. 2에서 평행이동한 곡선을 서로 잇는다.

   예를 들어 $z = f(x, y) = x^2 + y^2$의 그래프를 위 순서대로 그려 보자.

1. $x^2 + y^2 = c$는 $c < 0$이면 만족하는 점이 없고 $c = 0$이면 원점, $c > 0$이면 중심이 원점인 원이다.

2. $x^2 + y^2 = c$가 원이면 이 원을 z축 방향으로 c만큼 평행이동한다.

3. 2에서 평행이동한 곡선을 서로 잇는다. (그림 5.2)

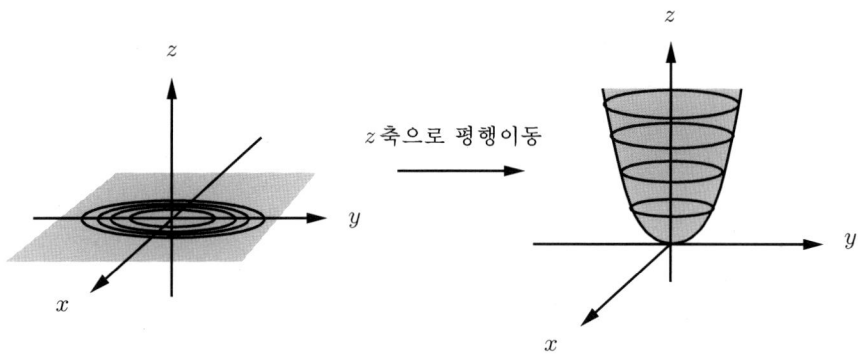

그림 5.2:

다변수함수의 극한과 연속 일변수함수에서 $\lim_{x \to a} f(x) = L$ 이라는 것은 x 가 a 로 한없이 가까이 갈 때, 가는 방법에 관계없이 $f(x)$ 가 일정한 값 L 로 한없이 가까이 감을 뜻한다. 그리고 만일 f 가 a 근방에서 정의되어 있고 x 가 한없이 a 로 가까이 갈 때, 가는 방법에 관계없이 $f(x)$ 가 L 로 한없이 가까이 가고, 이때 $L = f(a)$ 이면 f 는 $x = a$ 에서 **연속**이라 한다.

이와 같은 일변수함수에서 극한과 연속의 개념을 다변수함수로 확장할 수 있다.

정의 5.2

D 가 $\mathbb{R}^2$ 또는 $\mathbb{R}^3$ 의 부분집합이라 하자. 그리고 f 가 D 위에서 정의된 함수이고 $P \in D$ 라 하자. 만일 점 X 가 점 P 로 한없이 가까이 갈 때, 가는 방법에 관계없이 $f(X)$ 가 M 으로 한없이 가까이 가면

$$\lim_{X \to P} f(X) = M$$

으로 나타내고 M 을 P 에서 f 의 **극한값**이라 한다. 만일 $M = f(P)$ 이면 f 는 P 에서 **연속**이라 한다.

물론 정의 5.2는 직관적인 정의이다. 수학적으로 엄밀한 정의는 생략한다.

다변수함수에서도 일변수함수와 마찬가지로 $\lim_{X \to P} f(X) = M$ 이라는 것은 점 X 가 점 P 로 한없이 가까이 갈 때, 가는 방법에 관계없이 $f(X)$ 가 M 에 한없이 가까이 감을 뜻한다. 따라서 만일 점 X 가 점 P 로 한없이 가까이 가는데,

가는 방법을 달리할 때 $f(X)$가 다른 값으로 가까이 가면 $\lim\limits_{X \to P} f(X)$의 값이 존재하지 않는다.

(예제) 5.3 함수

$$f(x,y) = \begin{cases} \dfrac{xy}{x^2+y^2}, & (x,y) \neq (0,0), \\ 0, & (x,y) = (0,0) \end{cases}$$

은 $(0,0)$에서 극한값이 존재하지 않는다. 왜냐 하면 x축을 따라 $(x,y) \to (0,0)$이면 $f(x,y) \to 0$이고 직선 $y = x$를 따라 $(x,y) \to (0,0)$이면 $f(x,y) \to \dfrac{1}{2}$이기 때문이다. 뿐만 아니라 f는 $(0,0)$에서 연속이 아니다. ∎

(예제) 5.4 함수

$$f(x,y) = \begin{cases} \dfrac{xy}{\sqrt{x^2+y^2}}, & (x,y) \neq (0,0), \\ 0, & (x,y) = (0,0) \end{cases}$$

는 $(0,0)$에서 연속이다. 왜냐 하면 $|xy| \leq \dfrac{1}{2}(x^2+y^2)$이므로 $|f(x,y)| \leq \dfrac{1}{2}\sqrt{x^2+y^2}$이고, 따라서

$$\lim_{X \to (0,0)} f(x,y) = 0 = f(0,0).$$

따라서 이 경우 방법에 관계없이 $(x,y) \to (0,0)$이면 $f(x,y) \to 0 = f(0,0)$이다. ∎

.... **(연습문제) 5.1** ....

1. 다음 함수의 $-2, -1, 0, 1, 2$ 등위선을 그리고 그래프를 그려라.

(1) $f(x,y) = x^2 - y^2$ 　　　　　　　(2) $f(x,y) = xy$

2. 다음 함수의 $0 1, 2, 3$ 등위선을 그리고 그래프를 그려라.

(1) $f(x,y) = \sqrt{x^2+y^2}$ 　　　　　　(2) $f(x,y) = \sqrt{1-x^2-y^2}$

3. 다음 함수의 연속성을 조사하여라.

(1) $f(x, y) = \begin{cases} \dfrac{x^2 - y^2}{x^2 + y^2}, & (x, y) \neq (0, 0), \\ 0, & (x, y) = (0, 0). \end{cases}$

(2) $f(x, y) = \begin{cases} \dfrac{xy^2}{\sqrt{x^2 + y^4}}, & (x, y) \neq (0, 0), \\ 0, & (x, y) = (0, 0). \end{cases}$

5.2 편도함수

변수가 세 개 이상인 경우도 이변수함수와 비슷하므로 여기에서는 이변수함수에 대해서만 다루자.

편도함수 이변수함수 $z = f(x, y)$ 가 점 (x_0, y_0) 근방에서 정의되어 있을 때 다음과 같은 극한을 생각하자.

$$\lim_{\Delta x \to 0} \frac{f(x_0 + \Delta x, y_0) - f(x_0, y_0)}{\Delta x}. \tag{5.1}$$

이것은 $y = y_0$ 를 고정하고 x 의 변화만 보고 있다.

마찬가지로 다음 극한은 $x = x_0$ 를 고정하고 y 의 변화만을 보고 있다.

$$\lim_{\Delta y \to 0} \frac{f(x_0, y_0 + \Delta y) - f(x_0, y_0)}{\Delta y}. \tag{5.2}$$

식 (5.1)의 극한값이 존재하면 이 극한값을 점 (x_0, y_0) 에서 $f(x, y)$ 의 x 에 **대한 편미분계수**라 하고 $f_x(x_0, y_0)$ 또는 $\dfrac{\partial f}{\partial x}(x_0, y_0)$ 로 나타낸다. 즉,

$$f_x(x_0, y_0) = \frac{\partial f}{\partial x}(x_0, y_0) = \lim_{\Delta x \to 0} \frac{f(x_0 + \Delta x, y_0) - f(x_0, y_0)}{\Delta x}.$$

식 (5.2)의 극한값이 존재하면 이 극한값을 점 (x_0, y_0) 에서 $f(x, y)$ 의 y 에 **대한 편미분계수**라 하고 $f_y(x_0, y_0)$ 또는 $\dfrac{\partial f}{\partial y}(x_0, y_0)$ 로 나타낸다. 즉,

$$f_y(x_0, y_0) = \frac{\partial f}{\partial y}(x_0, y_0) = \lim_{\Delta y \to 0} \frac{f(x_0, y_0 + \Delta y) - f(x_0, y_0)}{\Delta y}.$$

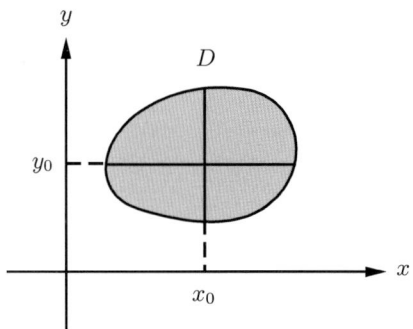

그림 5.3:

만일 f 가 $\mathbb{R}^2$ 의 부분집합 D 에서 정의되어 있고 D 의 모든 점 (x, y) 에서 x 와 y 에 대한 편미분계수가 존재하면 다음과 같은 함수를 생각할 수 있다.

$$f_x : \quad D \quad \longrightarrow \mathbb{R}, \qquad\qquad f_y : \quad D \quad \longrightarrow \mathbb{R}$$
$$(x, y) \quad \longmapsto f_x(x, y), \qquad\qquad (x, y) \quad \longmapsto f_y(x, y)$$

이때 f_x, f_y 를 각각 x 와 y 에 대한 $f(x, y)$ 의 **편도함수**라 한다. 그리고 f_x, f_y 를 각각 $\dfrac{\partial f}{\partial x}, \dfrac{\partial f}{\partial y}$ 로 나타내기도 한다.

예제 5.5 $f(x, y) = x^2 + y$ 라 할 때 $\dfrac{\partial f}{\partial x}, \dfrac{\partial f}{\partial y}$ 를 구하자.

$$\begin{aligned}
\frac{\partial f}{\partial x}(x, y) &= \lim_{\Delta x \to 0} \frac{f(x + \Delta x, y) - f(x, y)}{\Delta x} \\
&= \lim_{\Delta x \to 0} \frac{(x + \Delta x)^2 + y^2 - (x^2 + y^2)}{\Delta x} \\
&= \lim_{\Delta x \to 0} \frac{2x\Delta x + (\Delta x)^2}{\Delta x} = \lim_{\Delta x \to 0} (2x + \Delta x) = 2x.
\end{aligned}$$

비슷하게 계산하면 $\dfrac{\partial f}{\partial y}(x, y) = 1$ 이다. ∎

예제 5.5에서는 정의를 이용하여 $\dfrac{\partial f}{\partial x}, \dfrac{\partial f}{\partial y}$ 를 구한 것이다. 그러나 x 에 대한 편도함수 $\dfrac{\partial f}{\partial x}$ 의 정의를 살펴보면 y 를 고정하고 x 의 변화만 보고 있다. 즉, $\dfrac{\partial f}{\partial x}$ 를 구하는 과정은 y 의 변화가 없으므로 y 를 상수 취급하고 x 에 대해서 미분하여 구할 수도 있다. 예를 들어

$$\frac{\partial}{\partial x}(x^2 + y) = \frac{\partial}{\partial x}(x^2) + \frac{\partial}{\partial x}(y) = 2x + 0 = 2x.$$

비슷하게 y에 대한 편도함수 $\dfrac{\partial f}{\partial y}$를 구할 때도 x를 상수처럼 생각해서 y에 대한 미분만 생각하여 구할 수도 있다.

예제 5.6 $f(x,y) = x^2 + y + x^3 y^2$ 이라 할 때 $\dfrac{\partial f}{\partial x}, \dfrac{\partial f}{\partial y}$를 구하자.

y를 상수처럼 생각해서 x에 대해 미분하면

$$\frac{\partial f}{\partial x} = \frac{\partial}{\partial x}(x^2) + \frac{\partial}{\partial x}(y) + \frac{\partial}{\partial x}(x^3 y^2)$$
$$= 2x + 0 + 3x^2 y^2 = 2x + 3x^2 y^2.$$

비슷하게 y에 대한 편도함수를 구하면

$$\frac{\partial f}{\partial y} = 1 + 2x^3 y$$

이다. ∎

편미분의 기하학적 의미　　만일 $y = y_0$를 고정하고 x가 변하면 (x, y_0)는 선분 BC를 따라 움직이고 함수값은 곡선 AC를 따라 움직인다. (그림 5.4)

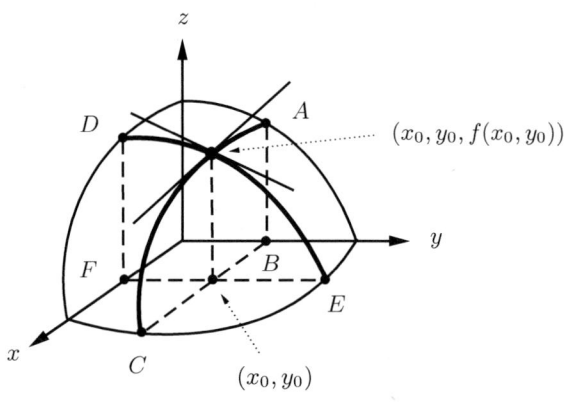

그림 5.4:

그러므로 $f_x(x_0, y_0)$는 점 (x_0, y_0)에서 x축 방향으로의 순간변화율이다. 즉, $f_x(x_0, y_0)$는 점이 곡선 AC를 따라 움직일 때 (x_0, y_0)에서 순간변화율이다. 이 부분만 따로 본다면 그림 5.5와 같다.

비슷하게 $f_y(x_0, y_0)$는 점 (x_0, y_0)에서 y축 방향으로 순간변화율임을 알 수 있다.

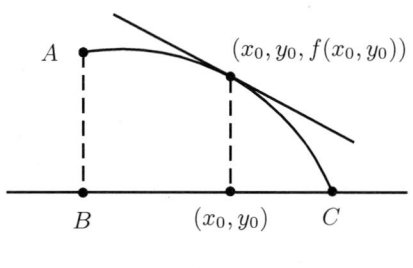

그림 5.5:

참고 $\mathbb{R}^n$의 한 점 $(a_1, a_2, \ldots, a_n)$의 어떤 근방에서 정의된 n변수함수 $y = f(x_1, x_2, \ldots, x_n)$에 대한 편도함수도 비슷하게 정의한다. 만일

$$\lim_{\Delta x_i \to 0} \frac{f(a_1, \ldots, a_{i-1}, a_i + \Delta x_i, a_{i+1}, \ldots, a_n) - f(a_1, a_2, \ldots, a_n)}{\Delta x_i}$$

의 극한값이 존재하면 이 극한값을 $(a_1, a_2, \ldots, a_n)$에서 함수 $f(x_1, x_2, \ldots, x_n)$의 **x_i에 대한 편미분계수**라 하고 $f_i(a_1, a_2, \ldots, a_n)$ 또는 $\frac{\partial f}{\partial x_i}(a_1, a_2, \ldots, a_n)$으로 나타낸다. 만일 f의 정의역의 모든 점에서 변수 x_i에 대한 편미분계수가 존재하면 x_i에 대한 편도함수도 이변수함수에서와 같은 방법으로 정의할 수 있다. ▌

예제 5.7 세변수함수

$$f(x, y, z) = x^2 + xy + y^3 z$$

에서 $\frac{\partial f}{\partial x}, \frac{\partial f}{\partial y}, \frac{\partial f}{\partial z}$를 구하여라.

풀이 $\frac{\partial f}{\partial x}$를 구하기 위해 변수 y, z를 상수처럼 생각해서 $f(x, y, z)$를 x에 대해 미분한다. 따라서

$$\frac{\partial f}{\partial x} = 2x + y.$$

나머지도 비슷한 방법으로 구하면

$$\frac{\partial f}{\partial y} = x + 3y^2 z, \qquad \frac{\partial f}{\partial z} = y^3$$

이다. ▌

고계편도함수　일변수함수에서 2계도함수, 3계도함수 등 고계도함수를 정의했던 것처럼 다변수함수에서도 고계편도함수를 정의할 수 있다. 즉, f 가 x, y 의 함수이고 함수 f_x, f_y 가 x 와 y 에 대한 편도함수를 가진다면

$$(f_x)_x, (f_x)_y, (f_y)_x, (f_y)_y$$

등을 얻을 수 있다. 이때 여기서 얻은 2계편도함수를 다음과 같이 나타낸다.

$$(f_x)_x = f_{xx} \quad \text{또는} \quad \frac{\partial^2 f}{\partial x^2},$$
$$(f_x)_y = f_{xy} \quad \text{또는} \quad \frac{\partial^2 f}{\partial y \partial x},$$
$$(f_y)_x = f_{yx} \quad \text{또는} \quad \frac{\partial^2 f}{\partial x \partial y},$$
$$(f_y)_y = f_{yy} \quad \text{또는} \quad \frac{\partial^2 f}{\partial x \partial y}.$$

일반적인 n 계편도함수도 비슷하게 정의한다. 예를 들어 2계편도함수 f_{xx} 가 y 에 대한 편도함수를 가진다면 3계편도함수

$$(f_{xx})_y = f_{xxy}$$

를 정의할 수 있다.

나머지 3계편도함수도 비슷한 방법으로 정의한다.

예제 5.8 $f(x, y) = \sin xy^2$ 의 모든 2계편도함수는 다음과 같다.

$$\frac{\partial f}{\partial x} = y^2 \cos xy^2, \quad \frac{\partial f}{\partial y} = 2xy \cos xy^2, \quad \frac{\partial^2 f}{\partial x^2} = -y^4 \sin xy^2,$$
$$\frac{\partial^2 f}{\partial x \partial y} = \frac{\partial^2 f}{\partial y \partial x} = 2y \cos xy^2 - 2xy^3 \sin xy^2,$$
$$\frac{\partial^2 f}{\partial y^2} = 2x \cos xy^2 - 4x^2 y^2 \sin xy^2. \blacksquare$$

참고 일반적으로 $f_{xy} \neq f_{yx}$ 이다. 예를 들면

$$f(x, y) = \begin{cases} \dfrac{x^3 y - xy^3}{x^2 + y^2}, & (x, y) \neq (0, 0) \\[2mm] 0, & (x, y) = (0, 0) \end{cases}$$

이면 $f_{xy}(0, 0) = -1$ 이고 $f_{yx}(0, 0) = 1$ 이다. 자세한 것은 연습문제로 남긴다.

그러나 f 가 이변수함수이고 C^2 함수이면 $f_{xy} = f_{yx}$ 가 성립한다. 여기서 f 가 C^2 함수이란 f 의 2계편도함수가 존재하고 2계편도함수가 연속인 함수이다. 이러한 성질이 일반적인 n 변수함수에서도 성립한다. 즉, n 변수함수가 C^2 함수이면 2계편미분은 순서에 영향을 받지 않는다.

일반적으로 n 변수함수가 C^k 함수이면 k 번 편미분할 때 편미분의 순서에 영향을 받지 않는다. ∎

·························· 연습문제 5.2 ··························

1. 다음 함수에서 각 변수에 대한 1계편도함수 및 2계편도함수를 구하여라.

   (1) $xy + z$ (2) $\sin xyz$ (3) $e^{-xy} \cos z$

   (4) $x^2 + y^2$ (5) $e^x \sin y$ (6) $\ln(x^2 + y^2)$

2. $f(x, y, z) = \sqrt{x^2 + y^2 + z^2}$ 에서 $\dfrac{\partial f}{\partial x}, \dfrac{\partial f}{\partial y}, \dfrac{\partial f}{\partial x}$ 를 구하여라.

3.
$$f(x, y) = \begin{cases} \dfrac{x^3 y - xy^3}{x^2 + y^2}, & (x, y) \neq (0, 0) \\[2mm] 0, & (x, y) = (0, 0) \end{cases}$$

   이면 $f_{xy}(0, 0) = -1$ 이고 $f_{yx}(0, 0) = 1$ 임을 보여라.

5.3 여러 가지 미분법

연쇄법칙   일변수함수에서 합성함수의 미분법, 즉 연쇄법칙은 다음과 같다.

$$\frac{d}{dx} f(g(x)) = f'(g(x)) \cdot g'(x).$$

이변수함수에서도 이와 비슷한 미분방법이 존재한다.

정리 5.3 (연쇄법칙)

(1) $z = f(x, y)$ 이고 $x = g(t), y = h(t)$ 이면

$$\frac{df}{dt} = \frac{\partial f}{\partial x}\frac{dg}{dt} + \frac{\partial f}{\partial y}\frac{dh}{dt}.$$

(2) $z = f(x, y)$ 이고 $x = g(u, v), y = h(u, v)$ 이면

$$\frac{\partial f}{\partial u} = \frac{\partial f}{\partial x}\frac{\partial g}{\partial u} + \frac{\partial f}{\partial y}\frac{\partial h}{\partial u},$$

$$\frac{\partial f}{\partial v} = \frac{\partial f}{\partial x}\frac{\partial g}{\partial v} + \frac{\partial f}{\partial y}\frac{\partial h}{\partial v}.$$

(1)에서 x 와 y 가 t 의 함수이므로 $f(x, y)$ 는 t 의 함수이다. f 를 t 에 대해 미분하기 위해서 $x = g(t), y = h(t)$ 를 $f(x, y)$ 에 대입한 다음 미분할 수 있지만 연쇄법칙을 이용하면 이러한 과정이 필요없다.

(2) 역시 이러한 면에서 효과적인 미분법이다.

예제 5.9 $f(x, y) = x^2 e^y, x = \sin t, y = t^3$ 일 때 $\dfrac{df}{dt}$ 를 구하여라.

풀이 $x = \sin t, y = t^3$ 을 $f(x, y)$ 에 대입하면

$$f(x, y) = \sin^2 t e^{t^3}.$$

따라서

$$\frac{df}{dt} = 2 \sin t \cos t e^{t^3} + 3t^2 \sin^2 t e^{t^3}.$$

만일 연쇄법칙을 이용하면

$$\frac{df}{dt} = \frac{\partial f}{\partial x}\frac{dx}{dt} + \frac{\partial f}{\partial y}\frac{dy}{dt}$$

$$= 2xe^y \cdot \cos t + x^2 e^y \cdot 3t^2 = 2 \sin t \cos t e^{t^3} + 3t^2 \sin^2 t e^{t^3}. \ \blacksquare$$

예제 5.10 $f(x, y) = x \ln y, x = u^2 + v^2, y = u^2 - v$ 일 때 $\dfrac{\partial f}{\partial u}, \dfrac{\partial f}{\partial v}$ 를 구하여라.

풀이 $x = u^2 + v^2$ 과 $y = u^2 - v$ 를 $f(x, y)$ 에 대입한 다음 $\dfrac{\partial f}{\partial u}, \dfrac{\partial f}{\partial v}$ 를 구하여도 되지만 연쇄법칙을 이용해서 구하자.

$$\frac{\partial f}{\partial u} = \frac{\partial f}{\partial x}\frac{\partial x}{\partial u} + \frac{\partial f}{\partial y}\frac{\partial y}{\partial u},$$

$$= \ln y \cdot 2u + \frac{x}{y} \cdot 2u = 2u\ln(u^2 - v^2) + 2u \cdot \frac{u^2 + v^2}{u^2 - v^2}$$

$$\frac{\partial f}{\partial v} = \frac{\partial f}{\partial x}\frac{\partial x}{\partial v} + \frac{\partial f}{\partial y}\frac{\partial y}{\partial v}$$

$$= \ln y \cdot 2v + \left(\frac{x}{y}\right)(-2v) = 2v\ln(u^2 - v^2) - 2v \cdot \frac{u^2 + v^2}{u^2 - v^2}$$

이다. ∎

수형도를 이용한 편미분 구하기 다변수함수의 연쇄법칙을 적용하는 과정을 변수 사이의 관계를 나타내는 수형도를 통하여 알아보자. 만일,

$$z = f(x, y), \quad x = g(u, v), \quad y = h(u, v)$$

이면 u, v, x, y, z 사이의 관계와 미분은 다음과 같다. (그림 5.6)

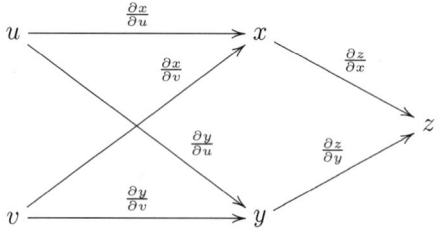

그림 5.6:

이 수형도를 가지고 다음과 같은 순서로 $\dfrac{\partial z}{\partial u}$ 를 구하면 된다.

1. u에서 z까지의 경로를 구한다. 여기서는 $u \longrightarrow x \longrightarrow z, u \longrightarrow y \longrightarrow z$ 이다.

2. 경로에 대응하는 편미분을 구하여 같은 경로에 있으면 오른쪽에 놓이는 편미분부터 차례로 곱한다. 예를 들면 경로 $u \longrightarrow x$ 에 대응하는 편미분을 $\dfrac{\partial x}{\partial u}$ 이고 경로 $x \longrightarrow z$ 에 대응하는 편미분은 $\dfrac{\partial z}{\partial x}$ 이며 오른쪽 것부터 곱하면 $\dfrac{\partial z}{\partial x}\dfrac{\partial x}{\partial u}$ 이다. 이것을 경로 $u \longrightarrow x \longrightarrow z$ 에 대응하는 편미분이라 하자. 같은 방법으로 경로 $u \longrightarrow y \longrightarrow z$ 에 대응하는 편미분은 $\dfrac{\partial z}{\partial y}\dfrac{\partial y}{\partial u}$ 이다.

3. 2에서 구한 각 경로에 대응하는 편미분을 모두 더하면 $\dfrac{\partial z}{\partial u}$ 가 된다. 즉,

$$\frac{\partial z}{\partial u} = \frac{\partial z}{\partial x}\frac{\partial x}{\partial u} + \frac{\partial z}{\partial y}\frac{\partial y}{\partial u}.$$

같은 방법을 이용하면 $\dfrac{\partial z}{\partial v}$ 도 구할 수 있다.

예제 5.11 $z = f(x, y, t), x = g(t), y = h(t)$ 에서 z, x, y, t의 관계를 나타내는 수형도를 그리고 $\dfrac{df}{dt}$ 를 구하여라.

풀이 관계를 나타내는 수형도와 경로에 대응하는 미분은 그림 5.7과 같다.

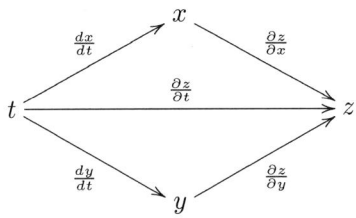

그림 5.7:

따라서

$$\frac{dz}{dt} = \frac{\partial z}{\partial x}\frac{dx}{dt} + \frac{\partial z}{\partial y}\frac{dz}{dt} + \frac{\partial z}{\partial t}$$

이다. ∎

그래디언트 벡터의 정의 및 기하학적 의미 그래디언트 벡터의 정의와 기하학적인 의미를 알아보자.

정의 5.4

$f(x, y)$ 가 점 (x_0, y_0)에서 편미분계수가 존재할 때

$$(f_x(x_0, y_0), f_y(x_0, y_0))$$

를 (x_0, y_0)에서 f의 **그래디언트벡터**라 하고 $\nabla f(x_0, y_0)$ 또는 $\mathrm{grad}f(x_0, y_0)$로 나타낸다.

그래디언트벡터의 기하학적 의미를 알아보자.

$f(x_0, y_0) = c$ 이고 $\nabla f(x_0, y_0) \neq 0$ 일 때 점 (x_0, y_0) 를 지나는 등위선은 $f(x, y)$ $= c$ 이다. 점 (x_0, y_0) 근방에서 등위선 $f(x, y) = c$ 가 $X(t) = (\alpha(t), \beta(t))$ (단 $X(t_0) = (x_0, y_0)$) 로 매개화되었다면 $f(\alpha(t), \beta(t)) = c$ 이다. 연쇄법칙을 이용해서 t 에 대해 미분하면

$$\left. \frac{d}{dt} f(\alpha(t), \beta(t)) \right|_{t=t_0} = \frac{\partial f}{\partial x}\frac{dx}{dt} + \frac{\partial f}{\partial y}\frac{dy}{dt} = \nabla f(x_0, y_0) \bullet (\alpha'(t_0), \beta'(t_0)) = 0.$$

$(\alpha'(t_0), \beta'(t_0))$ 는 곡선 $f(x, y) = c$ 위의 점 (x_0, y_0) 에서 이 곡선에 접하는 접벡터이므로 $\nabla f(x_0, y_0)$ 는 점 (x_0, y_0) 에서 곡선 $f(x, y) = c$ 에 수직인 벡터이다. (그림 5.8)

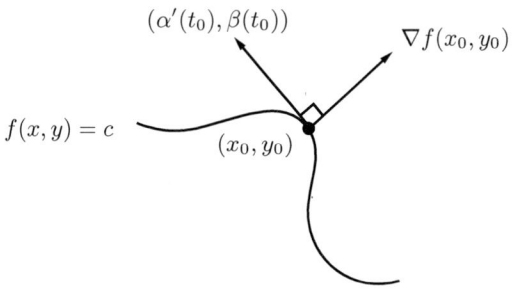

그림 5.8:

일반적으로 $(a_1, \ldots, a_n)$ 에서 $z = f(x_1, \ldots, x_n)$ 의 그래디언트 벡터

$$\nabla f(a_1, \ldots, a_n) = (f_1(a_1, \ldots, a_n), f_2(a_1, \ldots, a_n), \ldots, f_n(a_1, \ldots, a_n))$$

는 $z = f(x_1, x_2, \ldots, x_n)$ 의 c-등위면 $f(x_1, \ldots, x_n) = c$ 에 수직인 벡터이다. 여기서 $c = f(a_1, \ldots, a_n)$ 이다.

예제 5.12 곡선

$$x^3 + y^3 = 3xy$$

위의 점 $\left(\dfrac{3}{2}, \dfrac{3}{2} \right)$ 에서 이 곡선에 수직인 벡터를 구하여라.

풀이 $f(x, y) = x^3 + y^3 - 3xy$ 라 두면 곡선 $x^3 + y^3 = 3xy$ 는 f 의 0-등위선이므로 그래디언트 벡터

$$\nabla f\left(\frac{3}{2}, \frac{3}{2}\right) = \frac{9}{4}(1, 1)$$

은 이 곡선에 수직인 벡터이다. (그림 5.9) ∎

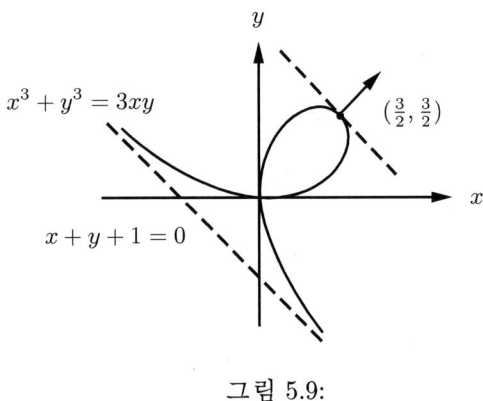

그림 5.9:

미분가능 일변수함수 $y = f(x)$ 가 $x = x_0$ 에서 미분가능하다는 것의 기하학적 의미는 (x_0, y_0) 에서 $y = f(x)$ 의 그래프에 접하는 접선의 존재한다는 것이었다. 그리고 접선의 방정식은

$$y = f'(x_0)(x - x_0) + y_0.$$

한편,

$$\lim_{x \to x_0} \frac{f(x) - f(x_0)}{x - x_0} = f'(x_0)$$

에서

$$\lim_{x \to x_0} \frac{f(x) - f(x_0) - f'(x_0)(x - x_0)}{x - x_0} = \lim_{x \to x_0} \frac{f(x) - [f'(x_0)(x - x_0) + y_0]}{x - x_0} = 0.$$

따라서 접선이 존재한다는 뜻은 $|x - x_0|$ 가 아주 작을 때 $f(x)$ 와 $f'(x_0)(x - x_0) + y_0$ 가 근사하다는 것이다. 즉, $x = x_0$ 에서 미분가능하다는 것은 x 가 x_0 에 가까운 값일 때

$$f(x) \approx f(x_0) + f'(x_0)(x - x_0).$$

비슷하게 이변수함수 $z = f(x, y)$가 점 (x_0, y_0)에서 미분가능하다는 것은 $z = f(x, y)$의 그래프 위의 점 $(x_0, y_0, f(x_0, y_0))$에서 접평면이 존재한다는 의미이다.

정의 5.5

이변수함수 $z = f(x, y)$가 점 (x_0, y_0)에서 $\nabla f(x_0, y_0)$가 존재하고

$$\lim_{\substack{h \to 0 \\ k \to 0}} \frac{f(x_0 + h, y_0 + k) - f(x_0, y_0) - \nabla f(x_0, y_0) \bullet (h, k)}{\sqrt{h^2 + k^2}} = 0$$

를 만족하면 f는 (x_0, y_0)에서 **미분가능**하다고 한다.

따라서 미분가능하다는 것은 아주 작은 $|h|, |k|$에 대해

$$f(x_0 + h, y_0 + k) - f(x_0, y_0) \approx \nabla f(x_0, y_0) \bullet (h, k) = \frac{\partial f}{\partial x}(x_0, y_0)h + \frac{\partial f}{\partial y}(x_0, y_0)k$$

를 의미한다.

편미분가능해도 미분가능하지 않을 수 있다. 예를 들어

$$f(x, y) = \begin{cases} \dfrac{x^2 y \sqrt{x^2 + y^2}}{x^4 + y^2}, & (x, y) \neq (0, 0), \\ 0, & (x, y) = (0, 0) \end{cases}$$

는 $(0, 0)$에서 편미분가능하지만 미분가능하지 않는 함수이다. 그러나 정의에서 미분가능하면 편미분가능하다.

한편, 편미분가능해도 연속이 아닐 수 있다. 예를 들어

$$f(x, y) = \begin{cases} 1, & xy \neq 0, \\ 0, & xy = 0 \end{cases}$$

는 $(0, 0)$에서 x, y에 대한 편미분이 존재하지만 연속이 아니다.

접평면의 방정식 $z = f(x, y)$가 점 (a, b)에서 미분가능할 때 점 $(a, b, f(a, b))$에서 곡면 $z = f(x, y)$에 접하는 접평면에 대해 알아보자.

$$w = F(x, y, z) = f(x, y) - z$$

이면 $z = f(x, y)$는 $w = F(x, y, z)$의 0-등위면이다. (그림 5.10) 따라서 $w =$

$F(x, y, z)$ 위의 점 $(a, b, f(a, b))$ 에서 $w = F(x, y, z)$ 의 그래디언트벡터

$$\nabla F(a, b) = (f_1(a, b), f_2(a, b), -1)$$

은 점 $(a, b, f(a, b))$ 에서 곡면 $z = f(x, y)$ 에 수직인 벡터이므로 접평면의 방정식은

$$(x - a, y - b, z - f(a, b)) \bullet (f_1(a, b), f_2(a, b), -1) = 0.$$

따라서 구하는 접평면의 방정식은

$$z = f(a, b) + f_1(a, b)(x - a) + f_2(a, b)(y - b).$$

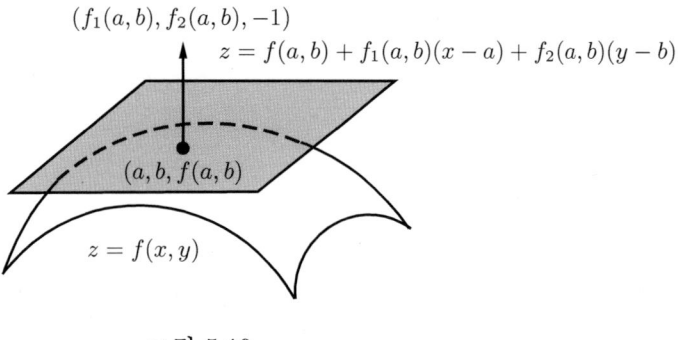

그림 5.10:

에제 5.13 회전포물면 $z = x^2 + y^2$ 위의 점 $(1, 2, 5)$ 에서 접평면의 방정식을 구하여라.

풀이 $F(x, y, z) = x^2 + y^2 - z$ 이면

$$\nabla F(1, 2, 5) = (2, 4, -1)$$

이므로 구하는 접평면의 방정식은

$$2(x - 1) + 4(y - 2) - (z - 5) = 0$$

이고, 이 식을 정리하면

$$2x + 4y - z = 5. \ \blacksquare$$

정의 5.6

$z = f(x, y)$가 x, y에 대한 편미분이 존재할 때

$$df = \frac{\partial f}{\partial x}dx + \frac{\partial f}{\partial y}dy$$

를 f의 **미분**(또는 **전미분**)이라 한다.

예제 5.14 이변수함수

$$f(x, y) = xy^2 + y\sin x$$

의 전미분은 df는

$$df = \frac{\partial f}{\partial x}dx + \frac{\partial f}{\partial y}dy = (y^2 + y\cos x)dx + (2xy + \sin x)dy$$

이다. ∎

연습문제 5.3

1. 다음 함수에서 x, y에 대한 편도함수를 구하여라.

    (1) $f(u, v) = ue^u - ve^v,\ u = xy, v = x^2 - y^2$

    (2) $f(u, v) = u\ln v,\ u = x\sin y + y\sin x, v = x\cos y + y\cos x$

2. 다음 주어진 $f(x, y)$와 점에서 그래디언트 벡터를 구하여라.

    (1) $f(x, y) = x^2 + y^2,\ (3, 4)$ (2) $f(x, y) = x^2 y^3,\ (1, 2)$

3. 다음 함수의 전미분 df를 구하여라.

    (1) $f(x, y) = x^2 y + xy^2$ (2) $f(x, y) = \sin(xy)$

4. $z = \sin(xy)$ 위의 점 $(1, \pi, 0)$에서 접평면의 방정식을 구하여라.

5.4 편미분의 응용

방향미분 방향미분을 정의하고 방향미분과 편미분의 관계를 알아보자.

$z = f(x, y)$가 점 $p = (a, b)$ 근방 U에서 정의되어 있고 $v = (\alpha, \beta) \neq (0, 0)$라 하자. 이때

$$\lim_{t \to 0} \frac{1}{t}\{f(p + tv) - f(p)\} = \lim_{t \to 0} \frac{f(a + t\alpha, b + t\beta) - f(a, b)}{t}$$

가 존재하면 $D_v f(p)$로 나타낸다. 즉,

$$D_v f(p) = \frac{d}{dt} f(p + tv) \bigg|_{t=0}.$$

정의 5.7

$v \neq (0, 0)$이면 $\dfrac{1}{|v|} D_v f(p)$를 점 p에서 f의 **v-방향미분**이라 한다. 만일 p의 근방 U의 모든 점 (x, y)에서 v-방향미분이 존재하면 $\dfrac{1}{|v|} D_v f(x, y)$를 U에서 f의 **v-방향도함수**라 한다.

$v = (\alpha, \beta)$일 때 다음을 벡터 v의 **크기**라 한다.

$$|v| = \sqrt{\alpha^2 + \beta^2}.$$

$|v| = 1$이라 하자. t가 아주 작을 때 $p + tv$는 점 p를 지나고 방향이 v인 직선 위의 점이고

$$\frac{f(p + tv) - f(p)}{t}$$

는 점 p에서 점 $p + tv$까지 v-방향으로 함수의 평균변화율이므로 $D_v f(p)$는 점 $p = (a, b)$에서 v-방향으로 f의 순간변화율이다. (그림 5.11) 특히 $v = (1, 0)$이면 $D_v f(p) = \dfrac{\partial f}{\partial x}(p)$, $v = (0, 1)$이면 $D_v f(p) = \dfrac{\partial f}{\partial y}(p)$임을 알 수 있다.

예제 5.15 $f(x, y) = x^2 + y^2$일 때 점 $p = (2, 1)$에서 $v = (-1, 1)$-방향미분을 구하라.

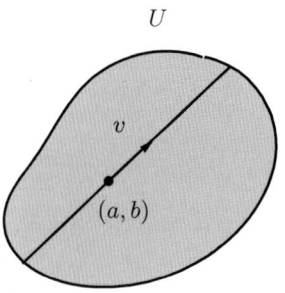

그림 5.11:

풀이

$$f(p + tv) = f(2 - t, 1 + t) = (2 - t)^2 + (1 + t)^2 = 2t^2 - 2t + 5.$$

따라서

$$D_v f(p) = \left. \frac{d}{dt} f(p + tv) \right|_{t=0} = -2.$$

$|v| = \sqrt{2}$ 이므로 v-방향미분은

$$\frac{1}{|v|} D_v f(p) = -\frac{2}{\sqrt{2}} = -\sqrt{2}. \quad \blacksquare$$

참고 영벡터가 아닌 두 벡터 $A = (a, b), B = (c, d)$ 에 대해

$$A \bullet B = (a, b) \bullet (c, d) = ac + bd$$

를 A와 B의 내적이라 한다. 만일 A와 B가 이루는 각을 θ라 하면

$$A \bullet B = |A||B| \cos \theta.$$

자세한 것은 제 7장을 참고하라. $\blacksquare$

정리 5.8

$z = f(x, y)$ 가 (a, b) 근방에서 정의되어 있고 (a, b) 에서 모든 방향미분이 존재하면 임의의 영벡터가 아닌 벡터 v에 대해

$$D_v f(p) = \nabla f(p) \bullet v.$$

따라서 정리 5.8에 의하면 p점에서 f의 v-방향미분은 p점에서 그래디언트 벡터 $\nabla f(p)$와 $\dfrac{v}{|v|}$의 내적으로 주어진다. 예를 들어 예제 5.15에서

$$\frac{\partial f}{\partial x} = 2x, \quad \frac{\partial f}{\partial y} = 2y$$

이므로

$$D_v f(p) = \nabla f(p) \bullet v = (4, 2) \bullet (-1, 1) = -2.$$

따라서 v-방향미분은

$$\frac{1}{|v|} D_v f(p) = \frac{-2}{\sqrt{2}} = -\sqrt{2}.$$

참고 점 p에서 f의 모든 방향미분이 존재하면

$$D_v f(p) = \nabla f(p) \bullet v \quad (v \neq (0, 0))$$

를 만족하므로 θ가 두 벡터 $\nabla f(p)$와 v가 이루는 각이면 f의 v-방향미분은

$$\frac{1}{|v|} D_v f(p) = \frac{1}{|v|} \nabla f(p) \bullet v$$
$$= \frac{1}{|v|} |\nabla f(p)||v| \cos\theta = \left|\nabla f(p)\right| \cos\theta.$$

따라서 점 p에서 f의 방향미분이 최대가 되는 방향은 $\cos\theta = 1$일 때, 즉 $\theta = 0$일 때이고 최소가 되는 방향은 $\cos\theta = -1$일 때, 즉 $\theta = 180°$일 때이다. 따라서 f의 방향미분이 최대가 되는 방향은 그래디언트 방향이며 최소가 되는 방향은 그래디언트 반대 방향이다. ∎

테일러 정리 만일 $y = f(x)$가 a를 포함하는 폐구간 I에서 C^{n+1} 함수이면 $x \in I$에 대해

$$f(x) = f(a) + f'(a)(x - a) + \cdots + \frac{f^{(n)}(a)}{n!}(x - a)^n + R_{n+1}(x)$$

로 나타낼 수 있다. 이것은 일변수함수에서 테일러 정리이다.

이와 비슷하게 이변수함수에서 테일러 정리에 대해 알아 보자.

정리 5.9 (테일러 정리)

f가 열린집합 U에서 C^{n+1} 함수라 하고 $(a,b) \in U$라 하자. 이때 (a,b)와 $(x,y) \in U$를 잇는 선분사이에 (α, β)가 존재해서 다음이 성립한다.

$$f(x,y) = Q_0 + Q_1(x,y) + \frac{1}{2!}Q_2(x,y) + \cdots + \frac{1}{n!}Q_n(x,y) + R(x,y)$$

여기서

$$Q_k(x,y) = \sum_{i=0}^{k} \binom{k}{i} \frac{\partial f^k}{\partial x^{k-i} \partial y^i}(a,b)(x-a)^{k-i}(y-b)^i \quad (k=0,1,\ldots,n)$$

$$R(x,y) = \frac{1}{(n+1)!} \sum_{i+j=n+1} \frac{\partial^{n+1} f}{\partial x^i \partial y^j}(\alpha, \beta)(x-a)^i(y-b)^j$$

이때 처음 $n+1$개의 항

$$Q_0(x,y) + Q_1(x,y) + \frac{1}{2!}Q_2(x,y) + \cdots + \frac{1}{n!}Q_n(x,y)$$
$$= f(a,b) + \left(\frac{\partial f}{\partial x}(a,b)(x-a) + \frac{\partial f}{\partial y}(a,b)(y-b) \right) + \frac{1}{2!}\left(\frac{\partial^2 f}{\partial x^2}(a,b)(x-a)^2 \right.$$
$$\left. + 2\frac{\partial^2 f}{\partial x \partial y}(a,b)(x-a)(y-b) + \frac{\partial^2 f}{\partial y^2}(a,b)(y-b)^2 \right) + \cdots + \frac{1}{n!}\left(\frac{\partial^n f}{\partial x^n}(a,b) \right.$$
$$\left. (x-a)^n + \frac{\partial^{n-1} f}{\partial x^{n-1} \partial y}(a,b)(x-a)^{n-1}(y-b) + \cdots + \frac{\partial^n f}{\partial y^n}(a,b)(y-b)^n \right)$$

을 점 (a,b)에서 f의 **테일러 n차 다항식**이라 한다.

예제 5.16 $f(x,y) = e^x \sin y$의 $(0,0)$에서 테일러 2차 다항식을 구하자.

$$f(0,0) = 0, \quad \frac{\partial f}{\partial x}(0,0) = 0, \quad \frac{\partial f}{\partial y}(0,0) = 1,$$
$$\frac{\partial^2 f}{\partial x^2}(0,0) = 0, \quad \frac{\partial^2 f}{\partial x \partial y}(0,0) = 1, \quad \frac{\partial^2 f}{\partial y^2}(0,0) = 0$$

이므로 구하는 테일러 2차 다항식은 $y + xy$이다. ∎

임계점 분류   미분가능한 일변수함수 $y = f(x)$에서 f가 a에서 미분가능하지 않거나 또는 $f'(a) = 0$이면 a를 f의 **임계점**이라 한다.

이변수함수에서 임계점도 비슷하게 정의한다.

정의 5.10

$z = f(x, y)$가 (a, b)를 포함하는 열린집합 U에서 정의되었을 때 f가 (a, b)에서 x 또는 y에 대한 편미분이 존재하지 않거나 또는

$$\frac{\partial f}{\partial x}(a, b) = \frac{\partial f}{\partial y}(a, b) = 0$$

이면 점 (a, b)를 f의 **임계점**이라 한다.

예제 5.17 $f(x, y) = x^2 + y^2$에서

$$\frac{\partial f}{\partial x}(0, 0) = \frac{\partial f}{\partial y}(0, 0) = 0$$

이므로 $(0, 0)$은 f의 임계점이다. ∎

일변수함수에서 임계점이 반드시 극점이 되지 않는다. 이변수함수에도 마찬가지다. 임계점은 극대점, 극소점, 안점으로 분류한다. 그림 5.12는 임계점 주변에서 곡면의 모양을 그린 것이다.

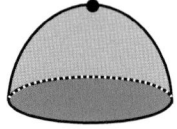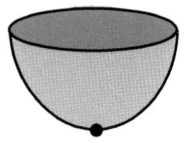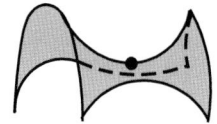

그림 5.12:

다음은 임계점을 분류하는 판정법이다.

정리 5.11

$z = f(x, y)$가 점 (a, b) 근방에서 정의되어있는 C^2 함수라 하고 (a, b)가 $z = f(x, y)$의 임계점이라 하자. 그리고

$$A = \frac{\partial^2 f}{\partial x^2}(a, b), \quad B = \frac{\partial^2 f}{\partial x \partial y}(a, b), \quad C = \frac{\partial^2 f}{\partial y^2}(a, b), \quad \Delta = AC - B^2$$

이라 하자. 이때 다음이 성립한다.

(1) $\Delta > 0$일 때 $A > 0$이면 (a, b)는 극소점; $A < 0$이면 (a, b)는 극대점.

(2) $\Delta < 0$이면 (a, b)는 안점.

(3) $\Delta = 0$이면 이 방법으로 판정할 수 없다.

C^2 함수 $z = f(x, y)$에 대해 다음 행렬

$$H_f(x, y) = \begin{pmatrix} \dfrac{\partial^2 f}{\partial x^2} & \dfrac{\partial^2 f}{\partial x \partial y} \\ \dfrac{\partial^2 f}{\partial x \partial y} & \dfrac{\partial^2 f}{\partial y^2} \end{pmatrix}$$

을 f의 **헤세행렬**이라 한다.

정리 5.11에서 Δ는 헤세행렬 $H_f(a, b)$의 행렬식이다. 따라서 정리 5.11는 점 (a, b)에서 헤세행렬 $H_f(a, b)$의 행렬식 Δ와 $(1, 1)$ 성분 $A = \dfrac{\partial^2 f}{\partial x^2}(a, b)$의 부호를 이용해서 임계점을 분류할 수 있음을 보여준다. 만일 $\Delta = 0$이면 다른 방법을 이용해야한다.

예제 5.18 함수 $f(x, y) = x^4 + y^4 - x^2 - y^2 + 1$의 임계점을 구하고 임계점을 극대점, 극소점, 안점으로 분류하자.

$$\frac{\partial f}{\partial x} = 4x^3 - 2x = 0, \frac{\partial f}{\partial y} = 4y^3 - 2y = 0$$

이므로 임계점을 구하면

$$(0, 0), \quad \left(\pm \frac{1}{\sqrt{2}}, \pm \frac{1}{\sqrt{2}} \right), \left(0, \pm \frac{1}{\sqrt{2}} \right), \left(\pm \frac{1}{\sqrt{2}}, 0 \right).$$

그리고

$$\frac{\partial^2 f}{\partial x^2} = 12x^2 - 2, \quad \frac{\partial^2 f}{\partial x \partial y} = 0, \quad \frac{\partial^2 f}{\partial y^2} = 12y^2 - 2$$

에서

임계점	A	B	C	Δ	
$(0, 0)$	-2	0	-2	4	극대
$\left(\pm \dfrac{1}{\sqrt{2}}, \pm \dfrac{1}{\sqrt{2}} \right)$	4	0	4	16	극소
$\left(0, \pm \dfrac{1}{\sqrt{2}} \right)$	-2	0	4	-8	안점
$\left(\pm \dfrac{1}{\sqrt{2}}, 0 \right)$	4	0	-2	-8	안점

을 얻는다. ∎

1. 다음 함수의 점 P에서 v-방향미분을 구하여라.

(1) $f(x, y) = x^2 + y^2$, $P = (-1, 3)$, $v = (1, 2)$

(2) $f(x, y) = e^x \sin y$, $P = \left(0, \dfrac{\pi}{4}\right)$, $v = (2, 1)$

(3) $f(x, y) = \ln(x^2 + y^2)$, $P = (1, 1)$, $v = (2, 1)$

2. 다음 함수에 대하여 $(0, 0)$에서 테일러 2차 다항식을 구하여라.

(1) $\sin xy$ (2) e^{x+y} (3) $\ln(1 + xy)$

3. 다음의 2차 근사값을 구하고 오차한계를 구하여라.

(1) $(1.02)^{1.01}$ (2) $(0.99)^{0.99}$

4. 다음 함수들의 극대점, 극소점 또는 안점을 구하여라.

(1) $f(x, y) = x^2 + 2xy + 2y^2 + 4x$ (2) $f(x, y) = x^2 - xy + y^4$

(3) $f(x, y) = x^3 - y^3 + 3x^2 + 3y^2 - 9x$

제 6 장

다중적분

6.1 이중적분과 반복적분

이중적분 $z = f(x, y)(z \geq 0)$ 가 평면 위의 직사각형 $R = [a, b] \times [c, d]$ 에서 정의된 유계인 함수라 하자. (그림 6.1)

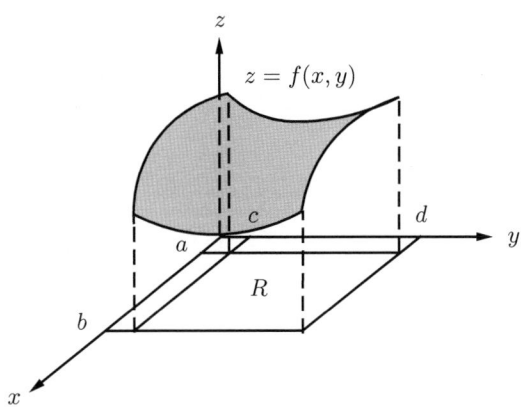

그림 6.1:

곡면 $z = f(x, y)$ 와 직사각형 R 로 둘러싸인 부분의 부피를 구하여 보자.

$$\{x_0, x_1, \ldots, x_n\}(a = x_0 < x_1 < \cdots < x_n = b)$$

가 $[a, b]$ 의 분할이고

$$\{y_0, y_1, y_2, \ldots, y_n\}(c = y_0 < y_1 < \cdots < y_n = d)$$

가 $[c, d]$의 분할이면 이 두 개의 분할을 이용해서 직사각형 R을 $n \times m$개의 작은 직사각형

$$P = \big\{ R_{ij} : R_{ij} = [x_{i-1}, x_i] \times [y_{j-1}, y_j] \ (1 \le i \le n, 1 \le j \le m) \big\}$$

으로 나눌 수있다. 이것을 직사각형 R의 **분할**이라 한다. (그림 6.2) 이때 R_{ij}의 면적은 $(x_i - x_{i-1}) \times (y_j - y_{j-1})$이다.

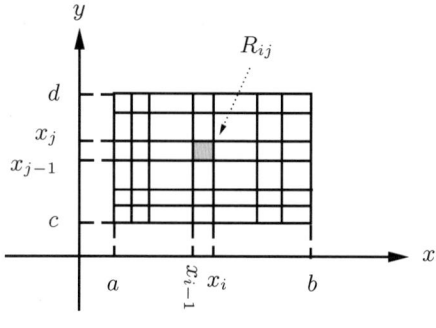

그림 6.2:

밑변이 R_{ij}이고 곡면 $z = f(x, y)$의 아래쪽에서 접하는 직육면체들의 부피의 합은

$$L(P, f) = \sum_{i, j} \inf_{(x, y) \in R_{ij}} f(x, y) \cdot \mathrm{Vol}(R_{ij}) \quad (\text{단, } \mathrm{Vol}(R_{ij}) = R_{ij} \text{의 면적}).$$

$L(P, f)$을 분할 P에 대한 f의 **하합**이라 한다. (그림 6.3)

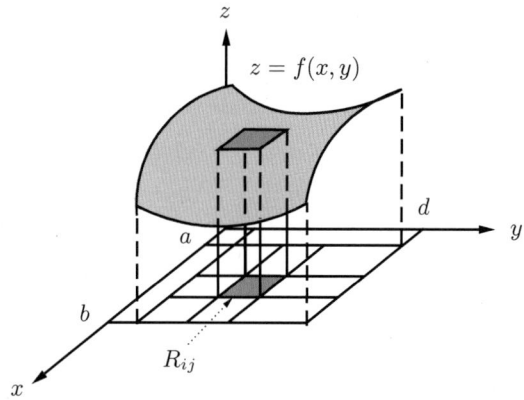

그림 6.3:

비슷하게 밑변이 R_{ij}이고 곡면 $z = f(x,y)$의 위쪽에서 접하는 직육면체들의 부피의 합은

$$U(P, f) = \sum_{i,j} \sup_{(x,y) \in R_{ij}} f(x,y) \cdot \text{Vol}(R_{ij})$$

로 나타낼 수 있다. $U(P,f)$을 분할 P에 대한 f의 **상합**이라 한다.

이때, S가 구하고자 하는 부피이면

$$L(P, f) \leq S \leq U(P, f)$$

가 항상 성립한다.

$z = f(x,y)$가 R에서 유계이므로

$$\mathcal{U} = \{U(P,f)|\ P \text{는 } R\text{의 분할}\}, \quad \mathcal{L} = \{L(P,f)|\ P \text{는 } R\text{의 분할}\}$$

는 공집합이 아닌 유계집합이다. 따라서 최소상계공리에 의해 $\mathcal{L}$의 상한 $L(f)$와 $\mathcal{U}$의 하한 $U(f)$가 존재한다. 이때

$$L(f) = \underline{\iint_R f}$$

를 f의 **하적분**이라 하고

$$U(f) = \overline{\iint_R f}$$

를 f의 **상적분**이라 한다. 만일 $L(f) = U(f)$이면 이 값이 구하고자 하는 부피가 될 것이다.

정의 6.1

$L(f) = U(f)$이면 f는 R에서 **적분가능**하다고 하고 이 값을 f의 **이중적분**이라 부르며 다음과 같이 나타낸다.

$$\iint_R f \quad \text{또는} \quad \iint_R f(x,y)dV.$$

정의 6.1은 $f(x,y)$의 정의역이 직사각형인 경우에 대한 것이다. 정의역 D가 직사각형이 아닌 경우 이중적분은 다음과 같이 정의한다.

R은 D를 포함하는 임의의 직사각형이고 함수 $F(x, y)$는 다음과 같이 정의하자.

$$F(x, y) = \begin{cases} f(x, y), & (x, y) \in D, \\ 0, & (x, y) \in R - D. \end{cases}$$

이때 $F(x, y)$를 함수 $f(x, y)$의 R로의 **자명한 확장**이라 부른다.

한편 $f(x, y)$가 D에서 유계이므로 $F(x, y)$는 R에서 유계이다. 따라서 $F(x, y)$의 이중적분을 정의할 수 있다. 이때 $f(x, y)$의 D에서 이중적분을 다음과 같이 정의한다.

정의 6.2

$f(x, y)$가 집합 D에서 유계인 함수이고 R은 D를 포함하는 직사각형이라 하자. 이때 f의 이중적분을 (만일 존재하면) 다음과 같이 정의한다.

$$\iint_D f(x, y) dV = \iint_R F(x, y) dV.$$

여기서 $F(x, y)$는 $f(x, y)$의 자명한 확장이다.

참고 영역 D의 면적을 이중적분을 이용하여 나타내면

$$\text{영역 } D \text{의 면적} = \iint_D dV. \ \blacksquare$$

이중적분의 기본성질 이중적분은 다음과 같은 기본적인 성질을 갖는다.

정리 6.3 (이중적분의 기본성질)

f와 g가 영역 D에서 적분가능한 유계함수라 하자.

1. $\displaystyle\iint_D (f + g) dV = \iint_D f dV + \iint_D g dV.$

2. 상수 α에 대해 $\displaystyle\iint_D \alpha f dV = \alpha \iint_D f dV.$

3. 만일 $f \leq g$이면 $\displaystyle\iint_D f dV \leq \iint_D g dV.$

4. $D = A \cup B, A \cap B = \emptyset$이면 $\displaystyle\iint_D f dV = \iint_A f dV + \iint_B g dV.$

정리 6.3의 자세한 증명은 참고문헌 [1], [3]을 참고하라.

어떤 영역에서 정의된 이변수함수 $f(x, y)$의 이중적분을 정의하였고 이중적분의 성질을 알아보았다. 이중적분의 계산을 좀 더 쉽게 하려면 이중적분의 성질을 잘 이용해야한다. 만일 정의에 따라 이중적분을 구하려면 상당히 복잡한 계산을 해야한다. 그러나 이중적분을 구하기 위해 매번 복잡한 계산을 할 필요는 없다. 경우에 따라서 일변수함수에서 정적분을 구하기 위하여 부정적분을 이용하 듯이 이중적분에서도 이와 비슷한 계산 방법이 존재하는데 그 방법에 대해 알아보자.

반복적분 $f(x, y)$를 직사각형

$$R = \{(x, y) : a \leq x \leq b, c \leq y \leq d\}$$

에서 정의된 유계인 함수라 하자. $f_x(y)$를 $f(x, y)$에서 a와 b 사이의 x를 고정한 y만의 함수라 하자. $f_x(y)$가 y에 대해 적분가능하면

$$\varphi(x) = \int_c^d f_x(y) dy$$

가 존재한다. 만일 $\varphi(x)$가 x에 대해 적분가능하면

$$\int_a^b \varphi(x) dx = \int_a^b \left[\int_c^d f_x(y) dy \right] dx$$

가 존재한다. 이것을

$$\int_a^b \int_c^d f(x, y) dy dx$$

로 나타낸다.

이와 비슷하게 x와 y의 순서를 바꾸면 다음 값을 정의할 수 있다.

$$\int_c^d \int_a^b f(x, y) dx dy$$

위 두 적분을 f의 **반복적분**이라 한다.

예제 **6.1** $f(x,y) = xy$ 일 때 다음을 구하여라.

$$\int_0^1 \int_0^1 f(x,y)dydx, \quad \int_0^1 \int_0^1 f(x,y)dxdy.$$

풀이

$$\int_0^1 \int_0^1 f(x,y)dydx = \int_0^1 \left[\int_0^1 xydy \right] dx$$
$$= \int_0^1 \left[\frac{xy^2}{2} \right]_0^1 dx$$
$$= \int_0^1 \frac{1}{2}xdx = \left[\frac{x^2}{4} \right]_0^1 = \frac{1}{4}.$$

비슷하게 구해보면

$$\int_0^1 \int_0^1 f(x,y)dxdy = \frac{1}{4}. \blacksquare$$

참고 예제 6.1에 정의된 두 개의 반복적분은 적분하는 순서를 바꾼 것인데 결과는 같다. 그러나 일반적으로 적분하는 순서를 다르게 하면 적분값이 다르다. 즉, 일반적으로

$$\int_a^b \int_c^d f(x,y)dydx \neq \int_c^d \int_a^b f(x,y)dxdy$$

이다. $\blacksquare$

그러나 $f(x,y)$ 가 적당한 조건을 만족하면 두 적분값은 같다. 자세한 것은 나중에 다시 언급하기로 하고 반복적분의 기하학적 의미에 대해 알아보자.

반복적분의 기하학적 의미 그림 6.4을 이용해서 반복적분의 기하학적 의미를 간단히 설명하자. $f(x,y) \geq 0$ 일 때 곡면 $z = f(x,y)$ 와 직사각형 $R = [a,b] \times [c,d]$ 로 둘러싸인 부분의 부피를 구하기 위해 yz 평면과 평행한 평면으로 곡면 $z = f(x,y)$ 와 사각형 R 로 둘러 싸인 입체를 자른 단면

$$\varphi(x) = \int_c^d f(x,y)dy$$

를 구한 다음 $\varphi(x)$를 a에서 b까지 적분해주면 된다. 이러한 방법으로 입체의 체적을 구하는 원리를 **카발리에리**(Cavalieri) **원리**라 한다. 이것이 반복적분

$$\int_a^b \int_c^d f(x,y)dydx$$

의 기하학적 의미이다.

이 과정의 순서를 바꾸면 다른 반복적분의 기하학적 의미를 설명할 수 있다.

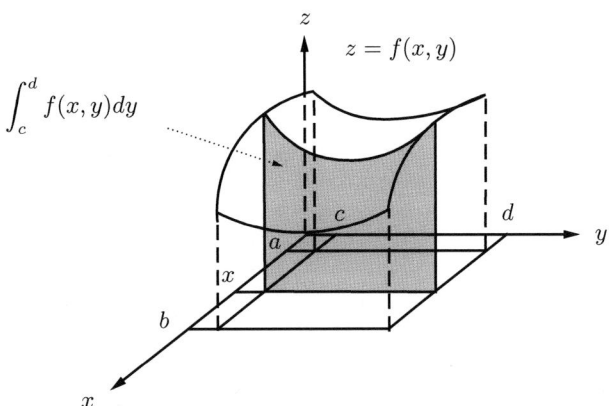

그림 6.4:

푸비니 정리　　일변수함수의 적분에서 어떤 적분값을 구하기 위해 적분의 정의를 이용하지 않고 부정적분을 이용한 미분적분학의 기본정리를 이용하는 것처럼 이중적분값을 구하기 위해 이와 비슷한 정리를 이용할 수 있다. 이것이 **푸비니** (Fubini) **정리**이다.

정리 6.4 (푸비니 정리)

함수 $f(x,y)$가 직사각형 $R = [a,b] \times [c,d]$에서 적분가능하고 각 x에 대해 $f_x(y)$(각 y에 대해 $f_y(x)$)가 적분가능하면

$$\varphi(x) = \int_c^d f_x(y)dy \left(\phi(y) = \int_a^b f_y(x)dx \right)$$

는 $[a,b]([c,d])$에서 적분가능하고

$$\iint_R fdV = \int_a^b \int_c^d f(x,y)dydx \left(= \int_c^d \int_a^b f(x,y)dxdy \right).$$

따라서 f 가 푸비니 정리의 조건을 만족하면 이중적분 $\iint_R fdV$ 를 구하기 위해 f 의 상적분 또는 하적분을 구하는 것 대신 반복적분의 값을 구하면 된다. 그리고 $f_x(y)$ 와 $f_y(x)$ 가 각각 x, y 에 대해 적분가능하면 반복적분은 적분순서에 관계없으며

$$\iint_R fdV = \int_a^b \int_c^d f(x,y)dydx = \int_c^d \int_a^b f(x,y)dxdy.$$

특히, 연속함수는 푸비니정리의 조건을 만족하므로 이중적분을 구하기 위해 반복적분을 이용할 수 있으며, 이때 반복적분의 값은 적분순서에 관계없다.

반복적분도 중적분과 마찬가지로 직사각형이 아닌 영역에서는 영역을 포함하는 직사각형에서 자명한 확장함수를 이용해서 정의하지만 자세한 것은 생략하기로 하고 몇 가지 특수한 형태의 영역에서 반복적분을 계산하는 방법에 대해 알아보자.

$f(x,y)$ 가 각 주어진 영역에서 연속함수(또는 푸비니 정리를 만족하는 함수)라 하자.

1 **직사각형 $R = [a,b] \times [c,d]$ 에서 중적분.** (그림 6.5)

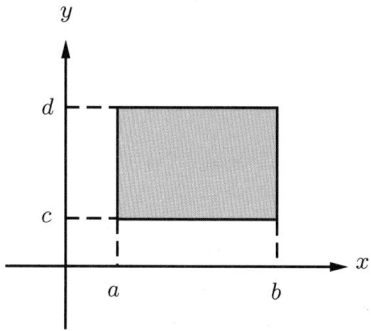

그림 6.5:

$$\iint_R fdV = \int_a^b \int_c^d f(x,y)dydx = \int_c^d \int_a^b f(x,y)dxdy.$$

2 **영역 $D = \{(x,y) : a \le x \le b, g(x) \le y \le h(x)\}$ 에서 중적분.** (그림 6.6)

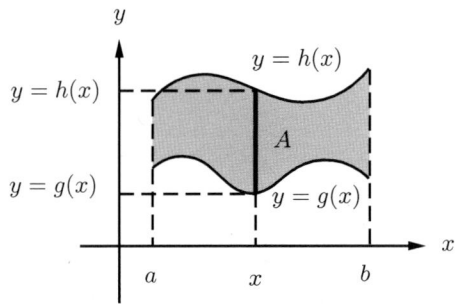

그림 6.6:

a와 b 사이의 x를 고정하면 $g(x) \le y \le h(x)$ 이고

$$\varphi(x) = \int_{g(x)}^{h(x)} f(x,y)dy$$

는 선분 A 위에 만들어지는 단면의 면적이다. 따라서

$$\iint_D f(x,y)dV = \int_a^b \left[\int_{g(x)}^{h(x)} f(x,y)dy \right] dx.$$

3 영역 $D = \{(x,y) : g(y) \le x \le h(y), c \le y \le d\}$에서 중적분. (그림 6.7)

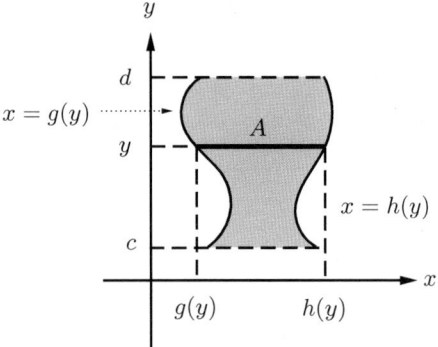

그림 6.7:

c와 d 사이에 y를 고정하면 $g(y) \le x \le h(y)$ 이고

$$\psi(y) = \int_{g(y)}^{h(y)} f(x,y)dx$$

는 선분 A 위에 만들어지는 단면의 면적이다. 따라서

$$\iint_D f(x,y)dV = \int_c^d \int_{g(y)}^{h(y)} f(x,y)dxdy.$$

예제 6.2 $R = [0,1] \times [0,1]$ 에서 $f(x,y) = xy^2$ 의 이중적분 $\iint_R fdV$ 를 구하여라.

풀이 각 x에 대해 $f_x(y) = xy^2$ 이 $[0,1]$에서 적분가능하고

$$\varphi(x) = \int_0^1 f_x(y)dy = \int_0^1 xy^2 dy = \frac{1}{3}x$$

가 $[0,1]$에서 적분가능하므로

$$\iint_R fdV = \int_0^1 \int_0^1 f(x,y)dydx$$
$$= \int_0^1 \frac{1}{3}x dx = \frac{1}{6}. \blacksquare$$

예제 6.3 직선 $y = x$와 포물선 $y = x^2$ 으로 둘러싸인 부분 D에서 함수 $f(x,y) = x^2 + y^2$ 의 적분을 구하여라. (그림 6.8)

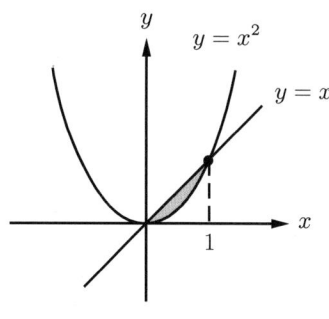

그림 6.8:

풀이

$$\iint_D (x^2 + y^2)dV = \int_0^1 \int_{x^2}^x (x^2 + y^2)dydx$$
$$= \int_0^1 \left[x^2 y + \frac{y^3}{3} \right]_{x^2}^x dx$$
$$= \int_0^1 \left(\frac{4}{3}x^3 - x^4 - \frac{1}{3}x^6 \right) dx = \frac{3}{35}. \blacksquare$$

예제 **6.4** 세 직선

$$y = 0, y = x, x + y = 2$$

로 둘러싸인 삼각형을 D라 할 때 D에서 $f(x, y) = 2xy$의 적분을 구하여라. (그림 6.9)

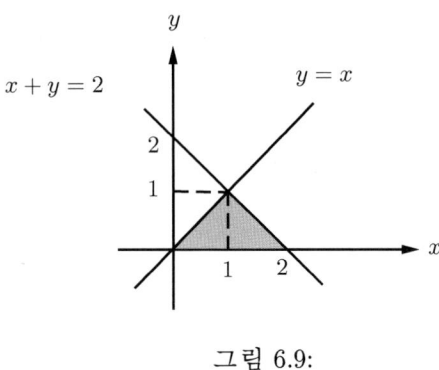

그림 6.9:

풀이 $D : y \leq x \leq 2 - y, 0 \leq y \leq 1$에서 적분이므로

$$\iint_D f(x, y)dV = \int_0^1 \int_y^{2-y} 2xy\,dxdy$$
$$= \int_0^1 \left[x^2 y\right]_y^{2-y} dy$$
$$= \int_0^1 y(4 - 4y)dy = \frac{2}{3}. \ \blacksquare$$

일반적으로 반복적분의 계산에서 적분순서를 바꾸면 값이 다르다는 것을 앞에서 이미 언급했다. 그러나 푸비니정리에 의하면 함수 $f(x, y)$가 각각 x, y에 대해 적분가능하면 적분순서를 바꾸어도 무관하다. 즉,

$$\iint_D f(x, y)dV = \iint_D f(x, y)dxdy = \iint_D f(x, y)dydx.$$

예제 **6.5** D는 $y = x, x = 1, y = 0$으로 둘러싸인 부분일 때 D위에서 $f(x, y) = x + y$의 적분은 적분순서에 무관함을 보여라. (그림 6.10)

풀이 x에 대해 먼저 적분하고 y에 대해 적분하면

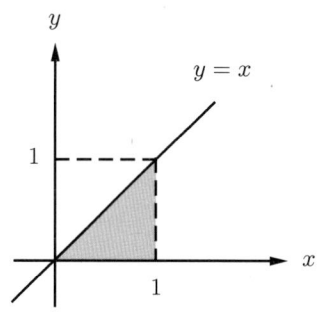

그림 6.10:

$$\iint_D f(x,y)dV = \int_0^1 \int_y^1 (x+y)dxdy$$
$$= \int_0^1 \left[\frac{x^2}{2} + xy \right]_y^1 dy$$
$$= \int_0^1 \left(\frac{1}{2} + y - \frac{3}{2}y^2 \right) dy = \frac{1}{2}.$$

y에 대해 먼저 적분하고 x에 대해 적분하면

$$\iint_D f(x,y)dV = \int_0^1 \int_0^x (x+y)dydx$$
$$= \int_0^1 \left[xy + \frac{y^2}{2} \right]_0^x dx$$
$$= \int_0^1 \frac{3}{2}x^2dx = \frac{1}{2}. \blacksquare$$

만일 적분순서를 바꾸어도 무관하다면 적분순서를 바꾸어 계산하는 것이 더 간편한 경우도 있다.

예제 6.6 반복적분

$$\int_0^1 \int_{\sqrt{x}}^1 \sqrt{1+y^3}dydx$$

를 구하여라. (그림 6.11)

풀이 y에 대해서 먼저 적분하면 적분

$$\int_{\sqrt{x}}^1 \sqrt{1+y^3}dy$$

를 쉽게 수할 수 없으므로 적분순서를 바꿔본다. 즉,

$$\int_0^1 \int_{\sqrt{x}}^1 \sqrt{1+y^3}dydx = \int_0^1 \int_0^{y^2} \sqrt{1+y^3}dxdy$$
$$= \int_0^1 y^2\sqrt{1+y^3}dy$$
$$= \frac{2}{9}(2\sqrt{2}-1). \blacksquare$$

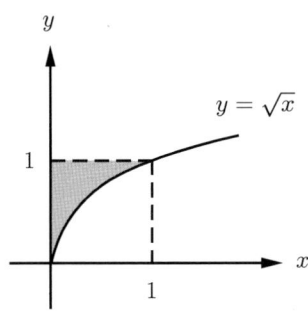

그림 6.11:

예제 6.6처럼 쉽게 구할수 없는 적분도 적분순서를 바꿈으로서 쉽게 구할 수 있는 경우가 있다.

연습문제 6.1

1. 주어진 영역 D를 직교좌표상에 나타내고 이중적분 $\iint_D f(x,y)dV$ 를 구하여라.

$$f(x,y) = \sqrt{1-x^2}, \quad D = \{(x,y) : y \le x \le 1, 0 \le y \le 1\}$$

2. 다음 반복적분값을 구하여라.

(1) $\int_1^2 \int_1^3 (x+y)dxdy$
(2) $\int_0^1 \int_0^y \sqrt{x}dxdy$

(3) $\int_0^\pi \int_0^x x\sin y dydx$
(4) $\int_1^5 \int_0^x \frac{3}{x^2+y^2}dydx$

3. 다음 적분을 순서를 바꾸어 표시하여라.

$$(1) \int_a^b \int_a^x f(x,y)dydx \qquad\qquad (2) \int_0^a \int_0^{\sqrt{x}} f(x,y)dydx$$

4. 다음 적분을 구하여라.

$$(1) \int_0^1 \int_y^1 \sqrt{1-x^2}\,dxdy \qquad\qquad (2) \int_0^1 \int_{\sqrt[3]{x}}^1 \sqrt{1+y^4}\,dydx$$

6.2 치환적분

일변수함수의 적분에서 치환적분법처럼 이변수함수의 중적분에서도 치환적분법이 존재한다.

좌표평면 위의 영역 U가 주어졌다고 하자. 그리고 $G(u,v) = (x,y) = (g_1(u,v),\ g_2(u,v))$를 영역 D에서 U로 변환이고 $G(D) = U$라 하자. (그림 6.12) 이때 다음 행렬식을 점 (u,v)에서 G의 **야코비 행렬식**이라 한다.

$$\Delta_G(u,v) = \begin{vmatrix} \dfrac{\partial g_1}{\partial u} & \dfrac{\partial g_1}{\partial v} \\ \dfrac{\partial g_2}{\partial u} & \dfrac{\partial g_2}{\partial v} \end{vmatrix}.$$

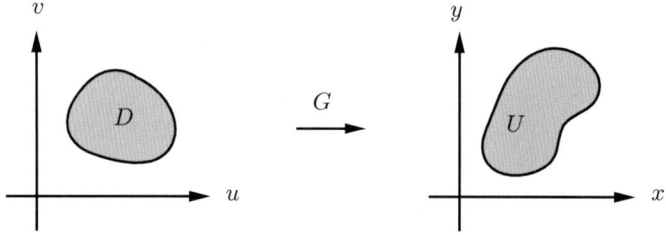

그림 6.12:

$\Delta_G(u_0,v_0) \neq 0$일 때 점 (u_0,v_0)에서 G의 야코비 행렬식이 갖는 의미는 다음과 같다.

만일 G가 선형변환

$$G(u,v) = (x,y) = (au+bv, cu+dv)(ad-bc \neq 0)$$

이면

$$\Delta_G(u,v) = ad - bc = \begin{vmatrix} a & b \\ c & d \end{vmatrix}$$

이고

$$U \text{의 면적} = D \text{의 면적} \times |\Delta_G(u,v)| = D \text{의 면적} \times |ad - bc|.$$

G가 선형변환이 아닐 때 (u_0, v_0)를 포함하는 아주 작은 영역을 D라 하고 G에 의한 D의 상을 U, 즉 $G(D) = U$라 하면 G는 D에서 선형변환과 유사하며 다음이 성립한다.

$$\frac{U \text{의 면적}}{D \text{의 면적}} \approx |\Delta_G(u_0, v_0)|.$$

또는

$$G(D) \text{의 면적} \approx D \text{의 면적} \times |\Delta_G(u_0, v_0)|$$

즉, D의 면적이 아주 작으면 $U = G(D)$의 면적은 근사적으로

$$D \text{의 면적} \times |\Delta_G(u_0, v_0)|.$$

예제 **6.7** $A = [0,1] \times [0,1]$ 이라하고 $G(u,v) = (x,y) = (u-v, u+v)$ 라 할 때 $G(A)$의 면적을 구하여라.

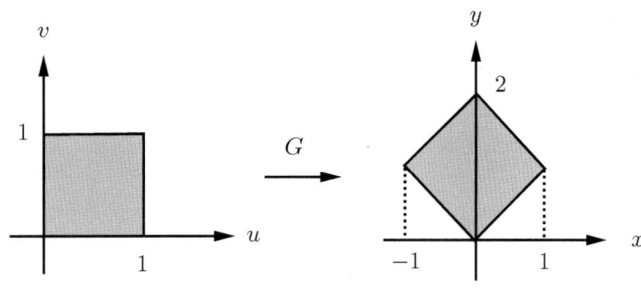

그림 6.13:

풀이 $G(u,v)$는 $(0,0), (1,1), (0,2), (-1,1)$을 꼭지점으로 하는 사각형이므로 $G(A)$의 면적은 2이다. (그림 6.13) ∎

치환적분법 예제 6.7에서 A의 면적은 1, $G(A)$의 면적은 2, 그리고

$$\Delta_G(u,v) = \begin{vmatrix} 1 & -1 \\ 1 & 1 \end{vmatrix} = 2.$$

따라서

$$G(A)\text{의 면적} = |\Delta_G(u,v)| \times A\text{의 면적}.$$

일반적으로 G가 선형변환이면 위 등식이 성립하고

$$|\Delta_G(u,v)| = |\text{(선형변환을 나타내는 행렬의 행렬식)}|.$$

정리 6.5 (치환적분법)

> 만일 $G : D \longrightarrow G(D) = U$ 가 일대일이며 C^1 이고 f 가 $G(D)$에서 적분가능하면 다음이 성립한다.
>
> $$\iint_{G(D)} f(x,y)dxdy = \iint_D (f \circ G)|\Delta_G(u,v)|dudv.$$

여기서 만일 $G(u,v) = (g_1(u,v), g_2(u,v))$ 이면

$$(f \circ G)(u,v) = f(g_1(u,v), g_2(u,v)).$$

적분 $\iint_U f dV$ 를 치환적분법을 이용하여 구하려면 다음 순서에 따라서 계산하면 된다.

1. $G : D \longrightarrow G(D) = U$ 이고 1-1이 되도록하는 영역 D와 C^1 인 변환 G를 구한다.

2. G의 야코비 행렬식 Δ_G를 구한다.

3. 함수 $(f \circ G)(u,v) |\Delta_G(u,v)|$를 D위에서 적분한다.

예제 6.8 U을 직선 $y = x, y = 2x$와 쌍곡선 $xy = 1, xy = 3$으로 둘러싸인 제 1 사분면의 영역이라 할 때 $\iint_U x^3 y dx dy$를 구하여라. (그림 6.14)

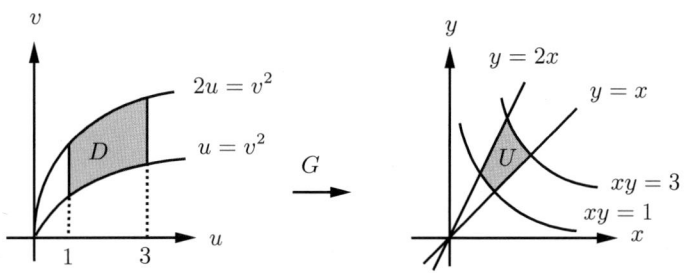

그림 6.14:

풀이 $xy = u, y = v$ 이면, $x = \dfrac{u}{v}, y = v$ 이다. 따라서 $G(u,v) = (x,y)$ 이면 uv 평면에서 $u = v^2, u = \dfrac{1}{2}v^2, u = 1, u = 3$ 을로 둘러싸인 제 1사분면의 영역 D 는 G 에 의해 U 로 사상한다. 그리고

$$\Delta_G(u,v) = \begin{vmatrix} \dfrac{1}{v} & -\dfrac{u}{v^2} \\ 0 & 1 \end{vmatrix} = \dfrac{1}{v}.$$

따라서 치환적분법에 의해

$$\iint_U x^3 y \, dx dy = \iint_D \frac{u^3}{v^2} \cdot \frac{1}{v} du dv$$
$$= \int_1^3 \int_{\sqrt{u}}^{\sqrt{2u}} \frac{u^3}{v^3} dv du = \frac{12}{6}. \ \blacksquare$$

예제 6.9 $D(a) = \{(x,y) : x^2 + y^2 \le a^2\}$ $(a > 0)$ 일 때

$$\iint_{D(a)} e^{-x^2 - y^2} dx dy$$

를 구하여라.

풀이 $G(r,\theta) = (x,y) = (r\cos\theta, r\sin\theta)$ 이면 G 는 $D = \{(r,\theta) : 0 \le r \le a, 0 \le \theta \le 2\pi\}$ 에서 $D(a)$ 로 1-1 이고 C^1 인 변환이다. (그림 6.15) 그리고

$$\Delta_G(r,\theta) = \begin{vmatrix} \cos\theta & -r\sin\theta \\ \sin\theta & r\cos\theta \end{vmatrix} = r.$$

따라서

$$\iint_{D(a)} e^{-x^2-y^2}\,dxdy = \iint_{D} e^{-r^2} r\,drd\theta$$
$$= \int_0^{2\pi}\int_0^a e^{-r^2} r\,drd\theta = \pi(1-e^{-a^2}). \blacksquare$$

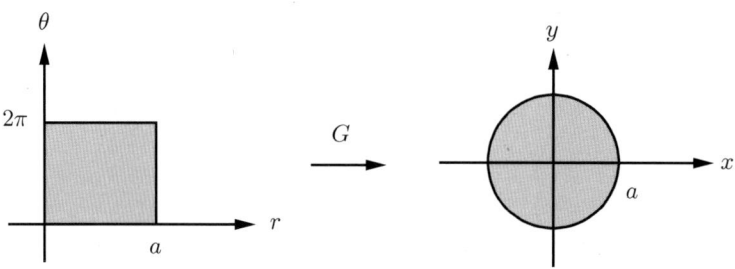

그림 6.15:

참고 $R(a) = [-a,a] \times [-a,a]$ 이면

$$\iint_{R(a)} e^{-x^2-y^2}\,dxdy = \int_{-a}^a\int_{-a}^a e^{-x^2-y^2}\,dxdy$$
$$= \int_{-a}^a e^{-y^2}\left[\int_{-a}^a e^{-x^2}\,dx\right]dy = \left(\int_{-a}^a e^{-x^2}\,dx\right)^2.$$

$e^{-x^2-y^2} > 0$ 이고 $D(a) \subset R(a) \subset D(\sqrt{2}a)$ 이므로

$$\iint_{D(a)} e^{-x^2-y^2}\,dxdy \le \iint_{R(a)} e^{-x^2-y^2}\,dxdy \le \iint_{D(\sqrt{2}a)} e^{-x^2-y^2}\,dxdy.$$

따라서

$$\pi\left(1-e^{-a^2}\right) \le \left(\int_{-a}^a e^{-x^2}\,dx\right)^2 \le \pi\left(1-e^{-2a^2}\right).$$

여기서 $a \to \infty$ 이면 $e^{-a^2} \to 0, e^{-2a^2} \to 0$ 이므로

$$\left(\int_{-\infty}^\infty e^{-x^2}\,dx\right)^2 = \pi.$$

따라서

$$\int_{-\infty}^\infty e^{-x^2}\,dx = \sqrt{\pi} \ \text{또는} \ \int_0^\infty e^{-x^2}\,dx = \frac{\sqrt{\pi}}{2}$$

이다. $\blacksquare$

······························ 연습문제 6.2 ······························

1. 다음 영역 D를 좌표평면에 나타내고 적분을 구하여라.

(1) $\displaystyle\iint_D \sqrt{\dfrac{1-x^2-y^2}{1+x^2+y^2}}\,dxdy, \quad D = \{(x,y) : x \geq 0, y \geq 0, x^2 + y^2 \leq 1\}$

(2) $\displaystyle\iint_D \left(x^2 + y^2 + 1\right)^{-\frac{3}{2}}\,dxdy, \quad D = \{(x,y); x^2 + y^2 \leq a^2\}$

(3) $\displaystyle\int_{-\infty}^{\infty} \int_{-\infty}^{\infty} \dfrac{1}{(x^2 + y^2 + 1)^{\frac{3}{2}}}\,dxdy$

2. 영역 D와 변환 G에 대하여 $G(D)$를 좌표평면상에 나타내고 각각의 면적을 구하여라.

(1) $D = \left\{(x,y) : \dfrac{x^2}{a^2} + \dfrac{y^2}{b^2} \leq 1\right\}$ 이고 G는 행렬 $\begin{pmatrix} 3 & 0 \\ 0 & 1 \end{pmatrix}$.

(2) $D = \{(x,y) : 0 \leq x \leq 1, 0 \leq y \leq \pi\}$ 이고 $G(x,y) = (e^x \cos y, e^x \sin y)$.

3. 평면 위의 영역 D 위에서 정의된 곡면 $z = f(x,y)$의 면적은 다음과 같이 주어진다.

$$S = \iint_D \sqrt{1 + \left(\dfrac{\partial f}{\partial x}\right)^2 + \left(\dfrac{\partial f}{\partial y}\right)^2}\,dV$$

구 $x^2 + y^2 + z^2 = 1$의 부분 중 xy-평면의 타원판 $x^2 + \dfrac{y^2}{a^2} \leq 1(0 < a \leq 1)$ 위에 있는 곡면의 면적을 구하여라.

제 7 장

벡터장

7.1 공간벡터

모든 곳에서 조건이 동일한 평면 위의 어느 한 점 A에서 점 B까지 최단거리로 물건을 옮기는 것을 생각해보자. (그림 7.1)

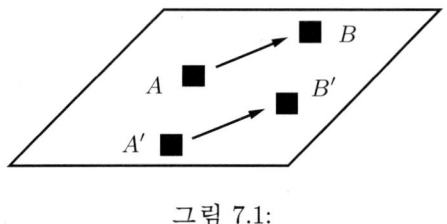

그림 7.1:

갑이란 사람이 물건을 최단거리로 옮기는 과정은 점 A(물건이 위치한 곳), 점 B(물건을 옮겨놓을 곳), A에서 B까지의 거리에 의해 결정된다. 만일 을이란 사람이 다른 위치(A')에 있는 꼭 같은 물건을 갑이 물건을 옮긴 방향으로 같은 거리만큼(B') 옮겼다고 하자. 이때 서로의 관점에서 보면 같은 행동을 한 것이라 할 수 있다. 이러한 개념을 일반화 한 것이 벡터이다.

일반적으로 물리적인 양, 예를 들면 질량, 온도, 길이, 부피, 시간 등을 **스칼라**라 하고 크기와 방향을 갖는 양, 예를 들면 속도, 가속도, 힘 등을 **벡터**라 한다.

벡터는 크기와 방향을 갖는 양이므로 유향선분에 대응시킬 수 있다. 이때 유향선분의 시작점을 벡터의 **시점**, 끝점을 벡터의 **종점**이라 한다. (그림 7.2) 시점이 A이고 종점이 B인 벡터를 $\overrightarrow{AB}$로 나타낸다.

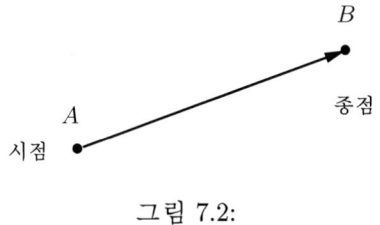

그림 7.2:

정의 7.1

두 벡터가 같다는 것은 크기와 방향이 같다는 것이다.

위 정의에 따르면 두 벡터가 같기 위해서는 시점과 종점에 관계없이 평행이
동하여 같은 벡터이면 두 벡터는 같다. (그림 7.3)

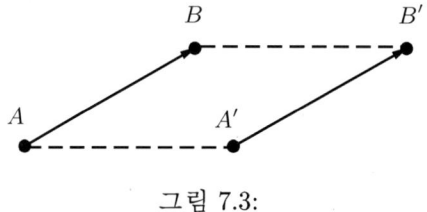

그림 7.3:

따라서 모든 벡터의 시점을 한 점으로 고정하여 생각해도 무관하므로 좌
표공간 위의 원점을 시점으로 할 수 있다. 이와 같이 좌표공간 위의 원점을
시점으로 하는 벡터를 **위치벡터**(position vector) 라 한다. 이때 벡터는 종점에
의해 결정되므로 벡터 하나는 공간 위의 한 점에 대응시킬 수 있다.

일반적인 $\mathbb{R}^n$ $(n \geq 4)$ 위의 벡터는 $\mathbb{R}^2$ 위의 벡터 또는 $\mathbb{R}^3$ 위의 벡터와 유사
하다. 그래서 여기서는 $\mathbb{R}^2$ 또는 $\mathbb{R}^3$ 위의 벡터만 다루기로 한다.

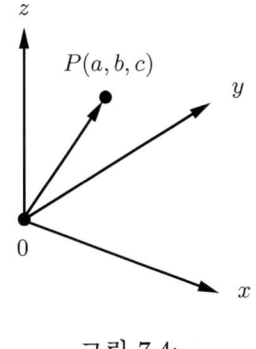

그림 7.4:

지금부터 벡터를 종점으로 나타내자. 예를 들어 종점이 $P = (a, b, c)$인 벡터 $\overrightarrow{OP}$는 P이다. (그림 7.4) 이때 a, b, c를 각각 벡터 P의 **x성분, y성분, z성분**이라 한다.

정의 7.2

다음을 벡터 $P = (a, b, c)$의 크기라 한다.

$$|P| = \sqrt{a^2 + b^2 + c^2}.$$

즉, 벡터 P의 크기는 원점에서 점 P까지 거리이다.

모든 성분이 0인 벡터를 **영벡터**라 하고 O으로 나타내고 크기가 1인 벡터를 **단위벡터**라 한다. 예를 들면 $P = (1, 0, 0)$는 단위벡터이다.

정의 7.3

두 벡터 $A = (a_1, a_2, a_3), B = (b_1, b_2, b_3)$의 합과 상수곱은 다음과 같이 정의한다.

$$A + B = (a_1 + b_1, a_2 + b_2, a_3 + b_3),$$
$$\alpha A = (\alpha a_1, \alpha a_2, \alpha a_3) \ (\alpha \in \mathbb{R}).$$

두 벡터의 합과 상수곱에 대한 기하학적 의미는 다음과 같다. (그림 7.5)

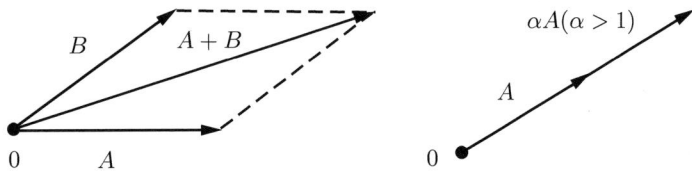

그림 7.5:

그림 7.5의 첫 번째는 벡터의 덧셈에서 평행사변형법칙이 성립함을 보여준다. 두 번째는 어떤 벡터 A에 실수 $\alpha > 1$를 곱한 벡터 αA는 A 방향으로 길이를 α배 늘린 것이다.

일반적으로 $\alpha > 0$이면 A방향으로 α배 만큼, $\alpha < 0$이면 A의 반대방향의 벡터 $-A$를 $|\alpha|$배 만큼 늘린 벡터이다.

> ### 정리 7.4
>
> 영이 아닌 두 벡터 A, B에 대해 다음 부등식[a)]
>
> $$|A + B| \leq |A| + |B| \tag{7.1}$$
>
> 이 성립한다.
>
> ―――――――――――――
>
> *a) A와 B가 방향이 같은 평행한 벡터일 때만 등호가 성립한다.*

증명 $A = (a_1, a_2, a_3), B = (b_1, b_2, b_3)$ 이면

$$|A + B| = \sqrt{(a_1 + b_1)^2 + (a_2 + b_2)^2 + (a_3 + b_3)^2},$$

$$|A| = \sqrt{a_1^2 + a_2^2 + a_3^2}, \ |B| = \sqrt{b_1^2 + b_2^2 + b_3^2}$$

이므로

$$|A + B| \leq |A| + |B|. \ \blacksquare$$

정리 7.4의 부등식 (7.1)을 **삼각부등식**이라 한다.

> ### 정의 7.5
>
> 두 벡터 $A = (a_1, a_2, a_3), B = (b_1, b_2, b_3)$에 대해
>
> $$A \bullet B = a_1 b_1 + a_2 b_2 + a_3 b_3$$
>
> 을 A와 B의 **내적**이라 한다.

예제 7.1 $A = (1, 2, 3), B = (-2, 4, -1)$ 이면

$$A \bullet B = 1 \times (-2) + 2 \times 4 + 3 \times (-1) = 3$$

이다. ∎

벡터의 기본성질 지금까지 두 벡터의 합, 벡터의 상수배, 두 벡터의 내적을 정의하였는데 각각의 성질을 알아보자.

> **정리 7.6**
>
> 세 벡터 A, B, C와 실수 α, β에 대해 다음이 성립한다.
>
> (1) $A + B = B + A, \quad A + (B + C) = (A + B) + C.$
>
> (2) $\alpha(A + B) = \alpha A + \alpha B.$
>
> (3) $A \cdot B = B \cdot A, (\alpha A) \cdot B = \alpha(A \cdot B),$
>
> $(\alpha A + \beta B) \cdot C = \alpha(A \cdot C) + \beta(B \cdot C).$

정리 7.6의 증명은 정의를 이용하면 간단하므로 생략한다.

> **정리 7.7**
>
> 영벡터가 아닌 두 벡터 A, B가 이루는 각을 θ라 하면
>
> $$A \cdot B = |A||B| \cos \theta.$$

증명 그림 7.6에서 제2코사인법칙을 이용하면

$$|B - A|^2 = |A|^2 + |B|^2 - 2|A||B| \cos \theta$$

이고

$$|B - A|^2 = (B - A) \cdot (B - A) = |B|^2 - 2A \cdot B + |A|^2$$

이므로

$$A \cdot B = |A||B| \cos \theta. \quad \blacksquare$$

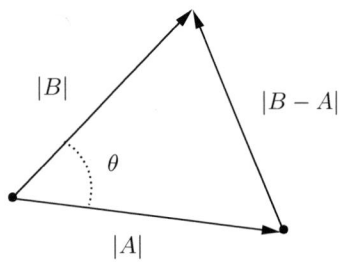

그림 7.6:

영벡터가 아닌 두 벡터 A, B 가 이루는 각을 θ 라 할 때, 두 벡터가 서로 수직이면, 즉 $\theta = 90°$ 이면 $\cos\theta = 0$ 이므로 $A \bullet B = 0$ 이다. 그리고 같은 방향, 즉 $\theta = 0°$ 이면 $A \bullet B = |A||B|$ 이고, 서로 반대 방향, 즉 $\theta = 180°$ 이면 $A \bullet B = -|A||B|$ 이다. 그리고 $|\cos\theta| \le 1$ 이므로

$$|A \bullet B| \le |A||B|. \tag{7.2}$$

이 부등식을 **코시-슈바르츠 부등식**이라 한다.

정리 7.8 (코시-슈바르츠 부등식)

임의의 두 벡터 A, B 에 대해

$$A \bullet B \le |A||B|$$

공간 위의 어떤 영벡터가 아닌 세 벡터 A, B, C 가 **양의 방향으로 향해 있다**는 것은 세 벡터의 위치가 오른손 법칙을 따를 때, 즉 그림 7.7과 같이 놓여 있을 때를 말한다. 예를 들면 x 축, y 축, z 축 방향의 단위벡터

$$\mathbf{i} = (1, 0, 0), \quad \mathbf{j} = (0, 1, 0), \quad \mathbf{k} = (0, 0, 1)$$

은 양으로 향해있다.

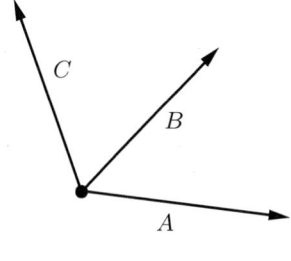

그림 7.7:

$A = (a_1, a_2, a_3), B = (b_1, b_2, b_3)$ 는 영벡터가 아니고 서로 평행하지 않은 벡터라 하자. 이때 A 와 B 를 포함하는 평면에 수직이고 A 와 B 에 의해 만들어지는 평행사변형의 면적을 크기로 가지며 A, B 와 양의 방향을 이루도록 하는 벡터를 정의할 수 있다.

정의 7.9

영벡터가 아닌 두 벡터 $A = (a_1, a_2, a_3), B = (b_1, b_2, b_3)$ 가 주어질 때

$$A \times B = (a_2 b_3 - a_3 b_2, a_3 b_1 - a_1 b_3, a_1 b_2 - a_2 b_1)$$

를 벡터 A와 B의 **외적**이라 한다.

A와 B의 외적 $A \times B$는 A와 B에 수직인 벡터이고 $A, B, A \times B$는 양의 방향으로 향해있으며 $A \times B$의 크기는 벡터 A와 벡터 B에 의해 만들어지는 평행사변형의 크기, 즉

$$|A \times B| = |A||B| \sin \theta$$

인 벡터이다. (그림 7.8) 이 사실에 대한 증명은 참고문헌 [1]을 참고하라.

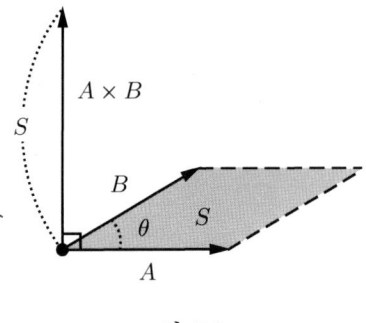

그림 7.8:

A와 B의 외적을 다음과 같이 나타내면 편리하다.

$$A \times B = \begin{vmatrix} i & j & k \\ a_1 & a_2 & a_3 \\ b_1 & b_2 & b_3 \end{vmatrix}$$

$$= i \begin{vmatrix} a_2 & a_3 \\ b_2 & b_3 \end{vmatrix} - j \begin{vmatrix} a_1 & a_3 \\ b_1 & b_3 \end{vmatrix} + k \begin{vmatrix} a_1 & a_2 \\ b_1 & b_2 \end{vmatrix}$$

$$= (a_2 b_3 - a_3 b_2, a_3 b_1 - a_1 b_3, a_1 b_2 - a_2 b_1).$$

단, $i = (1, 0, 0), j = (0, 1, 0), k = (0, 0, 1)$ 이다.

참고 내적은 모든 $\mathbb{R}^n$ 위의 벡터에서 정의되지만 외적은 공간벡터에서만 정의된다. ∎

예제 **7.2** $A = (1, -1, 1), B = (-2, 3, 1)$ 일 때 $A \times B$를 구하자.

$$A \times B = \begin{vmatrix} i & j & k \\ 1 & -1 & 1 \\ -2 & 3 & 1 \end{vmatrix}$$

$$= i \begin{vmatrix} -1 & 1 \\ 3 & 1 \end{vmatrix} - j \begin{vmatrix} 1 & 1 \\ -2 & 1 \end{vmatrix} + k \begin{vmatrix} 1 & -1 \\ -2 & 3 \end{vmatrix} = (-4, -3, 1). \blacksquare$$

외적의 성질 외적은 다음과 같은 성질을 만족한다.

정리 7.10

벡터 A, B, C와 실수 α에 대해 다음이 성립한다.

(1) $A \times B = -B \times A, A \times (B + C) = A \times B + A \times C, (A + B) \times C = A \times C + B \times C$.

(2) $(\alpha A) \times B = \alpha(A \times B) = A \times (\alpha B)$.

(3) $(A \times B) \cdot A = (A \times B) \cdot B = 0$.

(4) $(|A||B|)^2 = (A \cdot B)^2 + |A \times B|^2$.

증명 증명은 외적의 정의 및 내적의 성질을 이용하면 간단하므로 생략한다. $\blacksquare$

일반적으로

$$A \times (B \times C) \neq (A \times B) \times C$$

이다. 예를 들어 $i \times (j \times j) = 0$ 이고 $(i \times j) \times j = k \times j = -i$ 이다.

정의 7.11

세 벡터 A, B, C에 대해

$$[A, B, C] = A \cdot (B \times C)$$

를 **삼중적**이라 한다.

만일

$$A = (a_1, a_2, a_3), \quad B = (b_1, b_2, b_3), \quad C = (c_1, c_2, c_3)$$

이면

$$A \bullet (B \times C) = (a_1, a_2, a_3) \bullet (a_2 b_3 - a_3 b_2, a_3 b_1 - a_1 b_3, a_1 b_2 - a_2 b_1)$$

$$= a_1 b_2 c_3 - a_1 b_3 c_2 + a_2 b_3 c_1 - a_2 b_1 c_3 + a_3 b_1 c_2 - a_3 b_2 c_1$$

이므로

$$[A, B, C] = A \bullet (B \times C) = \begin{vmatrix} a_1 & a_2 & a_3 \\ b_1 & b_2 & b_3 \\ c_1 & c_2 & c_3 \end{vmatrix}.$$

3차정방행렬의 행렬식에 대한 것은 제8장을 참고하라.

참고 세개의 공간벡터 중 어느 한 벡터도 나머지 두 벡터에 의해 만들어지는 평면에 놓이지 않으면 세 벡터는 **일차독립**이라 한다. 만일 세 벡터 A, B, C 가 일차독립이면 $\|[A, B, C]\|$는 세 벡터로 만들어 지는 평행육면체의 부피이다. (그림 7.9) 왜냐하면 세 벡터 A, B, C 로 만들어지는 평행육면체의 부피는 벡터 B, C로 만들어지는 평행사변형의 면적($|B \times C|$)에 높이($|A| |\cos \theta|$, 단 θ는 벡터 A와 벡터 $B \times C$ 가 이루는 각)를 곱한 것이므로 $|A| |B \times C| |\cos \theta|$ 이다. 따라서

$$평행육면체의 \ 부피 = |A| |B \times C| |\cos \theta| = |A \bullet (B \times C)| = \left| [A, B, C] \right|$$

이다. ∎

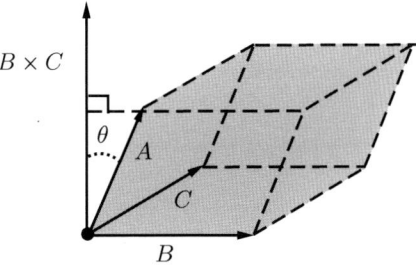

그림 7.9:

예제 7.3 세 벡터

$$A = (1, 2, -1), B = (3, -1, 2), C = (1, 3, -4)$$

로 이루어 지는 평행육면체의 부피를 구하여라.

풀이

$$\begin{vmatrix} 1 & 2 & -1 \\ 3 & -1 & 2 \\ 1 & 3 & -4 \end{vmatrix} = 16$$

이므로 구하는 평행육면체의 부피는 16 이다. ▮

.... **연습문제** 7.1 ....

1. 다음 벡터들에 대하여 $A \bullet B, A \times B$ 를 구하여라.

   (1) $A = (1, -1, 1), \quad B = (-2, 3, 1)$

   (2) $A = (-1, 1, 2), \quad B = (1, 0, -1)$

2. 세 점 $(1, -2, 2), (-1, 1, 4), (1, 3, -2)$ 를 지나는 평면의 방정식을 구하여라.

3. 두 벡터 $(-2, 1, -3)$ 과 $(-2, 2, 1)$ 이 만드는 평행사변형의 넓이를 구하여라.

4. 세 벡터 $(1, 2, 3), (4, -5, -6), (7, 0, 1)$ 로 만들어 지는 평행육면체의 부피를 구하여라.

7.2 벡터장과 선적분

벡터장과 선적분에 대한 것 대부분은 $\mathbb{R}^n (n \geq 2)$ 에서 정의된다. 그러나 여기서는 $\mathbb{R}^2$ 에 대한 것만 다루자. 일반적인 것은 $\mathbb{R}^2$ 의 것을 자연스럽게 확장하면 된다.

벡터장 U가 평면 위의 열린집합[1]이고 U의 각 점에 대하여 그 점을 시점으로 하는 벡터에 대응시키는 사상을 **벡터장**이라 한다. (그림 7.10)

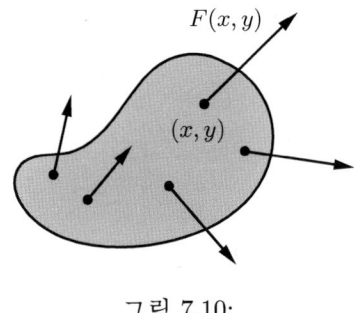

그림 7.10:

즉, 벡터장은

$$F : U \longrightarrow \mathbb{R}^2$$

인 함수이고 $(x, y) \in U$에 대해 $F(x, y)$는 시점이 (x, y)인 벡터를 뜻한다.

만일 $F(x, y) = (f(x, y), g(x, y))$이고 f, g가 연속(또는 미분가능, $C^1, C^2, \ldots$)이면 F를 **연속(또는 미분가능, $C^1, C^2, \ldots$)인 벡터장**이라 부른다.

예제 **7.4** 벡터장 $F(x, y) = (x, y)$는 원점으로 부터 발산한다. 벡터장

$$G(x, y) = -\frac{(x, y)}{x^2 + y^2}$$

는 원점으로 수렴한다. (그림 7.11) ■

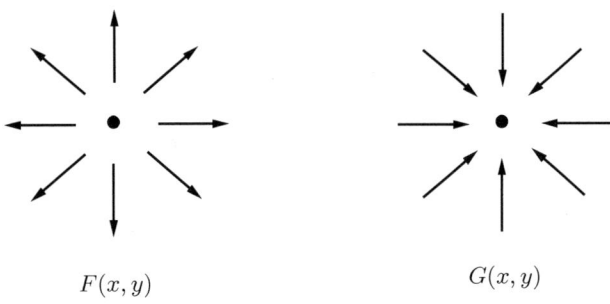

$\qquad\qquad\quad F(x, y) \qquad\qquad\qquad\qquad\qquad G(x, y)$

그림 7.11:

---

1) 임의의 $p \in U$에 대해 $\{q \in \mathbb{R}^2 : |p - q| < \varepsilon\} \subset U$인 양수 ε이 존재하면 U를 열린집합이라 한다.

예제 7.5 벡터장 $F(x,y) = (-y,x)$는 그림 7.12와 같다. ∎

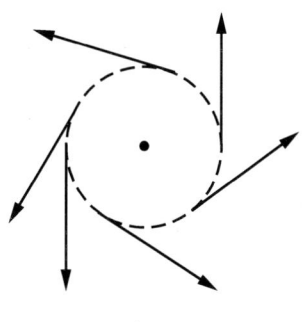

그림 7.12:

정의 7.12

$F(x,y) = (f(x,y), g(x,y))$를 평면 위의 열린집합 U에서 정의된 벡터장이고 $C : [a,b] \longrightarrow U$는 $C(t) = (\alpha(t), \beta(t))$로 정의된 C^1 곡선이라 하자. 이때

$$\int_C F = \int_a^b F(C(t)) \bullet C'(t)dt$$

라 정의하고 $\displaystyle\int_C F$를 C 위에서 벡터장 F의 **선적분**이라 한다.

만일 C가 C^1 곡선 $C_1, C_2, \ldots, C_n$의 이음 $C_1 + C_2 + \cdots + C_n$이면

$$\int_C F = \int_{C_1} F + \int_{C_2} F + \cdots + \int_{C_n} F$$

로 정의한다. 여기서 이음 $C_1 + \cdots + C_n$이란 $i = 1, 2, \ldots, n-1$에 대해 곡선 C_i의 끝점과 곡선 C_{i+1}의 시작점을 이은 곡선이며, 이런 곡선을 조각적 C^1 곡선이라 한다.

예제 7.6 $F(x,y) = (x,y)$이고

$$C(t) = (t, t^2)(0 \le t \le 1)$$

이면

$$\int_C F = \int_0^1 (t, t^2) \bullet (1, 2t)dt = \int_0^1 (t + 2t^3)dt = 1. ∎$$

정리 7.13

$F : U \longrightarrow \mathbb{R}^2$는 연속인 벡터장이고 $C : [a, b] \longrightarrow U$는 C^1 곡선이라 하자.

(1) $f : [\alpha, \beta] \longrightarrow [a, b]$가 C^1 함수이고 $f(\alpha) = a, f(\beta) = b$일 때, $\overline{C} = C \circ f$이면

$$\int_C F = \int_{\overline{C}} F$$

(2) $-C$가 C의 역향곡선이면

$$\int_{-C} F = -\int_C F$$

증명

$$\begin{aligned}
\int_{\overline{C}} F &= \int_\alpha^\beta F(\overline{C}(s)) \bullet \overline{C}'(s) ds \\
&= \int_\alpha^\beta F(C(t)) \bullet C'(t) f'(s) ds \ (f(s) = t) \\
&= \int_a^b F(C'(t)) \bullet C'(t) dt = \int_C F.
\end{aligned} \tag{7.3}$$

따라서 (1)이 성립한다.

만일 $f : [a, b] \longrightarrow [a, b]$을 $f(s) = a + b - s$로 정의하면 $f(a) = b, f(b) = a$이다. 그리고 $-C$가 C의 역향곡선이면

$$-C(s) = C(a + b - s) = (C \circ f)(s) \ (a \le s \le b)$$

이므로 식 (7.3)에서

$$\begin{aligned}
\int_{-C} F &= \int_{f(b)}^{f(a)} F(C(t)) \bullet C'(t) dt \\
&= \int_b^a F(C(t)) \bullet C'(t) dt = -\int_a^b F(C(t)) \bullet C'(t) dt = -\int_C F.
\end{aligned}$$

따라서 (2)가 성립한다. ∎

예를 들어 $F(x, y) = (x, y)$이고 C가 포물선 $y = x^2$을 따라 $(1, 1)$에서 원점까지 곡선이면 예제 7.6에서 $\int_C F = -1$이다.

포텐샬 함수   벡터장

$$F(x, y) = (P(x, y), Q(x, y))$$

와 C^1 곡선 $C(t) = (x(t), y(t)) \ (a \le t \le b)$ 에 대해 $\displaystyle\int_C F$ 를 다음과 같이 나타내기로 하자.

$$\int_C F = \int_C P(x, y)dx + Q(x, y)dy.$$

그러면

$$\int_C F = \int_C P(x, y)dx + Q(x, y)dy$$
$$= \int_a^b \left[P(x(t), y(t)) \cdot x'(t) + Q(x(t), y(t)) \cdot y'(t) \right]dt$$

이다.

정의 7.14

U 위에 정의된 벡터장 $F(x, y) = (f(x, y), g(x, y))$ 에 대해

$$F(x, y) = \nabla\varphi = \left(\frac{\partial\varphi}{\partial x}, \frac{\partial\varphi}{\partial y} \right)$$

인 미분가능한 함수 $\varphi : U \longrightarrow \mathbb{R}$ 가 존재하면 φ 를 F 의 **포텐샬함수**라 한다.

벡터장 F 의 포텐샬함수 φ 가 존재하면 φ 의 그래디언트 벡터는 등위곡선 $\varphi(x, y) = c$ 에 수직인 벡터이므로 F 는 곡선 $\varphi(x, y) = c$ 에 수직인 벡터장이다.

예제 7.7 $F(x, y) = (y, x)$ 의 포텐샬함수는 $\varphi(x, y) = xy$ 이다. $\varphi(x, y) = xy = c$ 는 쌍곡선이므로

$$F(x, y) = (y, x)$$

는 쌍곡선 $xy = c$ 에 수직인 벡터장이다. ∎

벡터장

$$F(x, y) = (f(x, y), g(x, y))$$

가 포텐샬함수를 가지면 미분가능한 함수 φ에 대해

$$\frac{\partial \varphi}{\partial x} = f(x,y), \quad \frac{\partial \varphi}{\partial y} = g(x,y).$$

만일 f와 g가 C^1 함수이면

$$\frac{\partial f}{\partial y} = \frac{\partial^2 \varphi}{\partial x \partial y} = \frac{\partial^2 \varphi}{\partial y \partial x} = \frac{\partial g}{\partial x}.$$

따라서 C^1 벡터장 $F(x,y) = (f(x,y), g(x,y))$의 포텐샬함수가 존재하면

$$\frac{\partial g}{\partial x} = \frac{\partial f}{\partial y} \tag{7.4}$$

가 성립한다. 따라서 식 (7.4)는 C^1 벡터장 F가 포텐샬함수를 가지기 위한 필요조건이다.

한편, 적당한 조건을 만족하면 식 (7.4)는 C^1-급 벡터장 F가 포텐샬함수를 갖기 위한 충분조건이 된다.

정리 7.15

$\mathbb{R}^2$의 볼록열린집합 U에서 정의된 C^1 벡터장

$$F(x,y) = (f(x,y), g(x,y))$$

가 포텐샬 함수를 가지기 위한 필요충분조건은

$$\frac{\partial g}{\partial x} = \frac{\partial f}{\partial y}.$$

예를 들어

$$\frac{\partial}{\partial x}(x) = 1 \neq -1 \frac{\partial}{\partial y}(-y)$$

이므로 정리 7.15에 의하면 벡터장 $F(x,y) = (-y, x)$는 포텐샬함수를 가질 수 없다

정리 7.15에서 **볼록열린집합**이란 집합 내의 임의의 두점을 잇는 선분이 그 집합 내에 포함되는 성질을 가진 열린집합이다.

다음 정리는 미분적분학의 기본정리의 선적분으로의 확장이다.

정리 7.16 (선적분의 기본정리)

C^1 곡선 $C : [a,b] \longrightarrow U \subset \mathbb{R}^2$의 시점과 종점이 각각 P와 Q이고

$$\varphi : U \longrightarrow \mathbb{R}$$

를 C^1 함수라 하자. (그림 7.13) 그러면

$$\int_C \nabla\varphi = \varphi(Q) - \varphi(P).$$

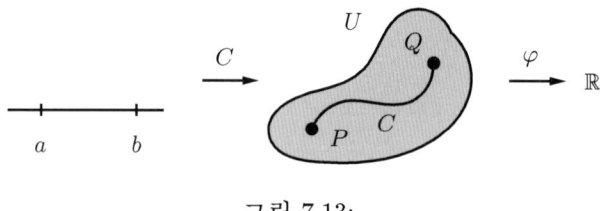

그림 7.13:

정리 7.16에 의하면 포텐셜함수를 가지는 벡터장의 선적분은 곡선의 양끝점에서 포텐셜함수의 값에 의존함을 알 수 있다. 즉, φ가 F의 포텐셜함수이면

$$\int_C F = \int_C \nabla\varphi = \varphi(Q) - \varphi(P).$$

예제 7.8 벡터장 $F(x,y) = (x,y)$의 포텐셜함수는 임의의 상수 C에 대해

$$\varphi(x,y) = \frac{1}{2}(x^2 + y^2) + C$$

이다. 따라서 포물선 $y = x^2$을 따라 원점에서 $(1,1)$까지 F를 선적분하면

$$\int_C F = \varphi(1,1) - \varphi(0,0) = 1$$

이다. ▮

다음은 **곡선연결집합**에서 어떤 벡터장이 포텐셜함수를 갖기 위한 필요충분조건이다. 여기서 곡선연결집합이란 집합 내의 임의의 두 점을 그 집합 내의 곡선으로 연결할 수 있는 집합을 말한다.

정리 7.17

$\mathbb{R}^2$ 위의 곡선연결인 열린집합 U에서 정의된 벡터장 F에 대하여 다음은 동치이다.

(1) F는 포텐샬함수를 갖는다.

(2) U 안에서 시점과 종점이 같은 임의의 두 곡선 C_1, C_2에 대해

$$\int_{C_1} F = \int_{C_2} F.$$

(3) C가 U 내의 닫힌곡선이면 $\int_C F = 0$.

증명 (1)이 성립하면 정리 7.16에 의해 (2)가 성립한다.

(2)가 성립한다고 가정하자. 닫힌곡선을 시작점과 끝점이 같아지도록 하는 두 개의 곡선으로 나눌 수 있으므로 (3)이 성립한다.

양 끝점이 같은 임의의 곡선 C_1, C_2에 대해 $-C_2$가 C_2의 역향곡선이면 $C_1 + (-C_2)$는 닫힌 곡선이므로 만일 (3)이 성립하면

$$\int_{C_1+(-C_2)} F = \int_{C_1} F + \int_{-C_2} F = \int_{C_1} F - \int_{C_2} F = 0.$$

따라서 (2)가 성립한다.

(2)가 성립할 때 (1)이 성립함을 보이는 것은 참고문헌 [6]을 참고하라. ■

정의 7.18

$\mathbb{R}^3$에서 정의된 벡터장 $F(x, y, z) = (f(x, y, z), g(x, y, z), h(x, y, z))$에 대해

(1) F의 **회전**을 $\nabla \times F$ 또는 $\mathrm{curl} F$로 나타내고

$$\nabla \times F = \left(\frac{\partial h}{\partial y} - \frac{\partial g}{\partial z}, \frac{\partial f}{\partial z} - \frac{\partial h}{\partial x}, \frac{\partial g}{\partial x} - \frac{\partial f}{\partial y} \right)$$

로 정의한다. 그리고 $\nabla \times F = 0$인 벡터장 F를 **비회전장**이라 한다.

(2) F의 **발산**을 $\nabla \cdot F$ 또는 $\mathrm{div} F$로 나타내고

$$\nabla \bullet F = \frac{\partial f}{\partial x} + \frac{\partial g}{\partial y} + \frac{\partial h}{\partial z}$$

로 정의한다. 그리고 $\nabla \bullet F = 0$인 벡터장 F를 **비압축장**이라 한다.

예제 7.9 $F(x, y, z) = (x, xy, z)$ 이면 F 의 회전과 발산은 각각

$$\nabla \times F = (0, 0, y), \quad \nabla \bullet F = 2 + x$$

이다. ∎

그린 (Green) 정리 $\mathbb{R}^2$ 위의 영역 D 의 경계 ∂D 가 조각적 C^1 인 곡선들로 이루어져 있고 경계 ∂D 의 양의 방향은 "경계를 따라 걸을 때 영역이 왼쪽에 놓이는 방향"이라 정의하자. (그림 7.14)

정리 7.19 (그린 정리)

영역 D 와 ∂D 를 포함하는 열린집합에서 정의된 C^1 함수 $P(x, y)$ 와 $Q(x, y)$ 에 대하여

$$\int_{\partial D} P(x, y)dx + Q(x, y)dy = \iint_D \left(\frac{\partial Q}{\partial x} - \frac{\partial P}{\partial y} \right) dxdy.$$

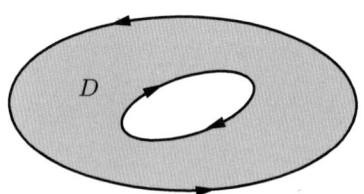

그림 7.14: ∂D 의 양의 방향

따라서 적당한 조건 아래서 어떤 영역의 경계 위에서 벡터장의 적분은 그 영역에서 이중적분으로 바꾸어 계산할 수 있다.

그린 정리의 증명은 참고문헌 [1], [3]을 참고하라.

예제 7.10 곡선 $C : x^2 + y^2 = 4$ 의 양의 방향을 따라 다음 적분을 구하여라.

$$\int_C (2y + \sqrt{9 + x^2})dx + (5x + e^{\tan^{-1} y})dy.$$

풀이 $D = \{(x, y) : x^2 + y^2 \leq 4\}$ 이면 $\partial D = C$ 이므로 그린 정리에 의해

$$\int_C (2y + \sqrt{9 + x^2})dx + (5x + e^{\tan^{-1} y})dy$$

$$= \iint_D \left[\frac{\partial}{\partial x}(5x + e^{\tan^{-1} y}) - \frac{\partial}{\partial y}(2y + \sqrt{9 + x^2}) \right] dxdy$$

$$= \iint_D (5 - 2)dxdy = 12\pi. \blacksquare$$

정리 7.20

평면 위의 영역 D의 면적 S는

$$S = \frac{1}{2}\int_{\partial D}(-ydx + xdy) = -\int_{\partial D} ydx = \int_{\partial D} xdy.$$

여기서 ∂D는 D의 경계이다.

증명 그린정리에서

$$\frac{1}{2}\int_{\partial D}(-ydx + xdy) = -\int_{\partial D} ydx$$

$$= \int_{\partial D} xdy = \iint_D dxdy = S$$

가 성립한다. $\blacksquare$

참고 그린 정리는 영역 D와 ∂D를 포함하는 열린집합에서 정의된 C^1 벡터장에 대해 성립한다. 그런데 $D = \{(x, y) : x^2 + y^2 \leq a^2\}$일 때 $\partial D = \{(x, y) : x^2 + y^2 = a^2\}$이므로

$$\int_{\partial D} \frac{-ydx + xdy}{x^2 + y^2} = 2\pi$$

이지만 벡터장

$$F(x, y) = \left(\frac{-y}{x^2 + y^2}, \frac{x}{x^2 + y^2} \right)$$

가 원점에서 정의되어있지 않음에도 불구하고 잘못하여 그린 정리를 적용하면

$$\iint_D \left[\frac{\partial}{\partial x}\left(\frac{x}{x^2 + y^2} \right) - \frac{\partial}{\partial y}\left(\frac{-y}{x^2 + y^2} \right) \right] dxdy = 0$$

이 되므로 주의해야 한다. $\blacksquare$

·························· 연습문제 **7.2** ··························

1. 벡터장 $F(x, y) = (x^2 - y^2, -2xy)$를 그려라.

2. $F(x, y) = (-y, x)$일 때 곡선 $C(t) = (\cos t, \sin t)(0 \leq t \leq 2\pi)$를 따른 선적분을 구하여라.

3. 다음 적분을 구하여라.

(1) $\int_C xy dx + (x + y) dy$, C는 곡선 $y = x^2$ 위의 점 $(0, 0)$에서 $(1, 1)$까지.

(2) $\int_C (x + 2y) dx + (2x - y) dy$, C는 곡선 $y^2 = x^3$ 위의 점 $(1, 1)$에서 $(4, 8)$까지.

4. 다음 벡터장의 포텐샬 함수를 구하여라.

(1) $F(x, y) = (x^2 + y^2, 2xy)$ (2) $F(x, y) = (2xy, x^2 + 1)$

5. 다음 벡터장의 회전과 발산을 구하여라.

(1) $F(x, y, z) = (x, y, z)$ (2) $F(x, y, z) = (yz, xz, xy)$

6. 포텐샬 함수를 이용해서 다음 적분을 구하여라.

(1) $\int_C (x^2 + y^2) dx + 2xy dy$, C는 $(0, 0)$을 시점으로 하고 $(1, 1)$을 종점으로 하는 임의의 곡선.

(2) $\int_C 2xy dx + (x^2 + 1) dy$, C는 임의의 폐곡선.

7. 그린 정리를 이용하여 다음 적분을 구하여라.

(1) $\int_C (x + y^2) dx + (y + x^2) dy$, C는 $(1, 1), (-1, 1), (-1, -1), (1, -1)$을 잇는 정사각형의 둘레.

(2) $\int_C (x^2 + y^2) dx - 2xy dy$, C는 $x = 0, y = 0, x + y = 1$로 둘러 싸인 삼각형의 둘레.

8. 그린 정리를 이용하여 x축과 사이클로이드

$$x = a(t - \sin t), \ y = a(1 - \cos t), \quad (0 \leq t \leq 2\pi)$$

로 둘러 싸인 부분의 넓이를 구하여라.

7.3 면적분과 스토크스 정리, 발산정리

여기서는 면적분과 스토크스 정리, 발산정리를 간단히 다루자. 이것들에 대한 자세한 것은 참고문헌 [1], [3]을 참고하라.

면적분 $\mathbb{R}^3$의 곡면에서 적분(면적분)에 대해 알아보자.

정의 7.21

공간속의 한 부분집합 S가 다음 조건을 만족하면 **매개곡면**이라 부른다.

"uv-평면 위의 한 영역 D와 단사인 C^1 함수 $X : D \longrightarrow \mathbb{R}^3$가 존재하여 $X(D) = S$이고 X_u와 X_v가 일차독립"

이때 S을 **곡면**이라 부르고 X를 S의 **매개화**라 부른다. 또 매개화가 주어진 곡면을 **매개곡면**이라 한다. (그림 7.15)

여기서

$$X_u = \frac{\partial X}{\partial u}, \quad X_v = \frac{\partial X}{\partial v}.$$

만일 편미분가능한 함수 f, g, h에 대해 $X(u, v) = (f(u, v), g(u, v), h(u, v))$이면

$$X_u = (f_u, g_u, h_u), \quad X_v = (f_v, g_v, h_v).$$

정의 7.22

매개곡면 $X : D \longrightarrow S \subset \mathbb{R}^3$ 위에 정의된 함수 $f(x, y, z)$에 대해 S 위에서 함수 f의 **면적분**은 다음과 같이 정의한다.

$$\iint_S f(x, y, z) d\sigma = \iint_D f(X(u, v)) |X_u \times X_v| \, du dv.$$

매개곡면 S는 매개곡면 $S_1, S_2, \ldots, S_n$의 연속적 연결일 수 있다. 이때 적분은 다음과 같이 정의한다.

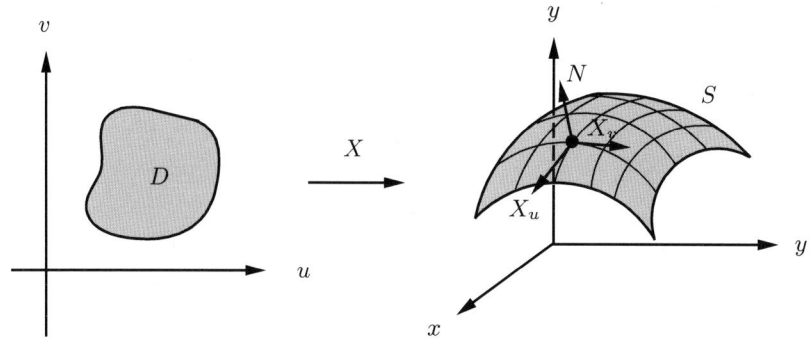

그림 7.15:

$$\iint_S f d\sigma = \iint_{S_1} f d\sigma + \cdots + \iint_{S_n} f d\sigma.$$

예제 7.11 $f(x,y,z) = xyz$ 이고 S 가 매개곡면

$$X(u,v) = (u,v,1-u-v) \ (0 \le u \le 1, 0 \le v \le 1, u+v \le 1)$$

일 때 $\iint_S f d\sigma$ 를 구하자.

$$X_u = (1,0,-1), \quad X_v = (0,1,-1)$$

이므로 $X_u \times X_v = (1,1,1)$. 따라서

$$\begin{aligned} \iint_S f(x,y,z)d\sigma &= \iint_D uv(1-u-v) \cdot \sqrt{3}dudv \\ &= \sqrt{3} \int_0^1 \int_0^{1-u} uv(1-u-v)dvdu \\ &= \frac{\sqrt{3}}{6} \int_0^1 (1-u)^3 udu = \frac{31\sqrt{3}}{180}. \end{aligned}$$

여기서 $D = \{(u,v) : 0 \le u \le 1, 0 \le v \le 1-u\}$ 이다. ∎

$G : D_1 \longrightarrow D$ 가 평면 위의 두 영역 사이의 일대일대응이고 C^1 변환이며 G 의 역변환이 C^1 이라 하자. 만일 $G(u_1, v_1) = (u,v)$ 이면

$$J_G(u_1, v_1) = \begin{pmatrix} \dfrac{\partial u}{\partial u_1} & \dfrac{\partial u}{\partial v_1} \\ \dfrac{\partial v}{\partial u_1} & \dfrac{\partial v}{\partial v_1} \end{pmatrix}$$

을 G의 **야코비 행렬**이라 하고 $|J_G(u_1, v_1)|$을 G의 **야코비안**이라 한다.

정의 7.23

$X : D \longrightarrow S$가 곡면이고 $G : D_1 \longrightarrow D$가 평면 위의 두 영역 사이에서 C^1 이고 역함수가 존재하면 곡면 $X \circ G : D_1 \longrightarrow S$을 곡면 X의 **재매개화**라 한다. 이때 $|J_G| > 0$(또는 $< 0)^{a)}$이면 동향(또는 역향) 재매개화라 한다.

a) G가 C^1이고 역함수가 존재하면 $|J_G| \neq 0$이다.

매개곡면 S 위에서 적분은 곡면의 매개화와는 무관하다. 자세한 것은 참고 문헌 [1]을 참고하라.

정리 7.24

곡면 S가 $z = f(x, y)((x, y) \in D)$로 주어지고 f의 1계 편도함수가 연속일 때 S 위에서 정의된 $g(x, y, z)$에 대해

$$\iint_S g(x, y, z)d\sigma = \iint_D g(u, v, f(u, v))\sqrt{\left(\frac{\partial f}{\partial u}\right)^2 + \left(\frac{\partial f}{\partial v}\right)^2 + 1}\, dudv.$$

증명 곡면 S는

$$X(u, v) = (u, v, f(u, v))((u, v) \in D)$$

로 매개화할 수 있고

$$X_u \times X_v = \left(1, 0, \frac{\partial f(u, v)}{\partial u}\right) \times \left(0, 1, \frac{\partial f(u, v)}{\partial u}\right) = \left(-\frac{\partial f(u, v)}{\partial u}, -\frac{\partial f(u, v)}{\partial v}, 1\right).$$

따라서

$$|X_u \times X_v| = \sqrt{\left(\frac{\partial f(u, v)}{\partial u}\right)^2 + \left(\frac{\partial f(u, v)}{\partial v}\right)^2 + 1}$$

이고

$$\iint_S g(x, y, z)d\sigma = \iint_D g(u, v, f(u, v))|X_u \times X_v|\, dudv$$

$$= \iint_D g(u, v, f(u, v))\sqrt{\left(\frac{\partial f(u, v)}{\partial u}\right)^2 + \left(\frac{\partial f(u, v)}{\partial v}\right)^2 + 1}\, dudv$$

이므로 정리가 성립한다. ∎

예제 **7.12** S는 $2x + y + z = 2(x \geq 0, y \geq 0, z \geq 0)$일 때 $\displaystyle\iint_S 3z d\sigma$를 구하라.

풀이 $z = f(x, y) = 2 - 2x - y$이므로 $f_x = -2, f_y = -1$. 따라서

$$\iint_S 3z d\sigma = \iint_D 3(2 - 2u - v) \times \sqrt{(-2)^2 + (-1)^2 + 1} \, du dv$$
$$= \iint_D 3\sqrt{6}(2 - 2u - v) du dv.$$

여기서 $D = \{(u, v) : u \geq 0, v \geq 0, 2 - 2u - v \geq 0\}$. 따라서

$$\iint_D 3\sqrt{6}(2 - 2u - v) du dv = \int_0^1 \int_0^{2-2u} 3\sqrt{6}(2 - 2u - v) dv du = 2\sqrt{6}$$

이다. ∎

스토크스(Stokes) 정리 곡면 위에서 벡터장의 적분에 대해 알아보자. 먼저 곡면에서 향을 정의하자. 곡면에서 향이란 각 점에서 연속적인 방법으로 수직인 방향을 정해주는 것이다. 만약 $S = X(u, v)$가 매개곡면이면

$$\boldsymbol{n} = \frac{X_u \times X_v}{|X_u \times X_v|}$$

가 향을 정해준다.

일반적으로 모든 곡면에 향이 존재하는 것은 아니다. 예를 들면 뫼비우스 띠에는 향이 없다.

정의 7.25

S가 향이 있는 곡면이고 $F(x, y, z)$가 S 위에서 정의된 벡터장이라 할 때 S 위에서 F의 적분을 다음과 같이 정의한다.

$$\iint_S F = \iint_S F \bullet \boldsymbol{n} d\sigma. \tag{7.5}$$

만일 S가 매개곡면 $X = X(u, v)$이면 $d\sigma = |X_u \times X_v| du dv$이므로

$$\iint_S F = \iint_S F \bullet \boldsymbol{n} d\sigma = \iint_D F \bullet (X_u \times X_v) du dv.$$

예제 7.13 S는 매개곡면 $X(u,v) = (u, v, u^2 + v^2)(u^2 + v^2 \leq 1)$이고

$$F(x, y, z) = (x, y, z)$$

일 때 $\iint_S F$를 구하여라.

풀이 $X_u = (1, 0, 2u), X_v = (0, 1, 2v)$이므로 $X_u \times X_v = (-2u, -2v, 1)$. 따라서

$$\begin{aligned}
\iint_S F &= \iint_S F \bullet \boldsymbol{n} d\sigma \\
&= \iint_S F \bullet (X_u \times X_v) du dv \\
&= \iint_D (-2u^2 - 2v^2 + u^2 + v^2) du dv \\
&= \iint_D (-u^2 - v^2) du dv = \int_0^{2\pi} \int_0^1 (-r^2) r dr d\theta = -\frac{\pi}{2}.
\end{aligned}$$

여기서 $D = \{(u, v) : u^2 + v^2 \leq 1\}$이다. ∎

만일 벡터장 F가 유체의 속도를 나타낸다면 피적분함수 $F \bullet \boldsymbol{n}$은 F의 $\boldsymbol{n}$ 방향으로의 성분이므로 적분 (7.5)는 단위시간에 곡면 S를 통과한 유체의 양을 나타낸다. 이런 의미에서 적분 (7.5)를 **플럭스**(flux)라고도 부른다.

예제 7.14 벡터장 $F(x, y, z) = (x, y, z)$은 어떤 유체의 속도를 나타낸다. 이때 포물면 $z = x^2 + y^2$과 $z = 4$로 둘러 싸인 영역으로부터 빠져나가는 유체의 유출량을 구하라. (그림 7.16)

풀이 윗쪽 원판을 S_1이라 하고 $\boldsymbol{n_1}$은 외향 단위법벡터라 하자. 그리고 포물면의 부분을 S_2라 하고 외향 단위법벡터를 $\boldsymbol{n_2}$라 하자. 그러면 $\boldsymbol{n_1} = (0, 0, 1)$이므로

$$\iint_{S_1} F = \iint_{S_1} F \bullet \boldsymbol{n_1} d\sigma = \iint_{S_1} 4 d\sigma = 16\pi.$$

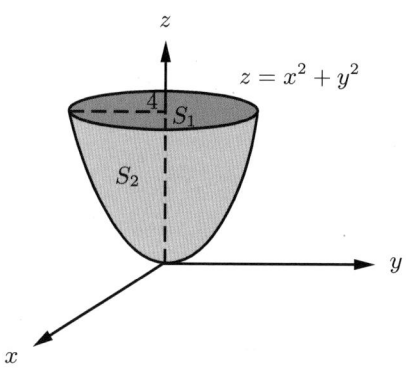

그림 7.16:

한편 S_2의 외향 법벡터는

$$\boldsymbol{N} = \left(\frac{\partial z}{\partial x}, \frac{\partial z}{\partial y}, -1 \right) = (2x, 2y, -1).$$

따라서 $D = \{(x,y) : x^2 + y^2 \le 4\}$에 대해서

$$\iint_{S_2} F = \iint_{S_2} F \bullet \boldsymbol{n_2} d\sigma = \iint_D F \bullet \boldsymbol{N} dxdy$$
$$= \iint_D (2x^2 + 2y^2 - (x^2 + y^2)) dxdy = 8\pi.$$

따라서 구하는 값은 $16\pi + 8\pi = 24\pi$ 이다. ∎

매개곡면 $S = X(u,v)$의 정의역 D의 경계 ∂D가 조각적 C^1인 곡선들의 합으로 이루어져 있을 때, S의 경계 ∂S는 ∂D의 X에 의한 상으로 정의한다. 그리고 ∂S의 방향은 ∂D의 방향에 의해 결정된다. 여기서 조각적 C^1 곡선이란 C^1 곡선들의 이음이다.

정리 7.26 (스토크스 정리)

경계가 조각적 C^1인 곡선들의 합으로 이루어 진 영역 D에서 정의된 C^2 곡면 $S = X(u,v)$와 S의 경계 ∂S에서 정의된 C^1 벡터장 F에 대하여

$$\iint_S (\nabla \times F) = \int_{\partial S} F.$$

스토크스 정리의 자세한 증명은 참고문헌 [1], [3]을 참고하라.

예제 7.15 곡선 C를 원기둥 $x^2 + y^2 = 1$과 평면 $x + y = 1$의 교차하는 부분이고

$$F(x, y, z) = (-y^3, x^3, -z^3)$$

라 할 때 $\int_C F$를 구하여라. 이때 C의 향은 시계반대방향이다. (그림 7.17)

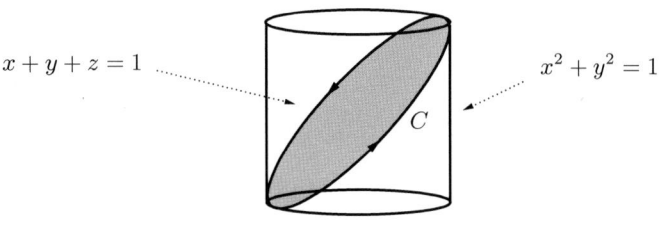

그림 7.17:

풀이 곡선 C는 곡면

$$S = \{(x, y, z) : z = 1 - x - y, x^2 + y^2 \leq 1\}$$

의 경계이므로 스토크스 정리에 의해

$$\int_C F = \iint_S \nabla \times F = \iint_D 3(x^2 + y^2) dx dy.$$

여기서 $D = \{(x, y) : x^2 + y^2 \leq 1\}$ 이다.

$x = r\cos\theta, y = r\sin\theta$ 로 치환하여 적분을 구하면

$$3 \iint_D (x^2 + y^2) dx dy = 3 \int_0^{2\pi} \int_0^1 r^2 \cdot r dr d\theta = 6\pi \int_0^1 r^3 dr = \frac{3\pi}{2}$$

이다. ∎

공간 속의 영역 R의 경계가 유한 개의 매개곡면 $S_1, S_2, \ldots, S_n$ 들로 이루어져 있다고 하자. 이때 R의 경계 ∂R의 향은 외향법벡터 $\boldsymbol{n}$이 결정해 준다.

정리 7.27 (발산정리)

공간속의 한 영역 R과 ∂R에서 정의된 C^1 벡터장 F에 대하여

$$\iiint_R \nabla \bullet F = \iint_{\partial R} F.$$

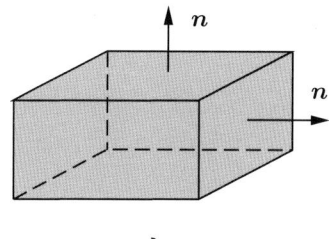

그림 7.18:

벡터장 F의 발산 $\nabla \bullet F$는 세변수의 함수이고 $\iiint_R \nabla \bullet F$는 공간속의 영역 R에서 삼중적분이다. 따라서 발산정리는 R에서 $\nabla \bullet F$의 삼중적분을 이중적분인 ∂R에서 벡터장 F의 적분으로 변경 가능함을 보여준다.

발산정리의 자세한 증명은 참고문헌 [1], [3]을 참고하라.

예제 7.16 곡면 S를 평면 $z = 0, y = 0, y = 2$와 포물기둥면 $z = 1 - x^2$으로 둘러싸인 영역 R의 경계라 하자. (그림 7.19)

벡터장

$$F(x, y, z) = (x + \cos y, y + \sin z, z + e^x)$$

에 대해

$$\iint_S F = \iiint_R \nabla \bullet F$$
$$= \iiint_R 3 dV_3 = 3 \int_{-1}^{1} \int_{0}^{2} \int_{0}^{1-x^2} dz\,dy\,dx = 8$$

이다. ∎

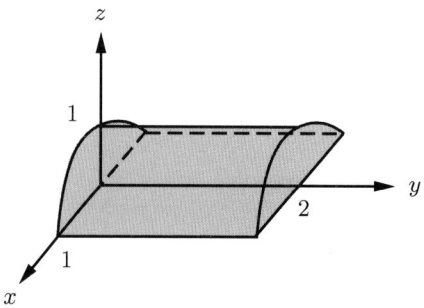

그림 7.19:

························· 연 습 문 제 **7.3** ·······························

1. $f(x, y, z) = xyz$ 이고 $S = \{(x, y, z) : x + y + z = 1 (x \geq 0, y \geq 0, z \geq 0)\}$ 일 때 면적분

$$\iint_S f(x, y, z) d\sigma$$

를 구하여라.

2. 다음 벡터장 F의 곡면 S에서 적분 $\iint_S F$를 구하여라.

(1) $F(x, y, z) = (x, y, z)$, S는 평면 $2x + 2y + z = 3$의 x, y, z가 양인 부분.

(2) $F(x, y, z) = (0, 2y, 3z)$, S는 $z = 3x + 2$의 부분으로 원기둥 $x^2 + y^2 = 4$ 의 내부.

3. S를 세 점 $(1, 0, 0), (0, 1, 0), (0, 0, 1)$을 꼭지점으로 하는 삼각형이라 하자. 이때 벡터장 $F(x, y, z) = (yz, xz, xy)$에 대해 스토크스 정리가 성립함을 보여라.

4. $F(x, y, z) = (3y, -xy, yz^2)$일 때 곡면 $S : 2z = x^2 + y^2, z \leq 2$에 대하여

$$\iint_S \nabla \times F$$

를 구하여라.

5. $F(x, y, z) = (x, y, z)$이고 $\partial R : x^2 + y^2 + z^2 = 1$일 때 발산정리가 성립함을 보여라.

제 8 장

행렬

8.1 행렬의 정의 및 기본성질

행렬이란 수를 직사각형 형태로 배열한 것을 말한다. 예를 들면

$$\begin{pmatrix} 1 \\ 2 \\ 3 \\ 4 \end{pmatrix}, \quad \begin{pmatrix} 1 & 2 \\ 3 & 4 \\ 5 & 6 \end{pmatrix}, \quad \begin{pmatrix} 1 & 2 \\ 3 & 4 \end{pmatrix}, \quad \begin{pmatrix} 1 \\ 2 \end{pmatrix}, \quad (3 \ 4)$$

등과 같은 것은 모두 행렬이다.

정의 8.1

다음과 같은 수의 배열을 $m \times n$ **행렬**이라 한다.

$$\begin{pmatrix} a_{11} & a_{12} & \cdots & a_{1n} \\ a_{21} & a_{22} & \cdots & a_{2n} \\ \vdots & \vdots & \vdots & \vdots \\ a_{m1} & a_{m2} & \cdots & a_{mn} \end{pmatrix}$$

위의 행렬을 A라 하면 행렬 A는 m개의 행과 n개의 열로 되어있다. m개의 행 중 첫 번째는 A의 제 1행, 두 번째는 A의 제 2행, $\ldots$, m번째는 A의 제 m행이라 하고 n개의 열 중 첫 번째는 A의 제 1열, 두 번째는 A의 제 2열, $\ldots$, n번째는 A의 제 n열이라 한다.

$$
\begin{array}{ccccccl}
a_{11} & a_{12} & \cdots & a_{1n} & \longrightarrow & \text{제 1행} \\
a_{21} & a_{22} & \cdots & a_{2n} & \longrightarrow & \text{제 2행} \\
\vdots & \vdots & \vdots & \vdots & \vdots & \vdots \\
a_{m1} & a_{m2} & \cdots & a_{mn} & \longrightarrow & \text{제 } m \text{ 행} \\
\downarrow & \downarrow & \cdots & \downarrow & \searrow & \\
\text{제1열} & \text{제2열} & \cdots & \text{제} n \text{ 열} & \text{주대각성분} &
\end{array}
$$

각 행에는 n개의 수가 배열되어 있으므로 $m \times n$ 행렬에는 $m \times n$개의 수가 배열되어있는데, 각 수들을 행렬 A의 **성분**이라 한다. 첨자가 i, j인 성분 a_{ij}는 i행과 j열에 속해있는 성분으로 (i, j)**성분**이라 한다. 그리고 $m = n$일 때 $a_{11}, a_{22}, \ldots, a_{nn}$을 **주대각성분**이라 한다.

예제 8.1 2×2 행렬

$$
A = \begin{pmatrix} 1 & 2 \\ 3 & 4 \end{pmatrix}
$$

에서 제 1행은 $1, 2$, 제 2행은 $3, 4$, 제 1열은 $1, 3$, 제 2열은 $2, 4$로 구성되어 있다. 그리고 $(1, 1)$성분은 1, $(1, 2)$성분은 2, $(2, 1)$성분은 3, $(2, 2)$성분은 4이다. ▌

행렬에서 사용되는 몇 가지 용어에 대해 알아보자.

정의 8.1에 주어진 $m \times n$ 행렬 A를 다음과 같이 나타내기로 하자.

$$
A = (a_{ij}) \quad (1 \leq i \leq m, 1 \leq j \leq n).
$$

만일 $m = n$, 즉 행의 수와 열이 수가 모두 n인 행렬을 n **차 정방행렬** 또는 n **차 정사각행렬**이라 한다. 예를 들면

$$
A = \begin{pmatrix} 1 & 2 \\ 3 & 4 \end{pmatrix}
$$

는 2차 정방행렬이다.

정사각행렬에서 $a_{ij} = 0(i \neq j)$인 행렬을 **대각행렬**이라 한다. 즉, 정방행렬에서 주대각성분을 제외한 모든 성분이 0인 행렬이다. 예를 들면

$$
\begin{pmatrix} 1 & 0 \\ 0 & 0 \end{pmatrix} \qquad \begin{pmatrix} 1 & 0 & 0 \\ 0 & 2 & 0 \\ 0 & 0 & 3 \end{pmatrix}
$$

등은 대각행렬이다.

모든 성분이 0인 행렬을 **영행렬**이라 한다. 예를 들면

$$\begin{pmatrix} 0 & 0 \\ 0 & 0 \end{pmatrix} \quad \begin{pmatrix} 0 & 0 & 0 \\ 0 & 0 & 0 \end{pmatrix}$$

등은 모두 영행렬이다.

두 개의 $m \times n$ 행렬

$$A = (a_{ij})(1 \le i \le m, 1 \le j \le n), \quad B = (b_{ij})(1 \le i \le m, 1 \le j \le n)$$

에서 모든 i, j에 대해 $a_{ij} = b_{ij}$일 때 A와 B가 같다고 하고 $A = B$로 나타낸다. 즉, 대응하는 성분이 같으면 같은 행렬이다.

다음은 행렬의 합과 곱, 그리고 행렬에 실수를 곱하는 것에 대한 정의이다.

정의 8.2

(1) $m \times n$ 행렬 $A = (a_{ij}), B = (b_{ij})(1 \le i \le m, 1 \le j \le n)$와 실수 α에 대해 A와 B의 합 $A + B$과 상수곱 αA는

$$A + B = (a_{ij} + b_{ij})(1 \le i \le m, 1 \le j \le n),$$

$$\alpha A = (\alpha a_{ij})(1 \le i \le m, 1 \le j \le n).$$

(2) $m \times n$ 행렬 $A = (a_{ij})(1 \le i \le m, 1 \le j \le n)$과 $n \times k$ 행렬 $B = (b_{ij})(1 \le i \le n, 1 \le j \le k)$에 대해 A와 B의 곱 AB는

$$AB = (c_{ij}) \ (\ 단\ c_{ij} = a_{i1}b_{1j} + a_{i2}b_{2j} + \cdots + a_{in}b_{nj}).$$

특히, A가 정사각행렬일 때, $AA = A^2$, $AAA = A^3$, $\ldots$ 등으로 나타낸다.

정의 8.2에서 다음과 같은 사실을 알 수 있다.

1. 행렬의 합의 정의에서 두 행렬의 합은 같은 꼴의 행렬끼리만 할 수 있다. 즉, A가 $m \times n$ 행렬이면 B도 $m \times n$ 행렬일 때만 $A + B$를 정의할 수 있다.

2. 행렬의 곱의 정의에서 두 행렬의 곱은 앞에 곱해지는 행렬의 열의 수와 뒤에 곱해지는 행렬의 행의 수가 같을 때만 정의되며 곱한 결과는 앞 행렬과 같은

행의 수와 뒤 행렬과 같은 열의 수를 갖는다. 즉, A가 $m \times n$ 행렬이고 B가 $m' \times n'$ 행렬이면 $n = m'$ 일 때 AB가 정의되고 AB는 $m \times n'$ 행렬이다.

3. 행렬 A에 실수 α를 곱한다는 것은 행렬 A의 각 성분에 α를 곱한다는 의미이다.

행렬의 합이나 상수곱은 쉽게 이해할 수 있으므로 행렬의 곱에 대해 좀 더 상세히 알아보자.

$A = (a_{ij})$가 $m \times n$ 행렬이고 $B = (b_{ij})$가 $n \times k$ 행렬일 때 A와 B의 곱 $AB = (c_{ij})$가 어떻게 정의되는지 아래 식을 이용해서 설명하자.

$$
\begin{pmatrix}
a_{11} & a_{12} & \cdots & a_{1n} \\
a_{21} & a_{22} & \cdots & a_{2n} \\
\cdots & \cdots & \cdots & \cdots \\
\boxed{a_{i1}\ a_{i2}\ \cdots\ a_{in}} \\
\cdots & \cdots & \cdots & \cdots \\
a_{m1} & a_{m2} & \cdots & a_{mn}
\end{pmatrix}
\begin{pmatrix}
b_{11} & b_{12} & \cdots & \boxed{b_{1j}} & \cdots & b_{1n} \\
b_{21} & b_{22} & \cdots & b_{2j} & \cdots & b_{2n} \\
\vdots & \vdots & \vdots & \vdots & \vdots & \vdots \\
b_{n1} & b_{n2} & \cdots & b_{nj} & \cdots & b_{nk}
\end{pmatrix}
$$

$$
=
\begin{pmatrix}
c_{11} & c_{12} & \cdots & c_{1j} & \cdots & c_{1k} \\
c_{21} & c_{22} & \cdots & c_{2j} & \cdots & c_{2k} \\
\vdots & \vdots & \vdots & \vdots & \vdots & \vdots \\
c_{i1} & c_{i2} & \cdots & \boxed{c_{ij}} & \cdots & c_{ik} \\
\vdots & \vdots & \vdots & \vdots & \vdots & \vdots \\
c_{n1} & c_{n2} & \cdots & c_{nj} & \cdots & c_{nk}
\end{pmatrix}
$$

여기서 행렬 AB의 (i, j)성분 c_{ij}는 행렬 A의 i행과 행렬 B의 j열을 대응하는 성분끼리 곱한 다음 모두 더한 것이다. 즉,

$$
c_{ij} = \underbrace{\boxed{a_{i1}\ a_{i2}\ \cdots\ a_{in}}}_{A \text{의 } i \text{행}} \times \underbrace{\begin{bmatrix} b_{1j} \\ b_{2j} \\ \vdots \\ b_{nj} \end{bmatrix}}_{B \text{의 } j \text{행}} = a_{i1}b_{1j} + a_{i2}b_{2j} + \cdots + a_{in}b_{nj}.
$$

행렬 A의 행의 성분과 행렬 B의 열의 성분이 짝을 이루기 위해서는 성분의 수가 같아야 하므로 행렬 A와 B의 곱 AB가 정의되기 위해서는 행렬 A의 열의 수와 행렬 B의 행의 수가 같아야 하는 것은 이런 이유 때문이다.

예제 8.2 $A = \begin{pmatrix} 1 & 2 & 0 \\ 3 & 7 & 4 \end{pmatrix}$, $B = \begin{pmatrix} -4 & 1 & 3 \\ 6 & 5 & 2 \end{pmatrix}$ 일 때 $A + B, 3A$를 구하자.

$$A + B = \begin{pmatrix} -3 & 3 & 3 \\ 9 & 12 & 6 \end{pmatrix}, \qquad 3A = \begin{pmatrix} 3 & 6 & 0 \\ 9 & 21 & 12 \end{pmatrix}. \blacksquare$$

예제 8.3 행렬 A와 B가 아래와 같이 주어졌을 때 AB의 $(2,3)$성분과 $(3,3)$성분을 구하자.

$$A = \begin{pmatrix} 1 & 2 & 3 \\ -4 & 0 & 2 \\ 5 & 6 & 1 \end{pmatrix}, \qquad B = \begin{pmatrix} 7 & 1 & -4 \\ 5 & 8 & 3 \\ 2 & -1 & 0 \end{pmatrix}.$$

$(2,3)$성분은 행렬 A의 2행의 성분들과 이 성분에 대응하는 행렬 B의 3열의 성분들을 곱하여 모두 더한 것이므로

$$\boxed{\begin{array}{ccc} -4 & 0 & 2 \end{array}} \times \boxed{\begin{array}{c} -4 \\ 3 \\ 0 \end{array}} = (-4) \times (-4) + 0 \times 3 + 2 \times 0 = 16.$$

같은 방법으로 $(3,3)$성분을 구하면 -2이다. $\blacksquare$

행렬의 합, 곱 그리고 실수곱에 대해 다음이 성립한다.

정리 8.3

$m \times n$행렬 A, B, C, 실수 α에 대하여 다음이 성립한다.

(1) $A + B = B + A$.   (2) $(A + B) + C = A + (B + C)$.

(3) $A + O = O + A = A, A + (-A) = O$.   (4) $\alpha(A + B) = \alpha A + \alpha B$.

그리고 각각 합과 곱이 정의되는 경우 다음이 성립한다.

(5) $(AB)C = A(BC)$.   (6) $(A + B)C = AB + BC$.

(7) $A(B + C) = AB + AC$.

증명은 행렬의 합과 곱, 상수곱의 정의에서 쉽게 증명할 수 있다.

참고 일반적으로 행렬의 곱에서 교환법칙이 성립하지 않는다. 즉, $AB \neq BA$이다. 그리고 두 행렬 A, B에 대해 $AB = O$이라 해서 $A = O$ 또는 $B = O$이

아닐 수 있다. 예를 들어

$$A = \begin{pmatrix} 0 & 1 \\ 0 & 0 \end{pmatrix}, \quad B = \begin{pmatrix} 1 & 1 \\ 0 & 0 \end{pmatrix}$$

이면

$$AB = \begin{pmatrix} 0 & 1 \\ 0 & 0 \end{pmatrix} \begin{pmatrix} 1 & 1 \\ 0 & 0 \end{pmatrix} = \begin{pmatrix} 0 & 0 \\ 0 & 0 \end{pmatrix},$$

$$BA = \begin{pmatrix} 1 & 1 \\ 0 & 0 \end{pmatrix} \begin{pmatrix} 0 & 1 \\ 0 & 0 \end{pmatrix} = \begin{pmatrix} 0 & 1 \\ 0 & 0 \end{pmatrix}.$$

따라서 $AB \neq BA$ 이고 $AB = O$ 이지만 $A \neq O, B \neq O$ 이다. ∎

정의 8.4

n 차 정방행렬에서 주대각성분은 모두 1이고 나머지 성분은 모두 0인 행렬을 **n 차 단위행렬**이라 하고 I_n 으로 나타낸다.

즉, n 차 단위행렬 I_n 은 다음과 같은 형태의 정방행렬이다.

$$I_n = \begin{pmatrix} 1 & 0 & 0 & \cdots & 0 \\ 0 & 1 & 0 & \cdots & 0 \\ 0 & 0 & 1 & \cdots & 0 \\ \vdots & \vdots & \vdots & \ddots & \vdots \\ 0 & 0 & \cdots & 0 & 1 \end{pmatrix}$$

정의 8.5

행렬 A 의 행과 열을 바꾼 행렬을 A 의 **전치행렬**이라 하고 A^T 로 나타낸다.

예제 8.4 $A = \begin{pmatrix} 1 & 2 & 3 \\ 4 & 5 & 6 \end{pmatrix}$ 일 때 A 의 전치행렬은

$$A^T = \begin{pmatrix} 1 & 4 \\ 2 & 5 \\ 3 & 6 \end{pmatrix} \quad ∎$$

예제 8.4처럼 2×3 행렬의 전치행렬은 3×2 행렬이 된다. 일반적으로 $m \times n$

행렬은 $n \times m$ 행렬이 된다는 것은 쉽게 이해할 수 있을 것이다.

전치행렬에 대해 다음 성질이 성립한다.

정리 8.6

두 행렬 A, B와 실수 α에 대해 다음이 성립한다.

(1) $(A+B)^T = A^T + B^T$.   (2) $(\alpha A)^T = \alpha A^T$.

(3) $(A^T)^T = A$.   (4) $(AB)^T = B^T A^T$.

위 정리의 증명은 전치행렬의 정의를 이용하면 간단히 할 수 있으므로 생략한다. 그리고 일반적으로 $(AB)^T \neq A^T B^T$임을 주의하기 바란다.

························ 연습문제 **8.1** ························

1. 행렬 A, B, C가 다음과 같을 때 $A + C^T, AB$를 구하여라.

$$A = \begin{pmatrix} 4 & -2 & 3 \\ 0 & 5 & -2 \end{pmatrix}, \quad B = \begin{pmatrix} 6 & 2 & -4 \\ 3 & -1 & 2 \\ 0 & 4 & 3 \end{pmatrix}, \quad C = \begin{pmatrix} 5 & 4 \\ -3 & 2 \\ 2 & -3 \end{pmatrix}$$

2. $A = \begin{pmatrix} -2 & 3 \\ 2 & -3 \end{pmatrix}, B = \begin{pmatrix} 3 & 6 \\ 2 & 4 \end{pmatrix}$일 때 $AB \neq BA$임을 보여라.

3. $AB = AC$지만 $B \neq C$인 2차 정방행렬 A, B, C를 구하여라.

8.2 행렬식과 역행렬

정의 8.7

2차 정방행렬 $A = \begin{pmatrix} a & b \\ c & d \end{pmatrix}$에 대해 $ad - bc$를 행렬 A의 **행렬식**이라 하고 $|A|$로 나타낸다.

즉, A의 행렬식 $|A|$는

$$|A| = \begin{vmatrix} a & b \\ c & d \end{vmatrix} = ad - bc.$$

예제 **8.5** 행렬 $A = \begin{pmatrix} 1 & 2 \\ 3 & 4 \end{pmatrix}$ 의 행렬식은

$$|A| = 1 \times 4 - 2 \times 4 = -2. \ \blacksquare$$

정의 8.8

3차 정방행렬

$$A = \begin{pmatrix} a_{11} & a_{12} & a_{13} \\ a_{21} & a_{22} & a_{23} \\ a_{31} & a_{32} & a_{33} \end{pmatrix}$$

에 대해 다음을 A의 행렬식이라 하고 $|A|$로 나타낸다. 즉,

$$|A| = a_{11} \begin{vmatrix} a_{22} & a_{23} \\ a_{32} & a_{33} \end{vmatrix} - a_{12} \begin{vmatrix} a_{21} & a_{23} \\ a_{31} & a_{33} \end{vmatrix} + a_{13} \begin{vmatrix} a_{21} & a_{22} \\ a_{31} & a_{32} \end{vmatrix}.$$

따라서 정의 8.8에 주어진 3차 정방행렬 A의 행렬식은

$$|A| = a_{11}(a_{22}a_{33} - a_{23}a_{32}) - a_{12}(a_{21}a_{33} - a_{23}a_{31}) + a_{13}(a_{21}a_{32} - a_{22}a_{31}).$$

예제 **8.6** 3차 정방행렬

$$A = \begin{pmatrix} 0 & 2 & 4 \\ 1 & -4 & 4 \\ 3 & -2 & 1 \end{pmatrix}$$

의 행렬식 $|A|$를 구하자.

$$|A| = 0 \cdot \begin{vmatrix} -4 & 4 \\ -2 & 1 \end{vmatrix} - 2 \cdot \begin{vmatrix} 1 & 4 \\ 3 & 1 \end{vmatrix} + 4 \cdot \begin{vmatrix} 1 & -4 \\ 3 & -2 \end{vmatrix}$$

$$= 0 \cdot (-4 + 8) - 2 \cdot (1 - 12) + 4 \cdot (-2 + 12) = 62$$

이다. $\blacksquare$

⬤⬤ 8.7 행렬

$$A = \begin{pmatrix} a & 0 & 0 \\ 0 & b & 0 \\ 0 & 0 & c \end{pmatrix}$$

의 행렬식은

$$|A| = a \begin{vmatrix} b & 0 \\ 0 & c \end{vmatrix} + 0 \cdot \begin{vmatrix} 0 & 0 \\ 0 & c \end{vmatrix} + 0 \cdot \begin{vmatrix} 0 & b \\ 0 & 0 \end{vmatrix}$$

$$= abc$$

이다. ∎

n차 정방행렬 $A = (a_{ij})(1 \le i, j \le n)$에서 i행과 j열을 소거한 $(n-1)$차 정방행렬을 A_{ij}로 나타내자. 즉,

$$A_{ij} = \begin{pmatrix} a_{11} & a_{12} & \cdots & \cancel{a_{1j}} & \cdots & a_{1n} \\ a_{21} & a_{22} & \cdots & \cancel{a_{2j}} & \cdots & a_{2n} \\ \cdots & \cdots & \cdots & \cdots & \cdots & \cdots \\ \cancel{a_{i1}} & \cancel{a_{i2}} & \cdots & \cancel{a_{ij}} & \cdots & \cancel{a_{in}} \\ \cdots & \cdots & \cdots & \cdots & \cdots & \cdots \\ a_{m1} & a_{m2} & \cdots & \cancel{a_{mj}} & \cdots & a_{mn} \end{pmatrix}$$

⬤⬤ 8.8 만일

$$A = \begin{pmatrix} a_{11} & a_{12} & a_{13} \\ a_{21} & a_{22} & a_{23} \\ a_{31} & a_{32} & a_{33} \end{pmatrix}$$

이면

$$A_{11} = \begin{pmatrix} a_{22} & a_{23} \\ a_{32} & a_{33} \end{pmatrix}, \quad A_{12} = \begin{pmatrix} a_{21} & a_{23} \\ a_{31} & a_{33} \end{pmatrix}, \quad A_{13} = \begin{pmatrix} a_{21} & a_{22} \\ a_{31} & a_{32} \end{pmatrix}$$

등이다. ∎

따라서 3차정방행렬 $A = (a_{ij})(1 \le i, j \le 3)$의 행렬식은

$$|A| = a_{11}|A_{11}| - a_{12}|A_{12}| + a_{13}|A_{13}|.$$

비슷하게 $n(\geq 4)$차 정방행렬의 행렬식은 다음과 같이 정의한다.

정의 8.9

n차 정방행렬 $A = (a_{ij})(1 \leq i, j \leq n, n \geq 4)$에서

$$|A| = a_{11}|A_{11}| - a_{12}|A_{12}| + \cdots + (-1)^{1+n}a_{1n}|A_{1n}|$$

을 A의 행렬식이라 한다.

참고 위 정의는 행렬 A의 제 1행을 기준으로 나타낸 A의 행렬식이라 한다. A의 행렬식을 A의 i행을 기준으로 나타내면 다음과 같다.

$$|A| = (-1)^{i+1}a_{i1}|A_{i1}| + (-1)^{i+2}a_{i2}|A_{i2}| + \cdots + (-1)^{i+n}a_{in}|A_{in}|. \qquad (8.1)$$

마찬가지로 j열을 기준으로 나타내면 다음과 같다.

$$|A| = (-1)^{1+j}a_{1j}|A_{1j}| + (-1)^{2+j}a_{2j}|A_{2j}| + \cdots + (-1)^{n+j}|A_{nj}|. \qquad (8.2)$$

식 (8.1)과 식 (8.2)의 우변은 모두 $|A|$와 같다. 따라서 $|A|$를 구할 때 0을 많이 포함하는 행 또는 열을 기준으로 하는 것이 간편하다.

참고로 n차 정방행렬 $A = (a_{ij})$의 행렬식의 일반적인 정의는 다음과 같다.

$$|A| = \sum_{\sigma \in S_n} \mathrm{sgn}(\sigma)a_{1\sigma(1)}a_{2\sigma(2)} \cdots a_{n\sigma(n)}.$$

여기서 S_n은 $\{1, 2, \ldots, n\}$의 치환들의 집합이고 $\mathrm{sgn}(\sigma)$는 치환 σ의 부호이다. 자세한 것은 참고문헌 [5]를 참고하라. ∎

예제 8.9 다음 4차 정방행렬

$$A = \begin{pmatrix} 0 & 2 & 0 & 4 \\ 1 & -4 & 0 & 4 \\ -2 & 8 & -1 & 3 \\ 3 & -2 & 0 & 1 \end{pmatrix}$$

의 행렬식을 구하자.

이 행렬의 경우 제 3열이 0을 가장 많이 포함하고 있으므로 제 3열을 기준으로 행렬식을 구하면 다음과 같다.

$$
\begin{aligned}
|A| &= 0 \cdot |A_{13}| - 0 \cdot |A_{23}| + (-1) \cdot |A_{33}| - 0 \cdot |A_{43}| \\
&= - \begin{vmatrix} 0 & 2 & 4 \\ 1 & -4 & 4 \\ 3 & -2 & 1 \end{vmatrix} = -62. \ \blacksquare
\end{aligned}
$$

정리 8.10

n차 정방행렬 A에 대해 다음 성질이 성립한다.

(1) $|A| = |A^T|$.

(2) 실수 α에 대해 $|\alpha A| = \alpha^n |A|$.

(3) n차 정방행렬 B에 대해 $|AB| = |A||B|$.

(4) A_1이 A의 임의의 한 행 또는 열에 α를 곱한 행렬이면 $|A_1| = \alpha |A|$.

(5) A_2가 A의 임의의 두 행 또는 두 열을 바꾼 행렬이면 $|A_2| = -|A|$.

(6) A_3가 A의 임의의 한 행에 α배해서 다른 행에 더하거나 A의 임의의 한 열에 α배 해서 다른 열에 더한 행렬이면 $|A_3| = |A|$.

3차 정방행렬 $A = \begin{pmatrix} 0 & 2 & 4 \\ 1 & -4 & 4 \\ 3 & -2 & 1 \end{pmatrix}$ 을 이용해서 정리 8.10을 설명하자.

$$
|A| = 0 \cdot \begin{vmatrix} -4 & 4 \\ -2 & 1 \end{vmatrix} - 2 \cdot \begin{vmatrix} 1 & 4 \\ 3 & 1 \end{vmatrix} + 4 \cdot \begin{vmatrix} 1 & -4 \\ 3 & -2 \end{vmatrix} = 62 \quad (A \text{의 1행을 기준으로})
$$

$$
|A^T| = 0 \cdot \begin{vmatrix} -4 & -2 \\ 4 & 1 \end{vmatrix} - 2 \begin{vmatrix} 1 & 3 \\ 4 & 1 \end{vmatrix} + 4 \cdot \begin{vmatrix} 1 & 3 \\ -4 & -2 \end{vmatrix} = 62 \quad (A^T \text{의 1열을 기준으로})
$$

$$
\begin{aligned}
|3A| &= \begin{vmatrix} 3 \cdot 0 & 3 \cdot 2 & 3 \cdot 4 \\ 3 \cdot 1 & 3 \cdot (-4) & 3 \cdot 4 \\ 3 \cdot 3 & 3 \cdot (-2) & 3 \cdot 1 \end{vmatrix} = \begin{vmatrix} 0 & 6 & 12 \\ 3 & -12 & 12 \\ 9 & -6 & 3 \end{vmatrix} \\
&= 0 \cdot \begin{vmatrix} -12 & 12 \\ -6 & 3 \end{vmatrix} - 6 \cdot \begin{vmatrix} 3 & 12 \\ 9 & 3 \end{vmatrix} + 12 \cdot \begin{vmatrix} 3 & -12 \\ 9 & -6 \end{vmatrix} = 3^3 \cdot 62.
\end{aligned}
$$

만일

$$B = \begin{pmatrix} 1 & 3 & 2 \\ -2 & 1 & 2 \\ 1 & 4 & 1 \end{pmatrix}$$

이면 $|B| = -13$ 이고

$$AB = \begin{pmatrix} 0 & 18 & 8 \\ 13 & 15 & -2 \\ 8 & 11 & 3 \end{pmatrix}.$$

따라서 $|AB| = |A||B| = 62 \cdot (-13) = -806$ 이다. 그리고

$$A_1 = \begin{pmatrix} 3 \cdot 0 & 3 \cdot 2 & 3 \cdot 4 \\ 1 & -4 & 4 \\ 3 & -2 & 1 \end{pmatrix}$$

이라 하자. 즉, A의 1행에 3을 곱한 것을 A_1 이라 하면 $|A_1| = 3 \cdot 62 = 3|A|$ 이다.

$$A_2 = \begin{pmatrix} 1 & -4 & 4 \\ 0 & 2 & 4 \\ 3 & -2 & 1 \end{pmatrix}$$

라 하자. 즉, 행렬 A에서 1행과 2열을 바꾼 것을 A_2 라 하면 $|A_2| = -62 = -|A|$ 이다. 또한 A_3를 A의 1행에 3을 곱해 2행에 더한 행렬이라 하면, 즉

$$A_3 = \begin{pmatrix} 0 & 2 & 4 \\ 1+3 \cdot 0 & -4+3 \cdot 2 & 4+3 \cdot 4 \\ 3 & -2 & 1 \end{pmatrix}$$

라 하면 $|A_3| = 62$ 임을 알 수 있다.

여기서는 정리 8.10의 특별한 경우에 대한 예를 보였지만 일반적인 경우도 성립한다는 것은 같은 방법으로 보일 수 있다.

정의 8.11

n차 정방행렬 A에 대해 다음을 만족하는 n차 정방행렬 B를 A의 **역행렬** 이라 한다.

$$AB = BA = I_n.$$

이때 $B = A^{-1}$로 나타낸다.

만일 B, C가 A의 역행렬이면

$$B = I_n B = (CA)B = C(AB) = CI_n = C$$

이므로 A의 역행렬이 존재한다면 하나 뿐이라는 것을 알 수 있다.

정방행렬 모두 역행렬을 갖는 것은 아니다. 역행렬이 존재하는 정방행렬을 **정칙행렬**, 역행렬이 존재하지 않는 행렬을 **특이행렬**이라 부른다.

정리 8.12

행렬 A, B의 역행렬이 존재하면, 즉 정칙행렬이면 AB도 정칙행렬이고

$$(AB)^{-1} = B^{-1}A^{-1}$$

증명 A, B가 정칙행렬일 때 AB가 정칙행렬이라는 것을 보이기 위해 정칙행렬이 되기위한 필요충분조건을 찾고나면 쉽게 보일 수 있으므로 이 부분의 증명은 나중으로 미룬다.

$B^{-1}A^{-1}$이 AB의 역행렬이란 사실은 다음 계산에서 쉽게 보여진다.

$$(AB)(B^{-1}A^{-1}) = A(BB^{-1})A^{-1} = AI_nA^1 = AA^{-1} = I_n,$$
$$(B^{-1}A^{-1})(AB) = B^{-1}(A^{-1}A)B = B^{-1}I_nB = B^{-1}B = I_n. \blacksquare$$

이제부터 어떤 정방행렬이 역행렬을 가지기 위한 필요충분조건과 만일 역행렬이 존재한다면 역행렬을 구하는 방법에 대해 증명없이 알아보기로 하자.

정리 8.13

n차 정방행렬 A가 역행렬을 갖기 위한 필요충분조건은

$$|A| \neq 0.$$

증명 만일 B가 A의 역행렬이면 $AB = BA = I$이고 정리 8.10의 (3)에 의하면

$$|AB| = |A||B| = 1$$

이 성립한다. 따라서 A의 역행렬이 존재하면 $|A| \neq 0$임을 알 수 있다.

역은 참고문헌 [5]를 참고하라. $\blacksquare$

따라서 어떤 정방행렬 A의 역행렬의 존재성은 $|A|$를 계산하면 알 수 있다.

역행렬 구하기   정칙인 n차 정방행렬 $A = (a_{ij})$의 역행렬은 다음 순서로 구하면 된다.

1. $|A|$를 구한다.
2. (i, j) 성분이 $c_{ij} = (-1)^{i+j}|A_{ij}|$인 행렬 $C = (c_{ij})$를 구한다. 여기서 A_{ij}는 행렬 A에서 a_{ij}를 포함하는 행과 열을 소거한 $(n-1)$차 정방행렬이다.
3. $A^{-1} = \dfrac{1}{|A|}\,\mathrm{adj}(A)$ 이다. 이때 $\mathrm{adj}(A) = C^T$ 이고 A의 **수반행렬**이라 한다.

다음 예제는 위에서 언급한 방법으로 역행렬을 구한 것이다.

예제 8.10 다음 3×3 행렬의 역행렬을 구하자.

$$A = \begin{pmatrix} 1 & 2 & 3 \\ -2 & 1 & 4 \\ 2 & 3 & 2 \end{pmatrix}$$

$|A| = -10 \neq 0$이므로 역행렬이 존재한다. 그리고 A의 역행렬은

$$A^{-1} = \frac{1}{|A|}\,\mathrm{adj}(A) = -\frac{1}{10}\begin{pmatrix} \begin{vmatrix} 1 & 4 \\ 3 & 2 \end{vmatrix} & -\begin{vmatrix} -2 & 4 \\ 2 & 2 \end{vmatrix} & \begin{vmatrix} -2 & 1 \\ 2 & 3 \end{vmatrix} \\[4mm] -\begin{vmatrix} 2 & 3 \\ 3 & 2 \end{vmatrix} & \begin{vmatrix} 1 & 3 \\ 2 & 2 \end{vmatrix} & -\begin{vmatrix} 1 & 2 \\ 2 & 3 \end{vmatrix} \\[4mm] \begin{vmatrix} 2 & 3 \\ 1 & 4 \end{vmatrix} & -\begin{vmatrix} 1 & 3 \\ -2 & 4 \end{vmatrix} & \begin{vmatrix} 1 & 2 \\ -2 & 1 \end{vmatrix} \end{pmatrix}^T$$

$$= -\frac{1}{10}\begin{pmatrix} -10 & 12 & -8 \\ 5 & -4 & 1 \\ 5 & -10 & 5 \end{pmatrix}^T$$

$$= -\frac{1}{10}\begin{pmatrix} -10 & 5 & 5 \\ 12 & -4 & -10 \\ -8 & 1 & 5 \end{pmatrix}.\ \blacksquare$$

가우스-조르당 소거법을 이용해서도 역행렬을 구할 수 있는데 자세한 것은
나중에 다룬다.

$\cdots\cdots\cdots\cdots\cdots\cdots\cdots\cdots\cdots$ 연습문제 **8.2** $\cdots\cdots\cdots\cdots\cdots\cdots\cdots\cdots$

1. A, B가 2차 정방행렬일 때

$$|AB| = |A||B|$$

임을 보여라.

2. 다음 행렬의 행렬식을 구하여라.

$$A = \begin{pmatrix} 2 & 1 & 3 \\ -1 & 2 & 0 \\ 3 & -2 & 1 \end{pmatrix}$$

3. 행렬

$$\begin{pmatrix} -2 & 3 & -1 \\ 1 & 2 & -1 \\ -2 & -1 & 1 \end{pmatrix}$$

의 역행렬을 구하여라.

4. 다음 삼각행렬 A의 행렬식을 구하여라.

$$A = \begin{pmatrix} a_{11} & a_{12} & a_{13} & \cdots & a_{1n} \\ 0 & a_{22} & a_{23} & \cdots & a_{2n} \\ 0 & 0 & a_{33} & \cdots & a_{3n} \\ \vdots & \vdots & \vdots & \ddots & \vdots \\ 0 & 0 & 0 & \cdots & a_{nn} \end{pmatrix}$$

5. 다음 행렬의 행렬식을 정리 8.10을 이용해서 구하라.

$$A = \begin{pmatrix} -2 & -3 & -4 & -5 \\ 4 & 5 & 6 & 2 \\ 7 & 8 & 9 & 5 \\ 3 & 4 & 5 & 1 \end{pmatrix}$$

8.3 행렬의 응용

8.3.1 행렬과 연립방정식

다음과 같은 연립방정식을 생각하자.

$$\begin{cases} ax + by = \alpha, \\ cx + dy = \beta. \end{cases} \tag{8.3}$$

만일 $ad - bc \neq 0$이면 연립방정식 (8.3)의 해가 유일하게 존재하고 해는 다음과 같이 주어진다.

$$x = \frac{\alpha d - \beta b}{ad - bc} = \frac{\begin{vmatrix} \alpha & b \\ \beta & d \end{vmatrix}}{\begin{vmatrix} a & b \\ c & d \end{vmatrix}}, \quad y = \frac{\beta a - \alpha c}{ad - bc} = \frac{\begin{vmatrix} a & \alpha \\ c & \beta \end{vmatrix}}{\begin{vmatrix} a & b \\ c & d \end{vmatrix}}$$

미지수와 방정식의 갯수가 n인 일차연립방정식은 다음과 같은 형태이다.

$$\begin{cases} a_{11}x_1 + a_{12}x_2 + \cdots + a_{1n}x_n = \alpha_1 \\ a_{21}x_1 + a_{22}x_2 + \cdots + a_{2n}x_n = \alpha_2 \\ \quad\quad\quad\quad \vdots \\ a_{n1}x_1 + a_{n2}x_2 + \cdots + a_{nn}x_n = \alpha_n \end{cases} \tag{8.4}$$

연립방정식 (8.4)를 행렬을 이용하여 표현하면 다음과 같다.

$$\begin{pmatrix} a_{11} & a_{12} & \cdots & a_{1n} \\ a_{21} & a_{22} & \cdots & a_{2n} \\ \vdots & \vdots & \ddots & \vdots \\ a_{n1} & a_{n2} & \cdots & a_{nn} \end{pmatrix} \begin{pmatrix} x_1 \\ x_2 \\ \vdots \\ x_n \end{pmatrix} = \begin{pmatrix} \alpha_1 \\ \alpha_2 \\ \vdots \\ \alpha_n \end{pmatrix}$$

여기서 연립방정식 (8.4)의 계수들로 이루어진 n차 정방행렬을 연립방정식 (8.4)의 **계수행렬**이라 부른다. 이 행렬을 A라 하고 행렬 $A_i(i = 1, 2, \ldots, n)$을 행렬 A의 i열을

$$\begin{pmatrix} \alpha_1 \\ \alpha_2 \\ \vdots \\ \alpha_n \end{pmatrix}$$

으로 대치한 행렬이라 하자. 예를 들면

$$A_1 = \begin{pmatrix} \alpha_1 & a_{12} & \cdots & a_{1n} \\ \alpha_2 & a_{22} & \cdots & a_{2n} \\ \vdots & \vdots & \ddots & \vdots \\ \alpha_n & a_{n2} & \cdots & a_{nn} \end{pmatrix}, \quad A_2 = \begin{pmatrix} a_{11} & \alpha_1 & \cdots & a_{1n} \\ a_{21} & \alpha_2 & \cdots & a_{2n} \\ \vdots & \vdots & \ddots & \vdots \\ a_{n1} & \alpha_n & \cdots & a_{nn} \end{pmatrix}$$

등이다.

$|A| \neq 0$이면 연립방정식 (8.4)의 해는 **클래머 공식**으로 알려져 있다.

정리 8.14 (클래머(Cramer) 공식)

만일 $|A| \neq 0$이면 연립방정식 (8.4)의 해는 유일하게 다음과 같이 주어진다.

$$x_1 = \frac{|A_1|}{|A|}, \quad x_2 = \frac{|A_2|}{|A|}, \quad \ldots, \quad x_n = \frac{|A_n|}{|A|}.$$

연립방정식의 해법 중 클래머 공식 외에 **가우스-조르당**(Gauss-Jordan) **소거법**이 있는데 가우스-조르당 소거법에 대해서는 다음 절에 다룬다.

예제 8.11 클래머 공식을 이용하여 다음 연립방정식을 풀어보자.

$$\begin{cases} x + 2y - z = 2, \\ 3x - y + 2z = -3, \\ x + 3y - 4z = 1. \end{cases}$$

계수행렬이

$$A = \begin{pmatrix} 1 & 2 & -1 \\ 3 & -1 & 2 \\ 1 & 3 & -4 \end{pmatrix}$$

이므로

$$|A| = \begin{vmatrix} 1 & 2 & -1 \\ 3 & -1 & 2 \\ 1 & 3 & -4 \end{vmatrix} = 16, \qquad |A_1| = \begin{vmatrix} 2 & 2 & -1 \\ -3 & -1 & 2 \\ 1 & 3 & -4 \end{vmatrix} = -16$$

$$|A_2| = \begin{vmatrix} 1 & 2 & -1 \\ 3 & -3 & 2 \\ 1 & 1 & -4 \end{vmatrix} = 32, \qquad |A_3| = \begin{vmatrix} 1 & 2 & 2 \\ 3 & -1 & -3 \\ 1 & 3 & 1 \end{vmatrix} = 16$$

따라서

$$x = \frac{|A_1|}{|A|} = -1, \quad y = \frac{|A_2|}{|A|} = 2, \quad z = \frac{|A_3|}{|A|} = 1. \blacksquare$$

························· 연습문제 8.3.1 ·························

1. 크래머 공식을 이용해서 다음 연립방정식의 해를 구하여라.

$$\begin{cases} x + 2y + 3z = 9, \\ 2x - y + z = -8, \\ 3x - z = 3. \end{cases}$$

8.3.2 가우스-조르당 소거법

앞 절에서는 행렬식을 이용해서 역행열을 구하는 방법에 대해 알아보았다. 이 절에서는 다른 방법으로 역행렬을 구하자. 이 방법은 행이나 열을 변화시키면서 역행렬를 구하는 방법이다. 지금부터 다루어지는 행에 대한 것은 모두 열에 대해서도 성립하므로 여기서는 행을 위주로 다루자.

정의 8.15

n차 정방행렬 A의 임의의 행(열)에 대한 다음과 같은 변환을 **기본 행연산 (열연산)**이라 한다.

(1) i행(열)에 0이 아닌 실수 α를 곱한다. 이 연산 후에 얻은 행렬을 기호로 $A_{(i) \times \alpha}$로 나타낸다.

(2) i행(열)에 실수 α를 곱하여 다른 j행(열)에 더한다. 이 연산 후에 얻은 행렬을 기호로 $A_{(i) \times \alpha + (j)}$로 나타낸다.

(3) i행(열)과 j행(열)을 서로 바꾼다. 이 연산 후에 얻은 행렬을 $A_{(i) \leftrightarrow (j)}$로 나타낸다.

n차 단위행렬에 단 한 번의 기본 행연산(열연산)을 적용하여 얻어지는 n차 정방행렬을 **기본행렬**(elementary matrix)라 한다.

만일 행렬 A에 여러 번의 기본 행연산(열연산)을 실행하여 행렬 B을 얻었다면 두 행렬 A와 B를 **행동치(열동치)**라 한다.

만일 행렬 A와 B가 행동치(열동치)이고 행렬 B와 C가 행동치(열동치)이면 A와 C가 행동치(열동치)가 된다는 것은 쉽게 알 수 있다.

I_m을 m차 단위행렬이라 하자. I_m에 기본 행연산을 실행하여 얻어진 기본행렬을 E라 하면 $m \times n$행렬 A에 I_m에서 E를 얻을 때 적용했던 연산을 A에 적용해서 얻은 행렬은 EA이다. 예를 들어

$$E = \begin{pmatrix} 1 & 0 & 0 \\ 0 & 1 & 0 \\ 3 & 0 & 1 \end{pmatrix}$$

라 하면 E는 $I_3 = I$의 1행에 3을 곱한 것을 3행에 더하는 기본 행연산에 의해 얻어진 행렬이다. 즉, $E = I_{(1) \times 3 + (3)}$이다.

행렬

$$A = \begin{pmatrix} 1 & 0 & 2 & 5 \\ 0 & 2 & 1 & 3 \\ -1 & 5 & 3 & 0 \end{pmatrix}$$

에 꼭 같은 연산을 적용하여 얻은 행렬은

$$A_{(1) \times 3 + (3)} = \begin{pmatrix} 1 & 0 & 2 & 5 \\ 0 & 2 & 1 & 3 \\ 2 & 5 & 9 & 15 \end{pmatrix}.$$

그리고

$$EA = \begin{pmatrix} 1 & 0 & 0 \\ 0 & 1 & 0 \\ 3 & 0 & 1 \end{pmatrix} \begin{pmatrix} 1 & 0 & 2 & 5 \\ 0 & 2 & 1 & 3 \\ -1 & 5 & 3 & 0 \end{pmatrix} = \begin{pmatrix} 1 & 0 & 2 & 5 \\ 0 & 2 & 1 & 3 \\ 2 & 5 & 9 & 15 \end{pmatrix}.$$

따라서

$$A_{(1) \times 3 + (3)} = EA = I_{(1) \times 3 + (3)} A.$$

이와 같이 I_m에서 기본 행연산으로 얻은 기본행렬 E를 $m \times n$ 행렬 A의 왼쪽에 곱한 EA는 행렬 A에 I_m에서 E를 얻을 때 적용했던 기본 행연산을 A에 적용한 행렬이다.

열에 대해서도 비슷한 성질이 성립한다. 즉, n차 단위행렬 I_n에서 기본 열연산을 한 번 적용하여 얻은 행렬을 E라 할 때 동일한 기본 열연산을 $m \times n$ 행렬 A에 적용하여 얻을 수 있는 행렬은 AE가 된다. 예를 들어 기본행렬

$$E = \begin{pmatrix} 1 & 0 & 3 \\ 0 & 1 & 0 \\ 0 & 0 & 1 \end{pmatrix}$$

은 $I_3 = I$의 3열에 3을 곱한 것을 1열에 더한 것이다. 즉, $E = I_{(3) \times 3 + (1)}$. 만일

$$A = \begin{pmatrix} 1 & 2 & 4 \\ 0 & -1 & 4 \\ 2 & 3 & 10 \\ 3 & 6 & 9 \end{pmatrix}$$

라 하면 A의 3열에 3을 곱한 것을 1열에 더하여 얻은 행렬은

$$A_{(3) \times 3 + (1)} = \begin{pmatrix} 1 & 2 & 7 \\ 0 & -1 & 4 \\ 2 & 3 & 16 \\ 3 & 6 & 18 \end{pmatrix}.$$

그리고

$$\begin{aligned} AE &= AI_{(3) \times 3 + (1)} \\ &= \begin{pmatrix} 1 & 2 & 4 \\ 0 & -1 & 4 \\ 2 & 3 & 10 \\ 3 & 6 & 9 \end{pmatrix} \begin{pmatrix} 1 & 0 & 3 \\ 0 & 1 & 0 \\ 0 & 0 & 1 \end{pmatrix} = \begin{pmatrix} 1 & 2 & 7 \\ 0 & -1 & 4 \\ 2 & 3 & 16 \\ 3 & 6 & 18 \end{pmatrix} \\ &= A_{(3) \times 3 + (1)}. \end{aligned}$$

행렬식의 기본성질(정리 8.10)에 따르면 모든 기본행렬(단위행렬에서 기본 행연산 또는 열연산으로 얻은 행렬)은 정칙행렬임을 알 수 있다. 뿐만 아니라 다음 성질도 성립한다.

> **정리 8.16**
>
> n차 정방행렬 A에 대해 다음은 동치이다.
>
> (1) A는 정칙행렬이다.
>
> (2) A는 I_n과 행동치이다.
>
> (3) A는 기본행렬들의 곱으로 표시된다.

증명 증명은 참고문헌 [9]를 참고하라. ■

정리 8.16에서 A가 정칙행렬이면 I_n과 행동치이므로

$$E_k E_{k-1} \cdots E_2 E_1 A = I_n$$

을 만족하는 기본행렬 $E_1, E_2, \ldots, E_k$가 존재한다. 따라서

$$A^{-1} = \left(E_1^{-1} E_2^{-1} \cdots E_{k-1}^{-1} E_k^{-1} \right)^{-1} = E_k E_{k-1} \cdots E_2 E_1.$$

즉, A의 역행렬을 구하기 위하여는 A를 I_n으로 변환시키는 기본 행연산들을 찾으면 된다. 이를 손쉽게 하기 위해 행렬 $(A \,|\, I_n)$에 기본 행연산을 적용하여 $(I_n \,|\, B)$형태로 만들어 주면 어떤 기본 행연산 $E_1, E_2, \ldots, E_k$에 대해 $B = E_k E_{k-1} \cdots E_2 E_1$ 꼴이다.

이러한 방법으로 역행렬을 구하는 것을 **가우스-조르당 소거법**이라 한다.

예제 8.12 행렬

$$A = \begin{pmatrix} 1 & 2 & 3 \\ 2 & 5 & 3 \\ 1 & 0 & 8 \end{pmatrix}$$

의 역행렬을 가우스-조르당 소거법을 이용하여 구하여 보자.

$$(A \,|\, I_3) = \left(\begin{array}{ccc|ccc} 1 & 2 & 3 & 1 & 0 & 0 \\ 2 & 5 & 3 & 0 & 1 & 0 \\ 1 & 0 & 8 & 0 & 0 & 1 \end{array} \right)$$

에서

$$\begin{array}{ccc|ccc} 1 & 2 & 3 & 1 & 0 & 0 \\ 2 & 5 & 3 & 0 & 1 & 0 \\ 1 & 0 & 8 & 0 & 0 & 1 \end{array}$$

$$\downarrow \ 1행 \times (-2) + 2행, 1행 \times (-1) + 3행$$

$$\begin{array}{ccc|ccc} 1 & 2 & 3 & 1 & 0 & 0 \\ 0 & 1 & -3 & -2 & 1 & 0 \\ 0 & -2 & 5 & 0-1 & 0 & 1 \end{array}$$

$$\downarrow \ 2행 \times 2 + 3행$$

$$\begin{array}{ccc|ccc} 1 & 2 & 3 & 1 & 0 & 0 \\ 0 & 1 & -3 & -2 & 1 & 0 \\ 0 & 0 & -1 & -5 & 2 & 1 \end{array}$$

$$\downarrow \ 3행 \times (-1)$$

$$\begin{array}{ccc|ccc} 1 & 2 & 3 & 1 & 0 & 0 \\ 0 & 1 & -3 & -2 & 1 & 0 \\ 0 & 0 & 1 & -5 & 2 & 1 \end{array}$$

$$\downarrow \ 3행 \times (-3) + 1행, 3행 \times (3) + 2행$$

$$\begin{array}{ccc|ccc} 1 & 2 & 0 & 1 & 0 & 0 \\ 0 & 1 & 0 & 13 & -5 & 3 \\ 0 & 0 & 1 & -1 & 0 & 1 \end{array}$$

$$\downarrow \ 2행 \times (-2) + 1행$$

$$\begin{array}{ccc|ccc} 1 & 0 & 0 & -40 & 16 & 9 \\ 0 & 1 & 0 & 13 & -5 & 3 \\ 0 & 0 & 1 & 5 & -2 & -1 \end{array}$$

따라서

$$A^{-1} = \begin{pmatrix} -40 & 16 & 9 \\ 13 & -5 & -3 \\ 5 & -2 & -1 \end{pmatrix}. \ \blacksquare$$

만일 $n \times n$ 행렬 A가 정칙행렬이고 B가 $n \times 1$ 행렬일 때 연립방정식 $AX = B$의 유일한 해를 갖는다. 이 해를 구하는 방법 중 하나가 클래머 공식이다. 여기서는 가우스-조르당 소거법을 이용해서 해를 구해보자.

A^{-1}이 주어져 있다면 $AX = B$의 해는 $X = A^{-1}B$이다. 그러나 A^{-1}를 모를 경우 A에 B를 첨가한 행렬 $(A|B)$에서 기본 행연산을 적용하여 $(I|B')$로 만들어 주면 $X = B'(= A^{-1}B)$가 구하고자 하는 해가 된다.

(예 제) 8.13 연립방정식

$$\begin{cases} x + 2y + 3z = 5, \\ 2x + 5y + 3z = 3, \\ x + 8z = 17 \end{cases} \tag{8.5}$$

의 해를 구하여 보자.

$$A = \begin{pmatrix} 1 & 2 & 3 \\ 2 & 5 & 3 \\ 1 & 0 & 8 \end{pmatrix}, \qquad B = \begin{pmatrix} 5 \\ 3 \\ 17 \end{pmatrix}$$

에서 계수행렬 A를 I_3으로 만들어 주는 기본행렬들을 구하자.

예제 8.12에서 A^{-1}를 구하는 과정에 적용한 기본행렬들은 다음과 같다. 다음에서 "i행$\times(k)+j$행에 대응하는 행렬"이란 행렬 I_3의 i행에 k를 곱하여 j행에 더하는 기본 행연산을 수행한 후 얻어지는 기본행렬을 의미한다.

1행$\times(-2)+2$행에 대응하는 행렬은 $E_1 = \begin{pmatrix} 1 & 0 & 0 \\ -2 & 1 & 0 \\ 0 & 1 & 1 \end{pmatrix}$.

따라서

$$E_1 B = \begin{pmatrix} 1 & 0 & 0 \\ -2 & 1 & 0 \\ 0 & 1 & 0 \end{pmatrix} \begin{pmatrix} 5 \\ 3 \\ 7 \end{pmatrix} = \begin{pmatrix} 5 \\ -7 \\ 17 \end{pmatrix} := B_1.$$

1행$\times(-1)+3$행에 대응하는 행렬은 $E_2 = \begin{pmatrix} 1 & 0 & 0 \\ 0 & 1 & 0 \\ -1 & 0 & 1 \end{pmatrix}$.

따라서

$$E_2 B_1 = \begin{pmatrix} 1 & 0 & 0 \\ 0 & 1 & 0 \\ -1 & 0 & 1 \end{pmatrix} \begin{pmatrix} 5 \\ -7 \\ 17 \end{pmatrix} = \begin{pmatrix} 5 \\ -7 \\ 12 \end{pmatrix} := B_2.$$

$$2\text{행}\times(2)+3\text{행에 대응하는 행렬은 } E_3 = \begin{pmatrix} 1 & 0 & 0 \\ 0 & 1 & 0 \\ 0 & 2 & 1 \end{pmatrix}.$$

따라서

$$E_3 B_2 = \begin{pmatrix} 1 & 0 & 0 \\ 0 & 1 & 0 \\ 0 & 2 & 1 \end{pmatrix} \begin{pmatrix} 5 \\ -7 \\ 12 \end{pmatrix} = \begin{pmatrix} 5 \\ -7 \\ -2 \end{pmatrix} := B_3.$$

$$3\text{행}\times(-1)\text{에 대응하는 행렬은 } E_4 = \begin{pmatrix} 1 & 0 & 0 \\ 0 & 1 & 0 \\ 0 & 0 & -1 \end{pmatrix}.$$

따라서

$$E_4 B_3 = \begin{pmatrix} 1 & 0 & 0 \\ 0 & 1 & 0 \\ 0 & 0 & -1 \end{pmatrix} \begin{pmatrix} 5 \\ -7 \\ -2 \end{pmatrix} = \begin{pmatrix} 5 \\ -7 \\ 2 \end{pmatrix} := B_4.$$

$$3\text{행}\times(-3)+1\text{행에 대응하는 행렬은 } E_5 = \begin{pmatrix} 1 & 0 & -3 \\ 0 & 1 & 0 \\ 0 & 0 & 1 \end{pmatrix}.$$

따라서

$$E_5 B_4 = \begin{pmatrix} 1 & 0 & -3 \\ 0 & 1 & 0 \\ 0 & 0 & 1 \end{pmatrix} \begin{pmatrix} 5 \\ -7 \\ 2 \end{pmatrix} = \begin{pmatrix} -1 \\ -7 \\ 2 \end{pmatrix} := B_5.$$

$$3\text{행}\times(3)+2\text{행에 대응하는 행렬은 } E_6 = \begin{pmatrix} 1 & 0 & 0 \\ 0 & 1 & 3 \\ 0 & 0 & 1 \end{pmatrix}.$$

따라서

$$E_6 B_5 = \begin{pmatrix} 1 & 0 & 0 \\ 0 & 1 & 3 \\ 0 & 0 & 1 \end{pmatrix} \begin{pmatrix} -1 \\ -7 \\ 2 \end{pmatrix} = \begin{pmatrix} -1 \\ -1 \\ 2 \end{pmatrix} := B_6.$$

$$2\text{행}\times(-2)+1\text{행에 대응하는 행렬은 } E_7 = \begin{pmatrix} 1 & -2 & 0 \\ 0 & 1 & 0 \\ 0 & 0 & 1 \end{pmatrix}.$$

따라서

$$E_7 B_6 = \begin{pmatrix} 1 & -2 & 0 \\ 0 & 1 & 0 \\ 0 & 0 & 1 \end{pmatrix} \begin{pmatrix} -1 \\ -1 \\ 2 \end{pmatrix} = \begin{pmatrix} 1 \\ -1 \\ 2 \end{pmatrix} := B'.$$

따라서 일곱 번의 기본 행연산에 의해 $(A|B)$는 $(I|E_7 E_6 \cdots E_2 E_1 B)$로 변환되고 구하고자 하는 B'은 $E_7 E_6 \cdots E_2 E_1 B$이다. 즉,

$$X = \begin{pmatrix} x \\ y \\ z \end{pmatrix} = E_7 E_6 \cdots E_2 E_1 B = \begin{pmatrix} 1 \\ -1 \\ 2 \end{pmatrix}. \ \blacksquare$$

예제 8.13을 예제 8.12와 같은 방법으로 풀어 보자. 즉, 연립방정식 (8.5)를 $AX = B$라 할 때, 이 연립방정식을 $A|B$로 나타낸 후 행연산을 수행하여 $I_3|B'$이 되게하면 $X = B'$이 된다.

$$\left(\begin{array}{ccc|c} 1 & 2 & 3 & 5 \\ 2 & 5 & 3 & 3 \\ 1 & 0 & 8 & 17 \end{array} \right)$$

$$\downarrow \ 1\text{행} \times(-2)+2\text{행}$$

$$\left(\begin{array}{ccc|c} 1 & 2 & 3 & 5 \\ 0 & 1 & -3 & -7 \\ 1 & 0 & 8 & 17 \end{array} \right)$$

$$\downarrow \ 1\text{행} \times(-1)+3\text{행}$$

$$\left(\begin{array}{ccc|c} 1 & 2 & 3 & 5 \\ 0 & 1 & -3 & -7 \\ 0 & -2 & 5 & 12 \end{array} \right)$$

$$\downarrow \ 2\text{행} \times 2+3\text{행}$$

$$\left(\begin{array}{ccc|c} 1 & 2 & 3 & 5 \\ 0 & 1 & -3 & -7 \\ 0 & 0 & -1 & -2 \end{array} \right)$$

$$\downarrow \ 3\text{행} \times(-1)$$

$$
\left[
\begin{array}{rrr|r}
1 & 2 & 3 & 5 \\
0 & 1 & -3 & -7 \\
0 & 0 & 1 & 2
\end{array}
\right]
$$

$$\downarrow \ 3\text{행} \times 3 + 2\text{행}$$

$$
\left[
\begin{array}{rrr|r}
1 & 2 & 3 & 5 \\
0 & 1 & 0 & -1 \\
0 & 0 & 1 & 2
\end{array}
\right]
$$

$$\downarrow \ 2\text{행} \times(-2)+1\text{행}$$

$$
\left[
\begin{array}{rrr|r}
1 & 0 & 3 & 7 \\
0 & 1 & 0 & -1 \\
0 & 0 & 1 & 2
\end{array}
\right]
$$

$$\downarrow \ 3\text{행} \times(-3)+1\text{행}$$

$$
\left[
\begin{array}{rrr|r}
1 & 0 & 0 & 1 \\
0 & 1 & 0 & -1 \\
0 & 0 & 1 & 2
\end{array}
\right]
$$

따라서

$$
B' = \begin{pmatrix} x \\ y \\ z \end{pmatrix} = \begin{pmatrix} 1 \\ -1 \\ 2 \end{pmatrix}.
$$

참고 가우스-조르당 소거법으로 n개의 미지수를 가지는 n개의 선형연립방정식의 해와 n차 정방행렬의 역행렬을 구할 수 있었다. 행렬식을 이용하여 n개의 미지수를 갖는 n개의 선형연립방정식을 풀거나 n차 정방행렬의 역행렬을 구하기 위해서는 $n!$번의 계산이 필요하다. 그러나 가우스-조르당 소거법을 이용한다면 n^3의 계산만 필요하다. 물론 이 계산 횟수는 대략적인 것이지만 n이 충분히 큰 수라 하면 $n!$은 n^3에 비해 대단히 큰 수이므로 행렬식을 이용하는 것보다 가우스-조르당 소거법을 이용하는 것이 계산하는 측면에서 훨씬 효과적이다. 그러나 행렬식을 이용한 역행렬의 계산이나 연립방정식의 풀이는 수치적인 답보다 공식과 같은 표현적인 답이 필요할 경우 매우 유용하다. 따라

서 이론적인 연구에서는 가우스-조르당 소거법보다 행렬식을 이용하는 것이
더 효과적일 수 있다. ▮

·························· 연습문제 8.3.2 ··························

1. 다음 행렬의 역행렬을 가우스-조르당 소거법으로 구하고 각각의 기본 행연
산을 기본행렬로 나타내어라.

$$(1) \begin{pmatrix} 2 & -1 & 1 \\ 1 & 0 & 3 \\ 1 & -2 & 1 \end{pmatrix} \qquad (2) \begin{pmatrix} 3 & 1 & 5 \\ 2 & 4 & 1 \\ -4 & 2 & -9 \end{pmatrix}$$

2. 다음 연립방정식을 가우스-조르당 소거법으로 풀어라.

$$(1) \begin{cases} x + 2y + 3z = 9 \\ 2x - y + z = 8 \\ 3x - z = 3 \end{cases} \qquad (2) \begin{cases} x + y + 2z = -1 \\ x - 2y + z = -5 \\ 3x + y + z = 3 \end{cases}$$

3. 다음 연립방정식에서 물음에 답하여라.

$$\begin{cases} 2x + y - z = 8 \\ 3y + z = 5 \\ x - 6y + 2z = 15 \end{cases}$$

(1) 계수행렬을 구하고 계수행렬의 역행렬을 구하여라.

(2) 크래머 공식을 이용하여 연립방정식을 풀어라.

(3) 가우스-조르당 소거법을 이용하여 연립방정식을 풀어라.

8.3.3 행렬과 이차형식

고유값과 고유벡터 n차 정방행렬 A에 대해 $P^{-1}AP$가 될 수 있는 한 간단한
행렬이 되도록하는 행렬 P를 찾아보자. 여기서 간단한 행렬이란 대각성분을
제외한 나머지 모든 성분이 0인 행렬이다.

이러한 조건을 만족하는 행렬 P는 정방행렬의 고유값과 고유벡터를 이용하면 찾을 수 있다.

정의 8.17

n차 정방행렬 A와 O이 아닌 벡터 $V \in \mathbb{R}^n$(즉, $n \times 1$행렬)에 대해

$$AV = \lambda V$$

를 만족시키는 실수 λ가 존재하면 λ를 A의 **고유값**이라 부르고 벡터 V를 A의 λ-**고유벡터**라 부른다.

예제 8.14 $A = \dfrac{1}{2} \begin{pmatrix} 0 & 1 \\ 1 & 0 \end{pmatrix}$ 라 하자. 그러면

$$A \begin{pmatrix} 1 \\ 1 \end{pmatrix} = \frac{1}{2} \begin{pmatrix} 0 & 1 \\ 1 & 0 \end{pmatrix} \begin{pmatrix} 1 \\ 1 \end{pmatrix} = \frac{1}{2} \begin{pmatrix} 1 \\ 1 \end{pmatrix}.$$

따라서 $\dfrac{1}{2}$은 A의 고유값이고 $\begin{pmatrix} 1 \\ 1 \end{pmatrix}$은 $\lambda = \dfrac{1}{2}$에 대응하는 A의 고유벡터다. ∎

n차 정방행렬 A가 고유값 λ와 λ-고유벡터 V를 가지면

$$(\lambda I - A)V = 0$$

를 만족한다. 그런데 V가 O이 아닌 벡터이므로

$$|\lambda I - A| = 0.$$

따라서 행렬 $A = (a_{ij})$의 고유값은 다음 다항식의 해이다.

$$P_A(x) = |xI - A| = \begin{vmatrix} x - a_{11} & -a_{12} & \cdots & -a_{1n} \\ -a_{21} & x - a_{22} & \cdots & -a_{21} \\ \vdots & \vdots & \ddots & \vdots \\ -a_{n1} & -a_{n2} & \cdots & x - a_{nn} \end{vmatrix}$$

$$= x^n - C_1 x^{n-1} + \cdots + (-1)^n C_n.$$

이 다항식을 A의 **특성다항식**이라 부른다.

역으로 $\lambda \in \mathbb{R}$가 특성다항식 $P_A(x)$의 해이면 $|\lambda I - A| = 0$이므로

$$(\lambda I - A)V = 0$$

을 만족하는 0이 아닌 벡터 V가 존재한다. 따라서 λ는 A의 고유값임을 알 수 있다.

예제 8.15 만일

$$A = \begin{pmatrix} 1 & 4 \\ 3 & 2 \end{pmatrix}$$

이면 특성다항식은

$$P_A(x) = |xI - A| = \begin{vmatrix} x-1 & -4 \\ -3 & x-2 \end{vmatrix}$$
$$= (x-1)(x-2) - 12 = (x-5)(x+2).$$

따라서 $5, -2$는 A의 고유값이다.

$$\begin{pmatrix} 1 & 4 \\ 3 & 2 \end{pmatrix} \begin{pmatrix} \alpha \\ \beta \end{pmatrix} = 5 \begin{pmatrix} \alpha \\ \beta \end{pmatrix}$$

이면 $\alpha = \beta$이므로 $\alpha \begin{pmatrix} 1 \\ 1 \end{pmatrix} (\alpha \neq 0)$은 모두 5-고유벡터이다. 비슷하게

$$\alpha \begin{pmatrix} 1 \\ -\dfrac{3}{4} \end{pmatrix} \quad \text{또는} \quad \alpha \begin{pmatrix} 4 \\ -3 \end{pmatrix} (\alpha \neq 0)$$

은 모두 -2-고유벡터이다. ∎

정리 8.18 (케일리-해밀톤(Cayley-Hamilton) 정리)

정방행렬 A의 특성다항식을 $P_A(x)$라 하면

$$P_A(A) = O.$$

2차 정방행렬에 대해서는 직접 계산해 볼 수 있다. 만일

$$A = \begin{pmatrix} a & b \\ c & d \end{pmatrix}$$

이면 A의 특성다항식은

$$P_A(x) = \begin{vmatrix} x-a & -b \\ -c & x-d \end{vmatrix} = x^2 - (a+d)x + ad - bc.$$

따라서

$$P_A(A) = A^2 - (a+d)A + (ad-bc)I = O.$$

정의 8.19

$P^{-1}AP$가 대각행렬이 되도록하는 행렬 P가 존재하면 A를 **대각화가능행렬**이라 한다.

즉, 어떤 행렬 P에 대하여

$$P^{-1}AP = \begin{pmatrix} \lambda_1 & 0 & \cdots & 0 \\ 0 & \lambda_2 & \cdots & 0 \\ \vdots & \vdots & \ddots & \vdots \\ 0 & 0 & \cdots & \lambda_n \end{pmatrix}$$

을 만족하면 A는 대각화가능행렬이라 한다.

어떤 n차 정방행렬의 고유값과 고유벡터는 행렬의 대각화와 관계있다. 지금부터 행렬의 대각화 방법에 대해 알아보자.

정리 8.20

n차 대칭행렬 A의 서로 다른 고유값에 대응하는 고유벡터들은 수직이다.

증명 λ_1, λ_2가 서로 다른 A의 고유값이고 V_1, V_2가 각각 λ_1-고유벡터, λ_2-고유벡터이면

$$\lambda_1(V_1 \bullet V_2) = (\lambda_1 V_1) \bullet V_2 = (AV_1) \bullet V_2 = V_1 \bullet (AV_2) = V_1 \bullet (\lambda_2 V_2) = \lambda_2(V_1 \bullet V_2).$$

따라서 $V_1 \bullet V_2 = 0$이므로 V_1과 V_2는 수직이다. ■

대칭행렬과 이차형식 어떤 대칭행렬에 대응하는 이차형식에 대해 알아보자.

정의 8.21

n차 대칭행렬 $A = (a_{ij})$와 $X = (x_1, x_2, \ldots, x_n)^T \in \mathbb{R}^n$에 대하여 $X^T A X$를 A에 대응하는 **이차형식**이라 한다.

따라서 A에 대응하는 이차형식이 $q(x_1, x_2, \ldots, x_n)$이면

$$q(x_1, x_2, \ldots, x_n) = \sum_{i,j}^{n} a_{ij} x_i x_j$$
$$= \sum_{i=1}^{n} a_{ii} x_i^2 + 2 \sum_{i<j} a_{ij} x_i x_j.$$

예를 들면 2차 대칭행렬 $\begin{pmatrix} a & b \\ b & c \end{pmatrix}$에 대응하는 이차형식은 다음과 같다.

$$q(x, y) = (x, y) \begin{pmatrix} a & b \\ b & c \end{pmatrix} \begin{pmatrix} x \\ y \end{pmatrix} = ax^2 + 2bxy + cy^2.$$

다음 정리는 대칭행렬의 좌우에 적당한 행렬을 곱함으로서 대각행렬을 만들 수 있음을 보여준다.

정리 8.22 (직교대각화정리)

임의의 대칭행렬 A에 대해 $P^T A P$가 대각행렬이 되는 직교행렬 P가 존재한다. 이때 P의 열벡터들은 A의 고유 벡터이고 $P^T A P$의 주대각 성분은 모두 A의 고유값이다.[a]

a) $P^T P = I$인 행렬 P를 직교행렬이라 한다. 이때 P의 각 열은 수직이다.

예를 들어 2차 대칭행렬

$$A = \begin{pmatrix} a & b \\ b & c \end{pmatrix}$$

에 대해 알아보자.

$b = 0$이면 당연하므로(이때 $P = I$) $b \neq 0$라 가정하자. 그러면 A의 특성다항식은

$$P_A(x) = x^2 - (a+c)x + (ac - b^2).$$

따라서 A의 고유값은

$$\lambda_1 = \frac{1}{2}\left(a + c + \sqrt{(a-c)^2 + 4b^2}\right), \ \lambda_2 = \frac{1}{2}\left(a + c - \sqrt{(a-c)^2 + 4b^2}\right).$$

V_1, V_2가 각각 λ_1-고유벡터, λ_2-고유벡터인 단위벡터이면

$$AV_i = \lambda_i V_i \ (i = 1, 2)$$

이 성립한다.

$V_1 = (\alpha_1, \beta_1)^T, \ \ V_2 = (\alpha_2, \beta_2)^T \ (\alpha_1\beta_2 - \alpha_2\beta_1 = 1)$라 하고

$$P = (V_1, V_2) = \begin{pmatrix} \alpha_1 & \alpha_2 \\ \beta_1 & \beta_2 \end{pmatrix}$$

라 하자. $\lambda_1 \neq \lambda_2$이면 V_1과 V_2는 서로 수직인 단위벡터이므로 P는 직교행렬
이고

$$AP = \begin{pmatrix} a & b \\ b & c \end{pmatrix}\begin{pmatrix} \alpha_1 & \alpha_2 \\ \beta_1 & \beta_2 \end{pmatrix} = P\begin{pmatrix} \lambda_1 & 0 \\ 0 & \lambda_2 \end{pmatrix}.$$

P가 직교행렬이므로 $P^{-1} = P^T$이고

$$P^T AP = \begin{pmatrix} \lambda_1 & 0 \\ 0 & \lambda_2 \end{pmatrix}.$$

일반적인 경우의 증명은 생략한다.

대각화의 성질 대각화에 대한 많은 결과가 있는데 다음은 그 중 몇 가지를
정리한 것이다. 자세한 것은 참고문헌 [9]를 참고하라.

1. A가 n개의 일차독립인 고유벡터를 갖는다면 다음을 만족하는 행렬 P가
   존재한다.

$$P^{-1}AP = \begin{pmatrix} \lambda_1 & 0 & \cdots & 0 \\ 0 & \lambda_2 & \cdots & 0 \\ \vdots & \vdots & \ddots & \vdots \\ 0 & 0 & \cdots & \lambda_n \end{pmatrix}.$$

여기서 $\lambda_1, \lambda_2, \ldots, \lambda_n$은 A의 고유값이다.

2. A의 특성다항식의 해가 모두 실수이지만 같은 것이 있으면 A는 대각화가능이 아닐 수 있다. 만일 중복도가 k인 고유값에 대응하는 k개의 일차독립인 벡터를 구할 수 있으면 A는 대각화가능하다.

3. 대칭행렬의 특성다항식의 해는 모두 실수이다.

4. A가 대칭행렬이면 A의 서로 다른 고유값에 대응하는 고유벡터는 서로 직교한다.

예제 8.16 행렬

$$A = \begin{pmatrix} 1 & 2 \\ 2 & 4 \end{pmatrix}$$

를 대각화하자.

$P_A(x) = x^2 - 5x$이므로 $0, 5$는 A의 고유값이다. 0에 대한 고유벡터는 $\alpha \begin{pmatrix} 2 \\ -1 \end{pmatrix}$이고 5에 대한 고유벡터는 $\beta \begin{pmatrix} 1 \\ 2 \end{pmatrix}$이다.

$$P = \frac{1}{\sqrt{5}} \begin{pmatrix} 2 & 1 \\ -1 & 2 \end{pmatrix}$$

라 하면 $P^{-1} = P^T$를 만족하고

$$P^T A P = \begin{pmatrix} 0 & 0 \\ 0 & 5 \end{pmatrix}$$

는 대각성분이 A의 고유값인 대각행렬이다. ∎

양행렬과 음행렬 정리 8.22에 의하면 n차 대칭행렬 $A = (a_{ij})$에 대한 이차형식

$$q(x_1, x_2, \ldots, x_n) = X^T A X$$

은 $x_1, x_2, \ldots, x_n$을 적당히 치환함으로서 간편하게 표현할 수 있다. 대칭행렬 A가 대각화가능하므로 $P^T A P$가 대각행렬이 되는 직교행렬 P가 존재한다. 만일 $X = PY(Y = (y_1, \ldots, y_n)^T)$라 하면

$$X^T A X = (PY)^T A (PY) = Y^T (P^T A P) Y.$$

$$P^T A P = \begin{pmatrix} \lambda_1 & 0 & \cdots & 0 \\ 0 & \lambda_2 & \cdots & 0 \\ \vdots & \vdots & \ddots & \vdots \\ 0 & 0 & \cdots & \lambda_n \end{pmatrix}$$

이므로

$$Y^T(P^T A P)Y = \lambda_1 y_1^2 + \lambda_2 y_2^2 + \cdots + \lambda_n y_n^2. \tag{8.6}$$

따라서 이차형식은 적당한 좌표변환에 의해서 식 (8.6) 처럼 바꿀 수 있다.

$A = (a_{ij})$ 가 n 차 대칭행렬일 때 A 에 대응하는 이차형식

$$q(x_1, x_2, \ldots, x_n) = X^T A X = \sum_{i,j=1}^{n} a_{ij} x_i x_j \ (X = (x_1, x_2, \ldots, x_n)^T \in \mathbb{R}^n)$$

에서 모든 $X \neq O$ 에 대해 $q(x_1, x_2, \ldots, x_n) > 0$ 이면 A 를 **양행렬**이라 하고 $A > 0$ 으로 나타내며, $q(x_1, x_2, \ldots, x_n) < 0$ 이면 **음행렬**이라 하고 $A < 0$ 으로 나타낸다. 만일 A 가 양행렬도 아니고 음행렬도 아니면 **부정부호행렬**이라 한다.

예제 **8.17** 행렬 $A = \begin{pmatrix} 2 & 1 \\ 1 & 1 \end{pmatrix}$ 은 양행렬이다. 왜냐하면

$$q(x, y) = (x, y) \begin{pmatrix} 2 & 1 \\ 1 & 1 \end{pmatrix} \begin{pmatrix} x \\ y \end{pmatrix} = 2x^2 + 2xy + y^2.$$

따라서 모든 $(x, y) \neq (0, 0)$ 에 대해 $q(x, y) = 2x^2 + 2xy + y^2 = (x+y)^2 + x^2 > 0$ 이므로 $A > 0$ 이다. ∎

정리 8.23

행렬

$$\begin{pmatrix} \lambda_1 & 0 & \cdots & 0 \\ 0 & \lambda_2 & \cdots & 0 \\ \vdots & \vdots & \ddots & \vdots \\ 0 & 0 & \cdots & \lambda_n \end{pmatrix}$$

가 양행렬이 될 필요충분조건은 $\lambda_1, \lambda_2, \ldots, \lambda_n$ 이 모두 양수인 것이다.

증명 A에 대응하는 이차형식은

$$q(x_1, x_2, \ldots, x_n) = \lambda_1 x_1^2 + \lambda_2 x^2 + \cdots + \lambda_n x_n^2$$

이므로 모든 $(x_1, x_2, \ldots, x_n) \neq (0, 0, \ldots, 0)$에 대해 $\lambda_1, \lambda_2, \ldots, \lambda_n$이 모두 양수이면 $q(x_1, x_2, \ldots, x_n) > 0$이다. 따라서 A는 양행렬이다.

역으로 A가 양행렬이면 $e_i = (0, 0, \ldots, 0, 1, 0, \ldots, 0)$에 대해 $q(0, 0, \ldots, 0, 1, 0, \ldots, 0) = \lambda_i > 0$이므로 $\lambda_1, \lambda_2, \ldots, \lambda_n$은 모두 양수이다. ∎

정리 8.24

n차 정방행렬 A와 n차 정칙행렬 P에 대해 $A > 0$일 필요충분조건은 $P^T A P > 0$이다.

증명 P가 정칙행렬이면 $X = (x_1, x_2, \ldots, x_n)^T \neq O$에 대해 $PX \neq O$이다. 따라서 $A > 0$이면

$$X^T (P^T A P) X = (PX)^T A (PX) > 0.$$

즉, $P^T A P > 0$이다.

역으로 $P^T A P > 0$라 하자. P가 정칙이므로 임의의 $X \neq O$에 대해 $PY^T = X^T$인 $Y \neq O$가 존재한다. 따라서

$$X A X^T = (YP^T) A (PY^T) = Y(P^T A) Y^T > 0.$$

따라서 $A > 0$이다. ∎

정리 8.24에 의하면 대칭행렬이 양행렬이 되기 위한 필요충분조건은 모든 고유값이 양인 것이다. 왜냐하면 A가 대칭행렬이면 대각화가능행렬이므로 어떤 정칙행렬 P에 대해 $P^T A P$는 주대각성분이 A의 고유값으로 이루어진 대각행렬이다. 따라서 $A > 0$이기 위한 필요충분조건은 A의 고유값이 모두 양인 것이다.

행렬의 고유값을 구하는 것은 다항식의 해를 구하는 문제이므로 쉽지 않다. 다음 정리는 행렬의 음과 양을 판정하는 판정법이다.

정리 8.25

n차 대칭행렬 A의 처음 $n-1$개의 열과 행으로 이루어진 $n-1$차 정방행렬을 A_{nn}이라 하면 $A > 0$일 필요충분조건은 $A_{nn} > 0, |A| > 0$인 것이다.

정리 8.25의 자세한 증명은 참고문헌 [9]를 참고하라.

예제 8.18 $A = \begin{pmatrix} 2 & 1 \\ 1 & 1 \end{pmatrix}$ 이면 $A_{22} = (1) > 0$이고 $|A| = 1 > 0$이므로 A는 양행렬이다. ∎

이차곡선의 분류   좌표평면에서

$$ax^2 + 2bxy + cy^2 + 2dx + 2ey + f = 0 \ (a > 0) \tag{8.7}$$

을 **이차곡선**이라 한다.

만일 $ac - b^2 \neq 0$이면 다음을 만족하는 x_0, y_0가 존재한다.

$$\begin{cases} ax_0 + by_0 = -d, \\ bx_0 + cy_0 = -e. \end{cases}$$

식 (8.7)에 x 대신 $x - x_0$, y 대신 $y - y_0$를 대입하여 (x_0, y_0)를 잘 취하면 x와 y의 계수가 0이 되게 할 수 있고 다음 식을 얻는다.

$$ax^2 + 2bxy + cy^2 + f' = 0. \tag{8.8}$$

단, $f' = ax_0^2 + 2bx_0y_0 + cy_0^2 - 2dx_0 - 2ey_0 + f$. 즉, 적당한 x_0, y_0에 대해 곡선 (8.7)을 x축으로 x_0 만큼, y축으로 y_0 만큼 평행이동하면 곡선 (8.8)이 된다. 따라서 평행이동에 의해 곡선의 모양은 변하지 않으므로 곡선 (8.7)을 분류하는 것은 곡선 (8.8)을 분류하는 것과 같다.

$f' = 0$이고 $ac - b^2 < 0$이면 식 (8.8)이 두 개의 일차식으로 인수분해되므로 식 (8.8)로 주어진 곡선은 두 개의 직선을 나타낸다. 만일 $f' = 0$이고 $ac - b^2 > 0$이면 식 (8.8)을 만족하는 x, y는 존재하지 않는다.

$f' \neq 0$이면 $-f'$로 나누어 다음과 같은 모양으로 변형할 수 있다.

$$ax^2 + 2bxy + cy^2 = 1.$$

이것을 행렬을 이용해서 표현하면 다음과 같다.

$$(x, y) \begin{pmatrix} a & b \\ b & c \end{pmatrix} \begin{pmatrix} x \\ y \end{pmatrix} = 1.$$

직교대각화정리에 의해 이 곡선을 원점에 대하여 적당히 회전이동시키면[1]

$$\lambda_1 x^2 + \lambda_2 y^2 = 1$$

의 꼴로 변형되고, 이때 λ_1, λ_2 는 행렬 $\begin{pmatrix} a & b \\ b & c \end{pmatrix}$ 의 고유값이다. 따라서 $ac - b^2 > 0, a > 0$ 이면 λ_1, λ_2 가 양수이므로 타원, $ac - b^2 < 0$ 이면 $\lambda_1 \lambda_2 < 0$ 이므로 쌍곡선이다.

$ac - b^2 = 0$ 이면 $\begin{pmatrix} a & b \\ b & c \end{pmatrix}$ 의 고유값은 0과 $\lambda (\neq 0)$ 이고 회전변환에 의해 식 (8.7) 는

$$\lambda x^2 + 2dx + 2ey + f = 0$$

의 꼴이된다. 이 식은 $e \neq 0$ 이면 포물선이다.

예제 **8.19** $q(x, y) = 2x^2 + 2xy + 2y^2 = 9$ 라 하자. 이차형식 q 에 대응하는 행렬은

$$A = \begin{pmatrix} 2 & 1 \\ 1 & 2 \end{pmatrix}$$

이고 A 의 고유값는 1과 3이다. 그리고 $\alpha \begin{pmatrix} 1 \\ 1 \end{pmatrix} (\alpha \neq 0)$ 는 3-고유벡터이고 $\beta \begin{pmatrix} 1 \\ -1 \end{pmatrix} (\beta \neq 0)$ 는 1-고유벡터이다.

$$P = \begin{pmatrix} \dfrac{1}{\sqrt{2}} & -\dfrac{1}{\sqrt{2}} \\ \dfrac{1}{\sqrt{2}} & \dfrac{1}{\sqrt{2}} \end{pmatrix}$$

이면

---

1) 직교대각화정리에서 직교행렬 P 는 A 의 단위고유벡터로 이루어져 있다. 이때 고유벡터의 순서를 잘 택하면 $|P| = 1$ 을 가정할 수 있다. 따라서 대칭행렬은 좌표축을 알맞게 회전시키면 대각행렬이 된다.

$$P^T A P = \begin{pmatrix} 3 & 0 \\ 0 & 1 \end{pmatrix}.$$

따라서 만일 $X = PY$, 즉

$$\begin{pmatrix} x \\ y \end{pmatrix} = P \begin{pmatrix} x' \\ y' \end{pmatrix} = \begin{pmatrix} \dfrac{1}{\sqrt{2}} & -\dfrac{1}{\sqrt{2}} \\ \dfrac{1}{\sqrt{2}} & \dfrac{1}{\sqrt{2}} \end{pmatrix} \begin{pmatrix} x' \\ y' \end{pmatrix}$$

이면

$$
\begin{aligned}
X^T A X = (PY)^T A(PY) &= Y^T (P^T A P) Y \\
&= (x', y') \begin{pmatrix} 3 & 0 \\ 0 & 1 \end{pmatrix} \begin{pmatrix} x' \\ y' \end{pmatrix} = 3x'^2 + y'^2.
\end{aligned}
$$

즉,

$$x = \frac{1}{\sqrt{2}}x' - \frac{1}{\sqrt{2}}y', \quad y = \frac{1}{\sqrt{2}}x' + \frac{1}{\sqrt{2}}y'$$

으로 치환하면 $2x^2 + 2xy + 2y^2 = 9$는 타원 $3x'^2 + y'^2 = 9$로 바뀐다. ∎

예제 8.19에서 A는 양행렬이다. 그리고 P는 $45°$ 회전이동을 나타내는 행렬이므로 $2x^2 + 2xy + y^2 = 9$는 좌표축을 $45°$ 회전이동하면 타원 $3x'^2 + y'^2 = 9$가 된다는 뜻이다. 새로운 x'축과 y'축은 행렬의 고유벡터와 나란하다. (그림 8.1)

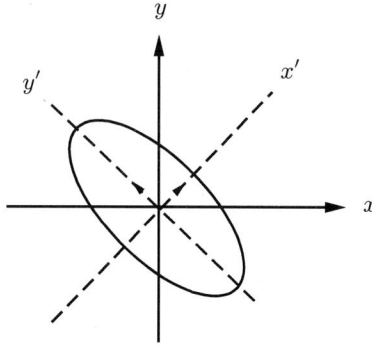

그림 8.1:

································· 연 습 문 제 **8.3.3** ·····················

1. 다음 행렬의 고유값과 각 고유값에 대응하는 고유벡터를 구하여라.

$$\begin{pmatrix} 1 & 1 \\ -2 & 4 \end{pmatrix}$$

2. 다음 행렬에 대해 물음에 답하여라.

$$A = \begin{pmatrix} 1 & 2 & -1 \\ 1 & 0 & 1 \\ 4 & -4 & 5 \end{pmatrix}$$

(1) A의 특성다항식과 고유값를 구하여라.

(2) (1)에서 구한 고유값에 대응하는 고유벡터를 구하여라.

3. 다음 행렬을 대각성분이 A의 고유값이 되도록 대각화 하여라. 즉, $P^{-1}AP$
가 대각행렬이 되는 행렬 P를 구하여라.

$$A = \begin{pmatrix} 1 & 0 & 0 \\ 0 & 3 & -2 \\ 0 & -2 & 3 \end{pmatrix}$$

4. 대칭행렬 $A = \begin{pmatrix} a & b \\ b & c \end{pmatrix}$에서

(1) A가 양행렬일 필요충분조건은 $a > 0, |A| > 0$임을 보여라.

(2) A가 음행렬일 필요충분조건은 $a < 0, |A| > 0$임을 보여라.

(3) A가 부정부호행렬일 필요충분조건은 $|A| < 0$임을 보여라.

5. (1) 대칭행렬 A가 양행렬일 필요충분조건은 $-A$가 음행렬인 것임을 보여
라.

(2) 두 양행렬의 합은 양행렬임을 보여라.

6. 이차곡선 $q(x, y) = 4x^2 - 10xy + 4y^2 = 1$의 형태를 구하여라.

7. $P = \begin{pmatrix} \alpha_1 & \alpha_2 \\ \beta_1 & \beta_2 \end{pmatrix}$가 $\alpha_1\alpha_2 + \beta_1\beta_2 = 0$, $\alpha_1^2 + \beta_1^2 = \alpha_2^2 + \beta_2^2 = 1$을 만족하면
$|P| = \pm 1$이고 $PP^T = I_2$임을 보여라.

생활속의 수학-공개열쇠암호계

암호는 상인, 스파이, 군대 등 여러 곳에서 비밀전문을 보내기 위하여 수세기 동안 사용해왔다. 최근에는, 방대한 자료를 컴퓨터를 이용하여 주고받는 데서, 높은 비밀성을 보장하는 암호문의 필요성을 증가시키고 있다. 여기서는 합동식을 이용한 암호문 작성과 해독에 대하여 간략히 설명하고자 한다. 우선 이상적인 암호체계가 갖추어야 할 조건은 다음과 같다.

1. 암호문 작성과 해독이 쉽고, 재사용 가능하며, 컴퓨터로 할 수 있는 것.
2. 적당한 시간 내에 그 암호문 작성방법을 아는 제3자가 주어진 암호를 해독할 수 없는 것.

이런 두 가지 성질을 갖는 암호체계를 **공개열쇠 암호계**라고 부른다. 즉, 참여자 각 사람이 암호화하는 방법은 공개된다. 그러나 조건 2에 의하여 받은 사람 외에는 해독을 못하는 것이다. 이런 대표적인 암호체계가 RSA 암호계이다. 이것은 R. Rivest, A. Shamir, L. Adliman이 1977년에 개발한 것으로 그들의 이름 첫 자로 명명되었다. 이를 위하여 수학적 지식이 요구된다.

p, q는 소수라 하고 $n = pq, k = (p-1)(q-1)$로 두자. k와 서로 소가 되도록 d를 잡으면 $dx \equiv 1 \pmod{k}$는 한 해를 갖는다. 그 해를 e라고 하자. 그러면 다음 정리를 얻는다.

정리

p, q, n, k, e, d를 위에서와 같은 자연수라고 하자. 그러면 $b^{ed} \equiv b \pmod{n}$이 모든 정수 b에 대하여 성립한다.

여기서 $a \equiv b \pmod{n}$은 $a - b$은 n의 배수임을 뜻한다.

이제 RSA 암호계를 알아보자. 우선 전달문은 영문으로 되었다고 가정하고 이 영어문자를 각각 다음과 같이 두 자리 수로 바꾼다: 한 칸 띄우기=00, $A = 01, B = 02, \ldots, Y = 25, Z = 26$. 예를 들면, 단어 "GO"는 0715로 쓰게 되고, "WEST"는 23051920으로 쓴다. 그래서 "GO WEST"는 07150023051920

이 된다. 이 큰 수를 B로 나타내자. 이제 p, q, n, k, d, e를 위의 정리에서와 같다고 하자. 단, p, q는 $B < pq = n$이 되도록 선택한다. 전문 B를 암호화하기 위하여 B^e을 법 n으로 0과 $n-1$사이의 최소 나머지를 계산한다. 그 나머지를 C로 나타낸다. 그러면 C는 B의 암호화 형식이다. 이 C를 보낸다. 그러면 C를 받은 사람은 법 n으로 C^d의 최소 나머지를 계산함으로서 해독한다. 이것은 다음의 이유로 원래의 전문을 만들게 된다. 한편 B^e은 법 n으로 C와 합동이다. 그래서 $C^d \equiv (B^e)^d \equiv B^{ed} \equiv B(\text{mod } n)$이다.

숫자에 의한 예제를 제시하기 전에, RSA 암호계가 공개열쇠 암호계에 대한 조건들을 만족시킴을 보이자.

1. RSA 암호계에서 p와 q는 각각 100자리가 넘는 큰 소수들이다. 이것은 컴퓨터로 계산하여 B^e과 C^d을 법 n으로 최소나머지는 쉽게 계산이 되므로 암호화와 해독화 하는 조건 1을 만족시킨다.

2. RSA 암호계를 사용하기 위하여, 이에 관여하는 자들은 적당한 p, q, d를 찾기 위하여 컴퓨터를 사용하며 n, k, e를 결정한다. 암호화를 위하여 e와 n은 공개한다. 그러나 n의 약수 p, q와 d, k는 비밀로 남긴다. 컴퓨터를 가진 사람은 누구나 e와 n을 사용하여 전문을 암호화 할 수 있다. 그러나 제3자는 n의 약수 p와 q를 찾지 않고는 해독할 수 없다. 현재의 기술로는 p, q를 찾는데 수 백년이 걸릴 것이다. 그래서 RSA 암호계는 안정성이 확보된다.

함호화 과정의 예

전달문을 위와 같은 방법으로 숫자로 바꾼다. 그 수를 B라 하자.

$\Downarrow$

$B < pq = n$이 되도록 소수 p, q를 선택하고 $B^e \equiv C(\text{mod } n)$이 되는 0과 $n-1$사이의 수 C를 구한다.

$\Downarrow$

C를 B의 암호화 형식이며 C를 전달하고자 하는 사람에게 보낸다.

$\Downarrow$

C를 받은 사람은 $C^d \equiv E(\text{mod } n)$ 인 E를 구하여 원래 전문을 만든다. 한편
$C^d \equiv (B^e)^d \equiv B^{ed} \equiv B(\text{mod } n)$ 이므로 E는 B이다.

여기서 e와 n은 공개한다. 그러나 n의 약수 p, q와 d, k는 비밀로 남긴다. 누구나 e와 n을 이용하여 전문을 암호화할 수 있으나 p와 q를 모르면 해독이 불가능한데 n을 p와 q로 소인수분해하는데 시간이 많이 걸리므로 RSA 암호계는 안전성이 확보된다.

예를 들어 $p = 47, q = 59$라 하자. $d = 157$로 잡고 "Its to me"를 암호화하여 보다.

$n = pq = 2773$ 이고, $k = (p-1)(q-1) = 2668$ 이다. $d = 157$로 택하였으므로 이것은 2668과 서로 소이다. 따라서 합동식 $157x \equiv 1(\text{mod } 2668)$ 을 풀면 $x = e = 17$을 얻는다. 이제 암호화할 숫자가 $n = 2773$보다 작도록 만들기 위하여 전달문을 두 글자씩 나누어 쓰자. 빈칸은 #으로 쓴다.

It	s#	to	#m	e#
0920	1900	2015	0013	0500

그러면 각 구획은 2773보다 작은 수이다. 첫 구획 0920을 $e = 17$을 사용하여 암호화 한다. 곧 법 2773으로 920^{17}의 최소 나머지를 계산하기 위하여 컴퓨터를 사용한다.

$$920^{17} \equiv 948(\text{mod } 2773).$$

다른 구획들도 유사하게 암호화한다. 그러면 전달문의 암호형식은

$$0948, \quad 2342, \quad 0774, \quad 0219, \quad 1665$$

가 된다. 이 전달문을 받은 사람은 각 구획을 해독하기 위하여 $d = 157$을 사용할 것이다. It 부분의 해독은 이렇다. 곧, 0948을 해독하기 위하여 컴퓨터를 사용하여

$$948^{157} \equiv 920(\text{mod } 2773)$$

을 얻는다. 이것은 전달문의 원문인 0920=It가 된다.

연습문제풀이

제 1장 연습문제풀이

연습문제 1.1

1. $f(1) = 1, f(-1) = 1$ 그래프는 다음과 같다.

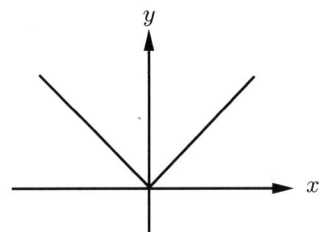

2. $f(1.2) = [1.2] = 1, f(2) = 2, f(-1.2) = [-1.2] = -2$. 그래프는 다음과 같다.

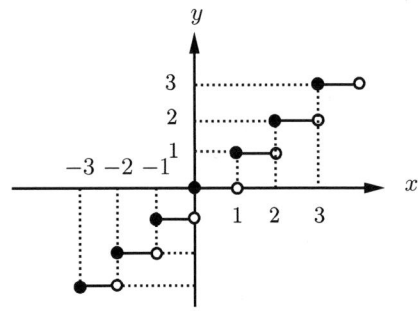

연습문제 1.2.1

1. 생략

2. 생략

3. 생략

4. 생략

5. (1) $x^2 - 1 < 0$, 즉 $-1 < x < 1$ 이면 함수값이 존재하지 않는다. 예를 들어 $x = \dfrac{1}{2}, -\dfrac{1}{2}$ 에서 함수값이 존재하지 않는다.

   (2) $x^2 - 1 \geq 0$, 즉 $x \geq 1$ 또는 $x \leq -1$ 이면 함수값이 존재하므로 정의역은 $\{x : x \geq 1$ 또는 $x \leq -1\}$

연습문제 1.2.2

1. (1) $1° = 1 \times \dfrac{\pi}{180}(\mathrm{rad}) = \dfrac{\pi}{180}(\mathrm{rad})$

   (2) $210° = 210 \times \dfrac{\pi}{180}(\mathrm{rad}) = \dfrac{7}{6}\pi(\mathrm{rad})$

   (3) $270° = 270 \times \dfrac{\pi}{180}(\mathrm{rad}) = \dfrac{3\pi}{2}(\mathrm{rad})$

2. (1) $\sin\left(\dfrac{11}{6}\pi\right) = \sin(2\pi - \dfrac{\pi}{6}) = \sin\left(-\dfrac{\pi}{6}\right) = -\sin\dfrac{\pi}{6} = -\dfrac{1}{2}$

   (2) $\cos\left(\dfrac{5}{4}\pi\right) = \cos\left(\pi + \dfrac{\pi}{4}\right) = -\cos\dfrac{\pi}{4} = -\dfrac{1}{\sqrt{2}}$

   (3) $\tan\left(\dfrac{4}{3}\pi\right) = \tan\left(\pi + \dfrac{\pi}{3}\right) = \tan\dfrac{\pi}{3} = \sqrt{3}$

3. (1) $\sin x = \dfrac{1}{2}$ 이고 $0 \leq x \leq \pi$ 이면 $x = \dfrac{\pi}{6}, \dfrac{5\pi}{6}$

   (2) $\cos x = \dfrac{\sqrt{3}}{2}$ 이고 $0 \leq x \leq \pi$ 이면 $x = \dfrac{\pi}{6}$

연습문제 1.2.3

1. (1) $\log_9 3 = \log_{3^2} 3 = \dfrac{1}{2}$, $\log_3 9 = \dfrac{1}{\log_9 3} = 2$

   (2) $\ln e^3 = 3, e^{\ln 3} = 3$

2. 생략

연습문제 1.2.5

1. (1) $f(x) = x^2 - x$ 에서 $x \geq \dfrac{1}{2}$ 이면 $f(x) \geq -\dfrac{1}{4}$ 이고 $f : \left[\dfrac{1}{2}, \infty\right) \longrightarrow \left[-\dfrac{1}{4}, \infty\right)$ 은 전단사함수이다. 이때 역함수를 구하면

$$y = f^{-1}(x) = \frac{1}{2} + \sqrt{x + \frac{1}{4}} \left(x \geq -\frac{1}{4} \right)$$

비슷하게 $x \leq \frac{1}{2}$ 에 대해서 구하면

$$y = f^{-1}(x) = \frac{1}{2} - \sqrt{x + \frac{1}{4}} \left(x \geq -\frac{1}{4} \right)$$

(2) 비슷하게 구하면 $f^{-1}(x) = \frac{1}{x} - 1 (x \neq 0)$

2. $x \geq 1$ 이면 $f(x) = (x-1)^2 - 1$ 은 $[1, \infty)$ 에서 $[-1, \infty)$ 위로의 전단사함수. 따라서 역함수가 존재한다. $f^{-1}(3) = \alpha$ 라 하면 $f(\alpha) = (\alpha - 1)^2 - 1 = 3 (\alpha \geq 1)$. 따라서 $\alpha = 3$. 즉, $f^{-1}(3) = 3$. 비슷하게 구하면 $f^{-1}(8) = 4$.

3. $\sin^{-1}\left(\frac{\sqrt{3}}{2} \right) = \alpha$ 이면

$$\sin \alpha = \frac{\sqrt{3}}{2} \left(-\frac{\pi}{2} \leq \alpha \leq \frac{\pi}{2} \right).$$

따라서 $\alpha = \frac{\pi}{3}$.

$\sin 0 = 0$ 이므로 $\sin^{-1}(0) = 0$.

4. $\cos^{-1}(0) = \alpha$ 이면

$$\cos \alpha = 0 (0 \leq \alpha \leq \pi).$$

따라서 $\alpha = \frac{\pi}{2}$.

$\cos^{-1}\left(\frac{1}{2} \right) = \alpha$ 이면

$$\cos \alpha = \frac{1}{2} (0 \leq \alpha \leq \pi).$$

따라서 $\alpha = \frac{\pi}{3}$

5. $y = \cosh x = \frac{e^x + e^{-x}}{2} (x \geq 0)$ 에서 x 와 y 를 바꾸면

$$x = \frac{e^y + e^{-y}}{2}$$

따라서

$$(e^y)^2 - 2xe^y + 1 = 0,$$
$$e^y = x \pm \sqrt{x^2 - 1}$$

그런데 $e^y > 1$ 이므로 $e^y = x + \sqrt{x^2 - 1}$. 따라서

$$y = \cosh^{-1} x = \ln(x + \sqrt{x^2 - 1})(x > 1)$$

비슷하게 구하면

$$\tan^{-1} x = \frac{1}{2} \ln \left(\frac{1+x}{1-x} \right) (|x| < 1)$$

을 얻을 수 있다.

연습문제 1.2.6

1. (1) $x = \dfrac{t}{2}$ 이면 $t = 2x$. 따라서

$$y = t^2 - 4 = (2x)^2 - 4 = 4x^2 - 4$$

(2) $x = \dfrac{1}{1+t}$ 이면 $1 + t = \dfrac{1}{x}$. 따라서

$$t = \frac{1}{x} - 1 = \frac{1-x}{x} \implies 1 - t = 1 - \frac{1-x}{x} = \frac{2x-1}{x},$$
$$y = \frac{t}{1-t^2} = \frac{1}{2}\left(\frac{1}{1-t} - \frac{1}{1+t}\right) = \frac{1}{2}\left(\frac{x}{2x-1} - x\right)$$
$$= \frac{x - x^2}{2x - 1}\left(x \neq \frac{1}{2}\right)$$

2.

$$x^2 + y^2 = 4xy,$$
$$x^2 - 4xy + 4y^2 - 3y^2 = (x - 2y - \sqrt{3}y)(x - 2y + \sqrt{3}y) = 0$$

따라서

$$x = (2 + \sqrt{3})y \quad \text{또는} \quad x = (2 - \sqrt{3})y$$

따라서

$$\begin{cases} x = (2 + \sqrt{3})t, \\ y = t \end{cases} \quad \text{또는} \quad \begin{cases} x = (2 - \sqrt{3})t, \\ y = t \end{cases}$$

연습문제 1.2.7

1. (1)

$$x = r \cos\theta = 3\cos\frac{\pi}{6} = 3 \times \frac{\sqrt{3}}{2} = \frac{3\sqrt{3}}{2},$$
$$y = r \cos\theta = 3\sin\frac{\pi}{6} = 3 \times \frac{1}{2} = \frac{3}{2}$$

따라서 구하는 직교좌표는 $\left(\dfrac{3\sqrt{3}}{2}, \dfrac{3}{2}\right)$

(2)

$$x = r\cos\theta = -2\cos\left(-\frac{\pi}{2}\right) = -2\cos\frac{\pi}{2} = 0,$$
$$y = r\sin\theta = -2\sin\left(-\frac{\pi}{2}\right) = 2\sin\frac{\pi}{2} = 2$$

따라서 구하는 직교좌표는 $(0, 2)$

2. (1) $\left(6, \dfrac{\pi}{3} + 2n\pi\right)(n = 0, \pm 1, \pm 2, \ldots)$

(2) $(1, \pi + 2n\pi)(n = 0, \pm 1, \pm 2, \ldots)$

3. (1) 그림 A.1

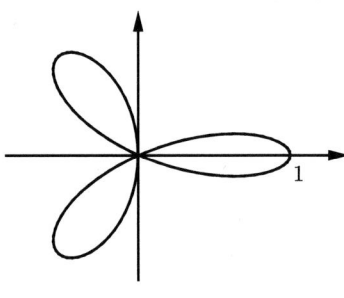

그림 A.1:

(2) 그림 A.2

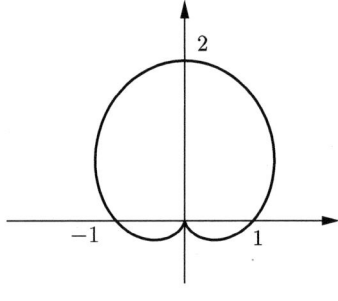

그림 A.2:

제 2장 연습문제풀이

연습문제 2.1

1. (1) 1   (2) −1   (3) 7

2. (1) 6   (2) 0   (3) 3   (4) $\dfrac{\sqrt{2}}{4}$

연습문제 2.2

1. (1) $\dfrac{5}{2}$　(2) 2　(3) 0

2. (1) $e^{\frac{1}{3}}$　(2) $\dfrac{1}{e}$　(3) 1

연습문제 2.3

1. (1) $\displaystyle\lim_{x \to 0} f(x) = 0 = f(0)$ 이므로 $x = 0$ 에서 연속

   (2) $\displaystyle\lim_{x \to 1} f(x) = 6 = f(1)$ 이므로 $x = 1$ 에서 연속

   (3) $\displaystyle\lim_{x \to 1} f(x) = 1 = f(1)$ 이므로 $x = 1$ 에서 연속

   (4) $\displaystyle\lim_{x \to 0+} \frac{|x|}{x} = 1 \neq \lim_{x \to 0-} \frac{|x|}{x} = -1$ 이므로 $\displaystyle\lim_{x \to 0} \frac{|x|}{x}$ 가 존재하지 않는다. 따라서 f 는 $x = 0$ 에서 불연속이다.

2. (1) $f(-1)$ 이 존재하지 않으므로 $x = -1$ 에서 불연속. 그 외 나머지 점에서는 연속 이다.

   (2) n 이 정수일 때 $\displaystyle\lim_{x \to n+} f(x) = n, \lim_{x \to n-} f(x) = n - 1$ 이므로 $\displaystyle\lim_{x \to n} f(x)$ 가 존재하지 않는다. 따라서 $x = n$ 에서 불연속이다. 그 외 나머지 점에서는 연속이다.

   (3) $\displaystyle\lim_{x \to 0} f(x) = 0 \neq f(0) = 1$ 이므로 $x = 0$ 에서 불연속이다. 그 외 나머지 점에서는 연속이다.

제 3장 연습문제풀이

연습문제 3.2

1. (1) $y' = \dfrac{y - 2x}{2y - x}(2y \neq x)$

   (2) $y' = \dfrac{y - x^2}{y^2 - x}(y^2 \neq x)$

   (3) $y' = \dfrac{dy}{dx} = \dfrac{dy/dt}{dx/dt} = \dfrac{1 - 2\sqrt{t}}{2}$

   (4) $y' = \dfrac{dy}{dx} = \dfrac{dy/dt}{dx/dt} = -\cot t$

2. $f(x) = \sqrt[3]{x^2 + 3x + 1}$ 이면

$$f'(x) = \frac{2x + 3}{3\sqrt[3]{(x^2 + 3x + 1)^2}} = \frac{2x + 3}{3(f(x))^2}$$

따라서

$$(f^{-1})'(x) = \frac{1}{(f'(f^{-1}(x)))} = \frac{3(f(f^{-1}(x)))^2}{2f^{-1}(x) + 3} = \frac{3x^2}{2f^{-1}(x) + 3}$$

한편, $x \geq -\sqrt[3]{\dfrac{5}{4}}$ 이면

$$f^{-1}(x) = \frac{-3 + \sqrt{4x^3 + 5}}{2}.$$

3. (1) $y' = -\dfrac{x}{y}(y \neq 0)$

   (2) $y' = \dfrac{y - 3x^2 - y^3}{3xy^2 - x}$

연습문제 3.3

1. (1) $y = 2x - 1$

   (2) $y = \dfrac{1}{2}x + \dfrac{1}{2}$

   (3) $y = 3x - 2$

2. (1) $y' = 3x^2 + 2x + 1$

   (2) $y' = 5x^4 + 3x^2 + 2x$

   (3) $y' = \dfrac{1}{3\sqrt[3]{x^2}}$

   (4) $y' = \dfrac{1}{x^2}$

   (5) $y' = 10(x^4 + x + 1)(4x^3 + 1)$

   (6) $y' = \dfrac{3x^2 + 1}{3\sqrt[3]{(x^3 + x + 1)^2}}$

   (7) $y' = \dfrac{1}{2x^2}\sqrt{\dfrac{x}{x - 1}}$

   (8) $y' = \dfrac{3(x - 1)^2}{x^4}$

연습문제 3.4

1. (1) $y' = \cos(x + 1)$

   (2) $y' = -2\sin 2x$

(3) $y' = -2x \sec^2(1 - x^2)$

(4) $y' = n \sin^{n-1} x \cos x$

(5) $y' = -\sin \sqrt{x^2 + 1} \times \dfrac{x}{\sqrt{x^2 + 1}}$

(6) $y' = \sec^2 \left(\dfrac{x}{x^2 + 1} \right) \times \dfrac{1 - x^2}{(x^2 + 1)^2}$

(7) $y' = 4x \csc^2(1 - 2x^2)$

(8) $y' = \sec \sqrt[3]{x} \tan \sqrt[3]{x} \times \dfrac{1}{3\sqrt[3]{x^2}}$

(9) $y' = 2x(\sin(x^2 + 1) + 2x^3 \cos(x^2 + 1))$

(10) $y' = \dfrac{x \cos x - \sin x}{x^2}$

(11) $y' = -\sin x \cos(\cos x)$

(12) $y' = -\csc \sqrt{x^2 + 1} \times \cot \sqrt{x^2 + 1} \times \dfrac{x}{\sqrt{x^2 + 1}}$

2. (1) $y' = \cos x(2 \cos x - 2x + 1) + x^2 \sin x - 1$

   (2) $y' = 2 \tan x \sec^2 x + \dfrac{\sin x \cos x}{\sqrt{\sin^2 x + 1}}$

3. (1) $y' = 5e^{5x}$

   (2) $y' = (2x + 1)e^{x^2 + x + 1}$

   (3) $y' = 2^{x+1} \ln 2$

   (4) $y' = 3^{\sqrt{x^2+1}} \times \ln 3 \times \dfrac{x}{\sqrt{x^2 + 1}}$

   (5) $y' = \dfrac{2x + 1}{x^2 + x + 1}$

   (6) $y' = \dfrac{1}{(x + 1) \ln 2}$

   (7) $y' = 2^{\sin x} \times \ln 2 \times \cos x$

   (8) $y' = \sinh\left(\sqrt{x^2 + 1}\right) \times \dfrac{x}{\sqrt{x^2 + 1}}$

   (9) $y' = \text{sech}^2(\cos x) \times (-\sin x)$

   (10) $y' = \ln x$

   (11) $y' = \cosh(x^2 + x + 1) \times (2x + 1)$

   (12) $y' = e^{\cos x}(-\sin x)$

   (13) $y' = \sec x$

   (14) $y' = \cos(\sinh x) \times \cosh x$

   (15) $y' = \cosh(\sinh x) \times \cosh x$

연습문제 3.5

1. (1) $y' = -\dfrac{2x}{\sqrt{2x^2 - x^4}}$

   (2) $y' = -\dfrac{1}{2\sqrt{x - x^2}}$

   (3) $y' = \dfrac{3x^2}{1 + x^6}$

   (4) $y' = \dfrac{1}{\sin^{-1} x \times \sqrt{1 - x^2}}$

   (5) $y' = \dfrac{2\cos 2x}{1 + (\sin 2x)^2}$

   (6) $y' = \dfrac{1}{\sqrt{1 - (\ln x)^2}} \times \dfrac{1}{x}$

2. (1) $y' = \dfrac{2x}{\sqrt{x^4 + 2x^2 + 2}}$

   (2) $y' = \sec x$

   (3) $y' = \dfrac{1}{\sqrt{(\ln x)^2 - 1}} \times \dfrac{1}{x}$

   (4) $y' = \dfrac{1}{2\sqrt{x}(1 - x)}$

   (5) $y' = \dfrac{2x + 2}{\sqrt{x^4 + 4x^3 + 6x^2 + 4x}}$

연습문제 3.6.1

1. (1) $\lim\limits_{x \to 0} \dfrac{\tan x - x}{x - \sin x} = \lim\limits_{x \to 0} \dfrac{\sec^2 x - 1}{1 - \cos x} = \lim\limits_{x \to 0} \dfrac{2\sec^2 x \tan x}{\sin x} = 2$

   (2) $\lim\limits_{x \to \infty} \dfrac{\ln x}{x} = \lim\limits_{x \to \infty} \dfrac{1}{x} = 0$

   (3) $\lim\limits_{x \to \infty} \dfrac{x^2 + 1}{4x^2 + 2x + 1} = \dfrac{1}{4}$

   (4) $\lim\limits_{x \to \frac{\pi}{4}} \dfrac{1 - \tan x}{\cos 2x} = \lim\limits_{x \to \frac{\pi}{4}} \dfrac{-\sec^2 x}{2\sin 2x} = -1$

   (5) $\lim\limits_{x \to 0} \dfrac{x + \sin 2x}{x - \sin 2x} = \lim\limits_{x \to 0} \dfrac{1 + 2\cos 2x}{1 - 2\cos 2x} = -3$

   (6) $\lim\limits_{x \to 0} \dfrac{e^x - 1}{x} = \lim\limits_{x \to 0} \dfrac{e^x}{1} = 1$

   (7) $\lim\limits_{x \to \pi} \dfrac{\sin x}{\sqrt{x - \pi}} = \lim\limits_{x \to \pi} \dfrac{\cos x}{\frac{1}{2\sqrt{x - \pi}}} = 0$

   (8) $\lim\limits_{x \to 0} \dfrac{e^x - x - 1}{x^2} \lim\limits_{x \to 0} \dfrac{e^x - 1}{2x} = \lim\limits_{x \to 0} \dfrac{e^x}{2} = \dfrac{1}{2}$

   (9) $\lim\limits_{x \to 0} \dfrac{e^x - e^{-x}}{\sin x} = \lim\limits_{x \to 0} \dfrac{e^x + e^{-x}}{\cos x} = 2$

2. (1) $\lim\limits_{x\to\frac{\pi}{2}}(\sin x)^{\tan x}=\lim\limits_{x\to\frac{\pi}{2}}e^{\tan x\ln\sin x}$. 그런데

$$\lim_{x\to\frac{\pi}{2}}\tan\ln\sin x=\lim_{x\to\frac{\pi}{2}}\frac{\sin x\ln\sin x}{\cos x}=\lim_{x\to\frac{\pi}{2}}\frac{\cos x\ln\sin x+\cos x}{-\sin x}=0$$

따라서
$$\lim_{x\to\frac{\pi}{2}}(\sin x)^{\tan x}=1$$

(2)

$$\lim_{x\to 2}\left[\ln\left(2-\frac{2}{x}\right)\right]\cot\frac{\pi}{2}x=\lim_{x\to 2}\frac{\cos\frac{\pi}{2}x\ln(2-\frac{2}{x})}{\sin\frac{\pi}{2}x}$$
$$=\lim_{x\to 2}\frac{-\frac{\pi}{2}\sin\frac{\pi}{2}x\ln(2-\frac{2}{x})+\cos\frac{\pi}{2}x\times\frac{2/x^2}{2-\frac{2}{x}}}{\frac{\pi}{2}\cos\frac{\pi}{2}x}=\frac{1}{\pi}$$

(3) $\lim\limits_{x\to 0}x^2\ln x=\lim\limits_{x\to 0}\dfrac{\ln x}{1/x^2}=\lim\limits_{x\to 0}\dfrac{1/x}{-2/x^3}=0$

(4)

$$\lim_{x\to 0}\left(\frac{1}{x}-\frac{1}{e^x-1}\right)=\lim_{x\to 0}\frac{e^x-x-1}{x(e^x-1)}$$
$$=\lim_{x\to 0}\frac{e^x-1}{e^x-1+xe^x}=\lim_{x\to 0}\frac{e^x}{e^x+e^x+xe^x}=\frac{1}{2}$$

(5) $\lim\limits_{x\to 0}\left(\dfrac{1}{x}-\dfrac{1}{2x}\right)=\lim\limits_{x\to 0}\dfrac{x}{2x^2}=\pm\infty$

(6) $\lim\limits_{x\to 0}(e^x+x)^{\frac{1}{x}}=\lim\limits_{x\to 0}e^{\frac{1}{x}\ln(e^x+x)}$ 이고

$$\lim_{x\to 0}\frac{\ln(e^x+x)}{x}=\lim_{x\to 0}\frac{e^x+1}{e^x+x}=2$$

따라서
$$\lim_{x\to 0}(e^x+x)^{\frac{1}{x}}=e^2$$

연습문제 3.6.3

1. (1)
$$f(x)=3x^4-8x^3+6x^2,$$
$$f'(x)=12x^3-24x^2+12x$$
$$=12x(x^2-2x+1)=12x(x-1)^2,$$
$$\therefore f'(x)=0\Longrightarrow x=0,1$$
$$f''(x)=36x^2-48x+12=12(3x-1)(x-1)$$
$$\therefore f''(x)=0\Longrightarrow x=\frac{1}{3},1$$

x	$\cdots$	0	$\cdots$	$\dfrac{1}{3}$	$\cdots$	1	$\cdots$
f'	$-$	0	$+$	$+$	$+$	0	$+$
f''	$+$	$+$	$+$	0	$-$	0	$+$
f	늦은 감소	극소(0)	빠른 증가	변곡$(\frac{11}{27})$	늦은 증가	변곡(1)	빠른 증가

정의역: 모든 실수

대칭성: 없음

절편: $3x^4 - 8x^3 + 6x^2 = x^2(3x^2 - 8x + 6)$ 이고 모든 x에 대해 $3x^2 - 8x + 6 > 0 (\because D < 0)$ 이므로 x-절편, y-절편은 0

점근선: 없음

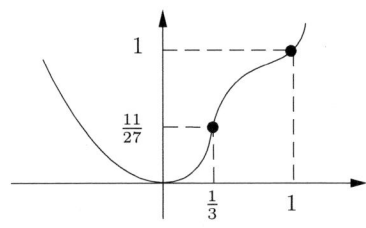

그림 A.3:

(2)

$$f(x) = x^2 e^{-x},$$
$$f'(x) = 2xe^{-x} - x^2 e^{-x} = xe^{-x}(2-x),$$
$$\therefore f'(x) = 0 \implies x = 0, 2,$$
$$f''(x) = 2e^{-x} - 2xe^{-x} - 2xe^{-x} + x^2 e^{-x}$$
$$= e^{-x}(x^2 - 4x + 2),$$
$$\therefore f''(x) = 0 \implies x = 2 \pm \sqrt{2}$$

x	$\cdots$	0	$\cdots$	$2-\sqrt{2}$	$\cdots$	2	$\cdots$	$2+\sqrt{2}$	$\cdots$
f'	$-$	0	$+$	$+$	$+$	0	$-$	$-$	$-$
f''	$+$	$+$	$+$	0	$-$	$-$	$-$	0	$+$
f	늦은 감소	극소	빠른 증가	변곡	늦은 증가	극대	빠른 감소	변곡	늦은 감소

변곡점: $\left(2 \pm \sqrt{2}, \dfrac{(2 \pm \sqrt{2})^2}{e^{2 \pm \sqrt{2}}}\right)$

극대점: $\left(2, \dfrac{4}{e^2}\right)$

극소점: $(0, 0)$

$$\lim_{x \to \infty} \frac{x^2}{e^x} = 0 \text{이므로 } y = 0 \text{은 수평점근선}$$

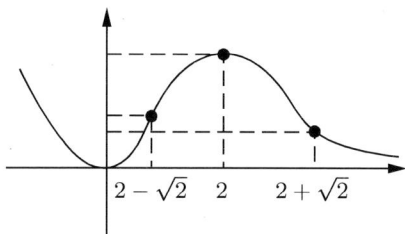

그림 A.4:

2. (1) **정의역:** $x \neq 0$인 모든 실수

　　대칭성: 없다.

　　절편: x-절편 -1

　　점근선: $\lim_{x \to 0} \dfrac{(x+1)^2}{x} = \pm\infty$이므로 $x = 0$은 수직점근선.

　　　　　$\lim_{x \to \infty} \left\{ \dfrac{(x+1)^2}{x} - (x+2) \right\} = 0$이므로 $y = x + 2$는 사점근선

　　증가, 감소, 볼록성:

$$f(x) = \frac{(x+1)^2}{x} = x + 2 + \frac{1}{x},$$
$$f'(x) = 1 - \frac{1}{x^2} = \frac{(x-1)(x+1)}{x^2},$$
$$\therefore f'(x) = 0 \implies x = 1, -1,$$
$$f''(x) = \frac{2}{x^3}$$

x	$\cdots$	-1	$\cdots$	(0)	$\cdots$	1	$\cdots$
f'	$+$	0	$-$	$*$	$-$	0	$+$
f''	$-$	$-$	$-$	$*$	$+$	$+$	$+$
f	늦은증가	극대	빠른감소	$*$	늦은감소	극소	빠른증가

　　극대값: $f(-1) = 0$

　　극소값: $f(1) = 4$

　　이상에서 그림 A.5를 얻는다.

(2) $f(x) = \dfrac{x^2 - 2x - 2}{2x} = \dfrac{x}{2} - 1 - \dfrac{1}{x}$

　　정의역: $x \neq 0$인 모든 실수

　　대칭성: 없음

　　절편: $x^2 - 2x - 2 = 0$이면 $x = 1 \pm \sqrt{3}$. 따라서 x-절편은 $1 \pm \sqrt{3}$

　　점근선: $\lim_{x \to 0} f(x) = \pm\infty$이므로 $x = 0$은 수직점근선

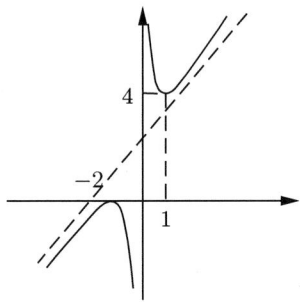

그림 A.5:

$$\lim_{x \to \pm\infty} \left[f(x) - \left(\frac{x}{2} - 1 \right) \right] = 0 \text{ 이므로 } y = \frac{x}{2} - 1 \text{은 사점근선}$$

증가, 감소: 모든 $x \neq 0$에 대해 $f'(x) = \dfrac{1}{2} + \dfrac{1}{x^2} > 0$ 이므로 f는 증가함수

$$f''(x) = -\frac{2}{x^3}$$

이상에서 그림 A.6을 얻는다.

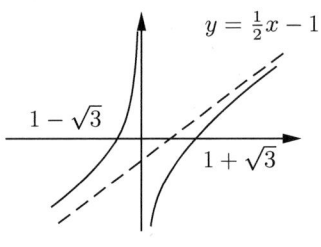

그림 A.6:

연습문제 3.6.4

1.
$$V(t) = X'(t) = (-2\sin t, \cos t, 2t) : \text{속도벡터}$$
$$V'(t) = X''(t) = (-2\cos t, -\sin t, 2) : \text{가속도벡터}$$

2. (1) $X(1) = (1, 2, 1)$ 이고 $V(1) = X'(1) = (1, 2, 2)$ 이므로 구하는 접선의 방정식은

$$Y(t) = (1, 2, 1) + t(1, 2, 2)$$

(2) $X(1) = \left(e^3, e^{-3}, 3\sqrt{2} \right)$ 이고

$$V(1) = X'(1) = \left(3e^3, -3e^{-3}, 3\sqrt{2} \right)$$

이므로 구하는 접선의 방정식은

$$Y(t) = \left(e^3, e^{-3}, 3\sqrt{2}\right) + t(3e^3, -3e^{-3}, 3\sqrt{2})$$

3. $f(t) = t, g(t) = t^2$ 이면

$$f'(t) = 1, \ f''(t) = 0, \ g'(t) = 2t, \ g''(t) = 2.$$

따라서

$$\kappa = \frac{|f'(1)g''(1) - f''(1)g'(1)|}{|f'(1)^2 + g'(1)^2|^{\frac{3}{2}}} = \frac{\sqrt{2}}{2}$$

따라서 곡률반경은 $\sqrt{2}$.

4. $f(t) = t - \sin t, g(1) = 1 - \cos t$ 이면

$$f'(t) = 1 - \sin t, f''(t) = -\cos t, g'(t) = \sin t, g''(t) = \cos t.$$

따라서

$$\kappa = \left. \frac{|f'(t)g''(t) - f''(t)g'(t)|}{|f'(t)^2 + g'(t)^2|^{\frac{3}{2}}} \right|_{t=(2n+1)\pi} = \left. \frac{|\cos t|}{|1 - 2\sin t + 2\sin^2 t|^{\frac{3}{2}}} \right|_{t=(2n+1)\pi} = 1.$$

5. $y' = 2x, y'' = 2$ 이므로

$$\kappa = \left. \frac{|y''|}{|1 + y'^2|^{\frac{3}{2}}} \right|_{x=1} = \frac{2}{5\sqrt{5}}.$$

따라서 곡률반경은 $\dfrac{5\sqrt{5}}{2}$. 구하는 곡률원을

$$(x - \alpha)^2 + (y - \beta)^2 = \left(\frac{5\sqrt{5}}{2}\right)^2$$

이라 하면 $(1,1)$을 지나므로

$$(1 - \alpha)^2 + (1 - \beta)^2 = \left(\frac{5\sqrt{5}}{2}\right)^2 \tag{A.1}$$

그리고 이 원의 중심이 직선 $y = -\dfrac{1}{2}x + \dfrac{3}{2}$ 위에 있으므로

$$\beta = -\frac{1}{2}\alpha + \frac{3}{2} \tag{A.2}$$

$\alpha \leq 1$ 이므로 식 (A.1)과 식 (A.2)에서 $\alpha = -4, \beta = \dfrac{7}{2}$.

6. $X(t) = (f(t), g(t))$ 이면 $Y(t) = (cf(t), cg(t))$. 따라서 $Y(t)$에서 곡률은

$$\kappa_Y = \frac{|c^2 f'(t)g''(t) - c^2 f''(t)g'(t)|}{|(cf'(t))^2 + (cg'(t))^2|^{\frac{3}{2}}} = \frac{1}{c} \cdot \frac{|f'(t)g''(t) - f''(t)g'(t)|}{|f'(t)^2 + g'(t)^2|^{\frac{3}{2}}} = \frac{\kappa(t)}{c}$$

제 4장 연습문제풀이

연습문제 4.2.1

1. (1) $\displaystyle\int x \ln x dx = = \frac{x^2}{2} \ln x - \frac{x^2}{4} + C$

   (2) $\displaystyle\int x e^x dx = x e^x - e^x + C$

   (3) $\displaystyle\int x \sin x dx = -x \cos x + \sin x + C$

   (4) $\displaystyle\int x \cos x dx = x \sin x + \cos x + C$

   (5) $\displaystyle\int x \sec^2 x dx = x \tan x + \ln |\cos x| + C$

   (6) $\displaystyle\int x \sinh x dx = x \cosh x - \sinh x + C$

2. (1) $\displaystyle\int (\ln x)^2 dx = x(\ln x)^2 - 2x \ln x + 2x + C$

   (2) $\displaystyle\int e^x \sin x dx = \frac{1}{2} e^x (\sin x - \cos x) + C$

   (3) $\displaystyle\int x^2 e^x dx = e^x (x^2 - 2x + 2) + C$

   (4) $\displaystyle\int x^2 \sin x dx = -x^2 \cos x + 2x \sin x + 2 \cos x + C$

   (5) $\displaystyle\int x^2 \ln x dx = \frac{x^3}{3} \ln x - \frac{x^3}{9} + C$

   (6) $\displaystyle\int x^2 \sinh x dx = (x^2 + 2) \cosh x - 2x \sinh x + C$

3. (1) $\cos^{n-1} x = u, \cos x = v'$ 이라 하면 $u' = (n-1) \cos^{n-2} x(-\sin x), \quad v = \sin x$ 이므로

$$\begin{aligned}
\int \cos^n x dx &= \int \cos^{n-1} x \cos x dx \\
&= \cos^{n-1} x \sin x + (n-1) \int \cos^{n-2} x \sin^2 x dx \\
&= \cos^{n-1} x \sin x + (n-1) \int \cos^{n-2} x(1 - \cos^2 x) dx \\
&= \cos^{n-1} x \sin x + (n-1) \int \cos^{n-2} x dx - (n-1) \int \cos^n x dx
\end{aligned}$$

따라서

$$\int \cos^n x dx = \frac{1}{n-1} \cos^{n-1} x \sin x + \frac{n-1}{n} \int \cos^{n-2} x dx.$$

(2)

$$\int \tan^n x dx = \int \tan^{n-2} x \tan^2 x dx$$

$$= \int \tan^{n-2} x (\sec^2 x - 1) dx$$

$$= -\int \tan^{n-2} x dx + \int \tan^{n-2} \sec^2 x dx$$

$$= -\int \tan^{n-2} dx + \frac{\tan^{n-1} x}{n-1}$$

(3) $u = x^n v' = \cos x$ 라 하면 $u' = nx^{n-1}, v = \sin x$. 따라서

$$\int x^n \cos x dx = x^n \sin x - n \int x^{n-1} \sin x dx$$

(4) $u = x^n, v' = e^x$ 라 하면 $u' = nx^{n-1}, v = e^x$. 따라서

$$\int x^n e^x dx = x^n e^x - n \int x^{n-1} e^x dx$$

연습문제 4.2.2

1. (1) $\displaystyle\int (x+1)^4 dx = \int t^4 dt = \frac{t^5}{5} + C = \frac{(x+1)^5}{5} + C$

(2) $\displaystyle\int \cos 3x dx = \frac{\sin 3x}{3} + C$

(3) $\displaystyle\int e^{2x} dx = \frac{1}{2} e^{2x} + C$

(4) $\displaystyle\int 2x e^{x^2} dx = x e^{2x} - \frac{1}{2} e^{2x} + C$

(5) $\displaystyle\int e^x \sin e^x dx = -\cos e^x + C$

(6) $\displaystyle\int \frac{x}{x^2+1} dx = \frac{1}{2} \ln(x^2+1) + C$

2. (1) $\cos\theta = \dfrac{x}{2}$ 라 하면 $x = 2\cos\theta, dx = -2\sin\theta d\theta, \sqrt{4-x^2} = 2\sin\theta, \theta = \cos^{-1}\dfrac{x}{2}$. 따라서

$$\int \sqrt{4-x^2} dx = \int 2\sin\theta(-2\sin\theta) d\theta$$

$$= -4 \int \sin^2\theta = -4 \int \frac{1-\cos 2\theta}{2} d\theta$$

$$= 2 \int \cos 2\theta d\theta - 2 \int d\theta = \sin 2\theta - 2\theta + C$$

$$= 2\sin\theta\cos\theta - 2\theta + C = \frac{1}{2}\left(x\sqrt{4-x^2} - 4\cos^{-1}\frac{x}{2}\right) + C$$

(2) $\tan\theta = x$ 라 하면

$$\cos\theta = \frac{1}{\sqrt{1+x^2}}, dx = \sec^2\theta d\theta$$

따라서

$$\int \frac{1}{x^2\sqrt{1+x^2}}dx = \int \frac{1}{\tan^2\theta} \times \cos\theta \times \sec^2\theta d\theta$$
$$= \int \frac{\cos\theta}{\sin^2\theta}d\theta$$
$$= -\frac{1}{\sin\theta} + C = -\frac{\sqrt{1+x^2}}{x} + C$$

(3) $x-2 = t$ 라 하면

$$\int \frac{1}{\sqrt{x^2-4x+13}}dx = \int \frac{1}{\sqrt{(x-2)^2+3^2}}dx = \int \frac{1}{\sqrt{t^2+3^2}}dt$$

$t = 3\tan\theta$ 라 하면

$$\frac{1}{\sqrt{t^2+3^2}} = \frac{1}{3}\cos\theta, dt = 3\sec^2\theta d\theta$$

따라서

$$\int \frac{1}{\sqrt{t^2+3^2}}dt = \int \sec\theta d\theta$$
$$= \ln|\sec\theta + \tan\theta| + C$$
$$= \ln\left|\frac{\sqrt{t^2+3^2}}{3} + \frac{t}{3}\right| + C$$
$$= \ln(t + \sqrt{t^2+3^2}) + C'$$

$t = x-2$ 이므로

$$\int \frac{1}{\sqrt{x^2-4x+13}}dx = \ln(x-2+\sqrt{x^2-4x+13}) + C'$$

(4) $x = \sec\theta$ 라 하면

$$\sqrt{x^2-1} = \tan\theta, dx = \sec\theta\tan\theta d\theta$$

따라서

$$\int \frac{1}{\sqrt{x^2-1}}dx = \int \frac{1}{\tan\theta} \times \sec\theta\tan\theta d\theta$$
$$= \int \sec\theta d\theta$$
$$= \ln|\sec\theta + \tan\theta| + C$$
$$= \ln|x + \sqrt{x^2-1}| + C$$

참고

$$\int \sec\theta = \int \frac{\sec\theta(\sec\theta + \tan\theta)}{\sec\theta + \tan\theta}d\theta = \ln|\sec\theta + \tan\theta| + C$$

(5) $x = 2\cos\theta$ 라 하면

$$\sqrt{4 - x^2} = 2\sin\theta, dx = 2 - \sin\theta d\theta$$

따라서

$$\int \frac{1}{x^2\sqrt{4-x^2}}dx = \int \frac{1}{4\cos^2\theta \times 2\sin\theta} \times (-2\sin\theta)d\theta$$

$$= -\frac{1}{4}\int \sec^2\theta d\theta = -\frac{1}{4}\tan\theta + C$$

$$= -\frac{\sqrt{4-x^2}}{4x} + C$$

(6) $\tan\theta = x$ 라 하면

$$\sqrt{x^2 + 1} = \sec\theta, dx = \sec^2\theta$$

따라서

$$\int \sqrt{x^2+1}dx = \int \sec^3\theta$$

$$= \frac{1}{2}\sec\theta\tan\theta + \frac{1}{2}\ln|\sec\theta + \tan\theta| + C$$

$$= \frac{1}{2}\left[x\sqrt{x^2+1} + \ln(x + \sqrt{x^2+1})\right] + C$$

참고

$$\int \sec^3\theta d\theta = \int \sec\theta(1 + \tan^2\theta)d\theta$$

$$= \int \sec\theta d\theta + \int \sec\theta\tan^2\theta d\theta$$

$$= \ln|\sec\theta + \tan\theta| + \int \sec\theta\tan^2\theta d\theta$$

$$\int \sec^3\theta d\theta = \int \sec\theta \times \sec^2\theta$$

$$= \sec\theta\tan\theta - \int \sec\theta\tan^2\theta d\theta$$

위 두 식을 더해서 2로 나누면

$$\int \sec\theta\tan^2\theta d\theta = \frac{1}{2}\sec\theta\tan\theta - \frac{1}{2}\ln|\sec\theta + \tan\theta|$$

따라서

$$\int \sec^3\theta d\theta = \frac{1}{2}\sec\theta\tan\theta + \frac{1}{2}\ln|\sec\theta + \tan\theta| + C$$

3. (1) $f(x) = \sin^{-1}x, g'(x) = x$ 라 하면 $f'(x) = \dfrac{1}{\sqrt{1-x^2}}, g(x) = \dfrac{x^2}{2}$. 부분적분법에 의해

$$\int x\sin^{-1}xdx = \frac{x^2}{2}\sin^{-1}x - \frac{1}{2}\int \frac{x^2}{\sqrt{1-x^2}}dx$$

$x = \cos\theta$ 라 하면

$$\sqrt{1 - x^2} = \sin\theta, dx = -\sin\theta d\theta, \theta = \cos^{-1}x$$

따라서

$$\int \frac{x^2}{\sqrt{1-x^2}}dx = \int \frac{\cos^2\theta}{\sin\theta}(-\sin\theta)d\theta$$

$$= -\int \cos^2\theta d\theta$$

$$= -\int \left(\frac{1+\cos\theta}{2}\right)d\theta$$

$$= -\frac{1}{2}\theta - \frac{\sin 2\theta}{4} + C = -\frac{1}{2}\cos^{-1}x - \frac{x\sqrt{1-x^2}}{2} + C$$

따라서

$$\int x\sin^{-1}x = \frac{x^2}{2}\sin^{-1}x + \frac{1}{4}\cos^{-1}x + \frac{x\sqrt{1-x^2}}{4} + C$$

(2) $f(x) = \sin^{-1}x, g'(x) = 1$ 이면 $f'(x) = \dfrac{1}{\sqrt{1-x^2}}, g(x) = x$. 부분적분법에 의해

$$\int \sin^{-1}xdx = x\sin^{-1}x - \int \frac{x}{\sqrt{1-x^2}}dx$$

$1 - x^2 = t$ 라 하면 $xdx = -\dfrac{1}{2}dt$. 따라서

$$\int \frac{x}{\sqrt{1-x^2}}dx = -\int \frac{1}{2\sqrt{t}}dt = -\sqrt{t} + C = -\sqrt{1-x^2} + C$$

따라서

$$\int \sin^{-1}xdx = x\sin^{-1}x + \sqrt{1-x^2} + C$$

(3) $f(x) = \tan^{-1}x, g'(x) = 1$ 이라 하면 $f'(x) = \dfrac{1}{1+x^2}, g(x) = x$. 부분적분법에 의해

$$\int \tan^{-1}xdx = x\tan^{-1}x - \int \frac{x}{1+x^2}dx$$

$1 + x^2 = t$ 라 하면 $xdx = \frac{1}{2}dt$. 따라서

$$\int \frac{x}{1+x^2}dx = \frac{1}{2}\int \frac{1}{t}dt = \frac{1}{2}\ln|t| + C = \frac{1}{2}\ln(1+x^2) + C$$

따라서

$$\int \tan^{-1}xdx = x\tan^{-1}x - \frac{1}{2}\ln(1+x^2) + C$$

연습문제 4.2.3

1. (1) $\dfrac{1}{x(x^2+1)} = \dfrac{1}{x} - \dfrac{x}{x^2+1}$

(2) $\dfrac{1}{x^2(x+1)} = \dfrac{1}{x+1} - \dfrac{1}{x} + \dfrac{1}{x^2}$

(3) $\dfrac{x+1}{x^2-3x+2} = \dfrac{3}{x-2} - \dfrac{2}{x-1}$

2. (1)

$$\frac{4x^2+6x+8}{x^2-3x+2} = 4 + \frac{18x}{x^2-3x+2}$$

만일

$$\frac{18x}{x^2-3x+2} = \frac{18x}{(x-1)(x-2)} = \frac{A}{x-1} + \frac{B}{x-2} = \frac{(A+B)x - 2A - B}{x^2-3x+2}$$

라 하면

$$A + B = -18, \quad -2A - B = 0$$

따라서 $A = -18, B = 36$. 따라서

$$\begin{aligned}
\int \frac{4x^2+6x+8}{x^2-3x+2}dx &= \int \left(4 + \frac{18x}{x^2-3x+2}\right) dx \\
&= \int \left(4 - \frac{18}{x-1} + \frac{36}{x-2}\right) dx \\
&= 4x - 18\ln|x-1| + 36\ln|x-2| + C
\end{aligned}$$

(2)

$$\frac{1}{x^2+6x+8} = \frac{1}{(x+2)(x+4)} = \frac{1}{2}\left(\frac{1}{x+2} - \frac{1}{x+4}\right)$$

따라서

$$\begin{aligned}
\int \frac{1}{x^2+6x+8}dx &= \frac{1}{2}\left(\int \frac{1}{x+2}dx - \int \frac{1}{x+4}dx\right) \\
&= \frac{1}{2}\left(\ln|x+2| - \ln|x+4|\right) + C \\
&= \frac{1}{2}\ln\left|\frac{x+2}{x+4}\right| + C
\end{aligned}$$

(3)

$$\frac{1}{x^2-9} = \frac{1}{(x+3)(x-3)} = \frac{1}{6}\left(\frac{1}{x-3} - \frac{1}{x+3}\right)$$

따라서

$$\begin{aligned}
\int \frac{1}{x^2-9}dx &= \frac{1}{6}\left(\int \frac{1}{x-3}dx - \int \frac{1}{x+3}dx\right) \\
&= \frac{1}{6}\left(\ln|x-3| + \ln|x+3|\right) + C \\
&= \frac{1}{6}\ln\left|\frac{x-3}{x+3}\right| + C
\end{aligned}$$

(4)

$$\begin{aligned}
&\frac{2x+1}{x^2(x-1)(x-2)} \\
&= \frac{A}{x} + \frac{B}{x^2} + \frac{C}{x-1} + \frac{D}{x-2} \\
&= \frac{(A+C+D)x^3 + (-3A+B-2C-D)x^2 + (2A-3B)x + 2B}{x^2(x-1)(x-2)}
\end{aligned}$$

라 하면

$$A + C + D = 0, \ -3A + B - 2C - D = 0, \ 2A - 3B = 2, \ 2B = 1$$

따라서

$$A = \frac{7}{4}, \ B = \frac{1}{2}, \ C = -3, \ D = \frac{5}{4}$$

따라서

$$\int \frac{2x+1}{x^2(x-1)(x-2)} dx = \frac{7}{4} \int \frac{1}{x} dx + \frac{1}{2} \int \frac{1}{x^2} dx - 3 \int \frac{1}{x-1} dx + \frac{5}{4} \int \frac{1}{x-2} dx$$

$$= \frac{7}{4} \ln|x| - \frac{1}{2x} - 3\ln|x-1| + \frac{5}{4} \ln|x-2| + C$$

(5)

$$\frac{x^3 + x + 2}{x(x^2+1)} = 1 + \frac{2}{x(x^2+1)} = 1 + 2\left(\frac{1}{x} - \frac{x}{x^2+1}\right)$$

따라서

$$\int \frac{x^3 + x + 2}{x(x^2+1)} = x + 2\ln|x| - \ln(x^2+1) + C$$

(6)

$$\frac{x-1}{x(x+1)^2} = \frac{A}{x} + \frac{B}{x+1} + \frac{C}{(x+1)^2}$$

$$= \frac{A(x+1)^2 + Bx(x+1) + Cx}{x(x+1)^2}$$

$$= \frac{(A+B)x^2 + (2A+B+C)x + A}{x(x+1)^2}$$

라 하면

$$A + B = 0, 2A + B + C = 1, A = -1$$

따라서

$$A = -1, B = 1, C = 2$$

따라서

$$\int \frac{x-1}{x(x+1)^2} dx = -\int \frac{1}{x} dx + \int \frac{1}{x+1} dx + \int \frac{2}{(x+1)^2} dx$$

$$= -\ln|x| + \ln|x+1| - \frac{2}{x+1} + C = \ln\left|\frac{x+1}{x}\right| - \frac{2}{x+1} + C$$

3. $\tan \frac{x}{2} = t$ 라 하면

$$\sin x = \frac{2t}{1+t^2}, \cos x = \frac{1-t^2}{1+t^2}, dx = \frac{2}{1+t^2} dt$$

(1)

$$\int \frac{1}{5 + 4\cos x} dx = \int \frac{1}{5 + 4 \times \frac{1-t^2}{1+t^2}} \times \frac{2}{1+t^2} dt$$

$$= \int \frac{2}{t^2 + 3^2} dt = \frac{2}{3} \tan^{-1}\left(\frac{1}{3} \tan \frac{x}{2}\right) + C$$

(2)
$$\int \frac{1}{1+\sin x + \cos x} dx = \int \frac{1}{1+\frac{2t}{1+t^2}+\frac{1-t^2}{1+t^2}} \times \frac{2}{1+t^2} dt$$
$$= \int \frac{1}{1+t} dt$$
$$= \ln|t+1| + C = \ln\left|\tan\frac{x}{2}+1\right| + C$$

(3)
$$\int \frac{1}{2+\sin x} dx = \int \frac{1}{2+\frac{2t}{1+t^2}} \times \frac{2}{1+t^2} dt$$
$$= \int \frac{1}{(t+\frac{1}{2})^2 + (\frac{\sqrt{3}}{2})^2} dt$$
$$= \frac{2}{\sqrt{3}} \tan^{-1} \frac{2}{\sqrt{3}} \left(t+\frac{1}{2}\right) + C$$
$$= \frac{2}{\sqrt{3}} \tan^{-1} \left[\frac{2}{\sqrt{3}} \left(\tan\frac{x}{2}+\frac{1}{2}\right)\right] + C$$

(4)
$$\int \frac{1}{1+\cos x} dx = \int \frac{1}{1+\frac{1-t^2}{1+t^2}} dt$$
$$= \int dt = t + C = \tan\frac{x}{2} + C$$

(5)
$$\int \frac{1}{\sin x + \cos x} dx = \int \frac{1}{\frac{2t}{1+t^2}+\frac{1-t^2}{1+t^2}} \times \frac{2}{1+t^2} dt$$
$$= -\int \frac{2}{(t-1)^2 - (\sqrt{2})^2} dt$$
$$= -\frac{1}{\sqrt{2}} \int \left(\frac{1}{t-1-\sqrt{2}} - \frac{1}{t-1+\sqrt{2}}\right) dt$$
$$= -\frac{1}{\sqrt{2}} \ln\left|\frac{\tan\frac{x}{2}-1-\sqrt{2}}{\tan\frac{x}{2}-1+\sqrt{2}}\right| + C$$

(6)
$$\int \frac{1}{1+\tan x} = \frac{1}{2}\left(x + \ln|\sin x + \cos x|\right) + C$$

4. (1) $\sqrt{\frac{x+4}{1-x}} = t$ 라 하면 $x = \frac{t^2-4}{1+t^2}, dx = \frac{10t}{(1+t^2)^2} dt$. 따라서

$$\int \frac{1}{x} \sqrt{\frac{x+4}{1-x}} dx = \int \frac{1+t^2}{t^2-4} \times t \times \frac{10t}{(1+t^2)^2} dt$$
$$= \int \frac{10t^2}{(t^2-4)(t^2+1)} dt$$
$$= 2\int \left(\frac{4}{t^2-4} + \frac{1}{t^2+1}\right) dt$$
$$= 2\int \left(\frac{1}{t-2} - \frac{1}{t+2} + \frac{1}{t^2+1}\right) dt$$
$$= 2\left\{\ln|t-2| - \ln|t+2| + \tan^{-1} t\right\} + C \left(단, t = \sqrt{\frac{x+4}{1-x}}\right)$$

(2) $\sqrt{x} = t$ 라 하면 $x = t^2, dx = 2tdt$. 따라서

$$
\begin{aligned}
\int \frac{1}{1+\sqrt{x}}dx &= \int \frac{1}{1+t} \times 2tdt \\
&= \int \frac{2t}{1+t}dt = \int \left(2 - \frac{2}{1+t}\right)dt \\
&= 2t - 2\ln|1+t| + C = 2\sqrt{x} - 2\ln(1+\sqrt{x}) + C
\end{aligned}
$$

(3) $\sqrt{x^2+2x+2} = t - x$ 라 하면

$$
x = \frac{t^2-2}{2t+2}, dx = \frac{2t^2+4ty+4}{(2t+2)^2}dt, \sqrt{x^2+2x+2} = t - x = \frac{t^2+2t+2}{2t+2}
$$

따라서

$$
\begin{aligned}
\int \frac{1}{\sqrt{x^2+2x+2}}dx &= \int \frac{2}{2t+2}dt \\
&= \int \frac{1}{1+t}dt = \ln|t+1| + C \\
&= \ln(x + \sqrt{x^2+2x+2} + 1) + C \\
&= \sinh^{-1}(x+1) + C
\end{aligned}
$$

(4) $\displaystyle\int \frac{1}{x\sqrt{3x^2-2x-1}}dx = -\tan^{-1}\left(\frac{x+1}{\sqrt{3x^2-2x-1}}\right) + C$

(5) $\displaystyle\int \frac{1}{x^2\sqrt{x^2+4}}dx = -\frac{\sqrt{x^2+4}}{4x} + C$

(6) $\sqrt{1+e^x} = t$ 라 하면 $e^x = t^2 - 1$ 이고 $e^x dx = 2tdt$ 이므로

$$
dx = \frac{2t}{e^x}dt = \frac{2t}{t^2-1}dt
$$

따라서

$$
\begin{aligned}
\int \sqrt{1+e^x}dx &= \int t \times \frac{2t}{t^2-1}dt = \int \left(2 + \frac{2}{t^2-1}\right)dt \\
&= \int \left(2 + \frac{1}{t-1} - \frac{1}{t+1}\right)dt \\
&= 2t + \ln|t-1| - \ln|t+1| + C \\
&= 2\sqrt{1+e^x} + \ln(\sqrt{1+e^x}-1) - \ln(\sqrt{1+e^x}+1) + C \\
&= 2\sqrt{e^x+1} - 2\tanh^{-1}(\sqrt{e^x+1}) + C
\end{aligned}
$$

연습문제 4.3

1. (1)

$$
\int_2^5 (x+5)dx = \lim_{n\to\infty} \sum_{k=1}^{n} \frac{3}{n} \times \left(2 + \frac{3}{n}k\right) = \lim_{n\to\infty}\left[21 + \frac{9}{n^2} \times \frac{n(n+1)}{2}\right] = \frac{51}{2}
$$

(2) $\displaystyle\int_{-1}^{1}(x^2+1)dx = \lim_{n\to\infty}\sum_{k=1}^{n}\frac{2}{n}\times\left\{\left(-1+\frac{2k}{n}\right)^2+1\right\} = \frac{8}{3}$

2. 생략

3. 생략

4. (1) $\displaystyle\int(2x-1)^4 dx = \frac{(2x-1)^5}{10}+C.$ 따라서

$$\int_0^1(2x-1)^4 dx = \left[\frac{(2x-1)^5}{10}\right]_0^1 = \frac{1}{5}$$

(2) $\dfrac{1}{3}(e^3-1)$

(3) $\displaystyle\int e^x\sin x\, dx = \frac{1}{2}e^x(\sin x-\cos x)+C.$ 따라서

$$\int_0^1 e^x\sin x\, dx = \left[\frac{1}{2}e^x(\sin x-\cos x)\right]_0^1 = \frac{e}{2}[(\sin 1-\cos 1)]+\frac{1}{2}$$

(4) $2\ln 2-1$

(5) $\displaystyle\int x\ln x\, dx = \frac{x^2}{2}\ln x-\frac{x^2}{4}+C$ 이므로

$$\int_1^2 x\ln x\, dx = \left[\frac{x^2}{2}\ln x-\frac{x^2}{4}\right]_1^2 = 2\ln 2-\frac{3}{4}$$

(6) $\dfrac{1}{2}\ln 2$

5. (1)

$$\int_0^1\ln x\, dx = \lim_{\varepsilon\to 0+}\int_\varepsilon^1\ln x\, dx$$
$$= \lim_{\varepsilon\to 0+}\left[x\ln x-x\right]_\varepsilon^1 = \lim_{\varepsilon\to 0+}\left\{\varepsilon-\varepsilon\ln\varepsilon-1\right\} = -1$$

(2) $-\dfrac{1}{4}$

(3) $\displaystyle\int\frac{1}{5-x}dx = -\ln|5-x|+C.$ 따라서

$$\int_0^5\frac{1}{5-x} = \lim_{\varepsilon\to 0+}\left[-\ln|5-x|\right]_0^{5-\varepsilon} = \lim_{\varepsilon\to 0+}(\ln 5-\ln\varepsilon) = \infty$$

(4) 발산한다.

(5) $\displaystyle\int\frac{1}{x^2+4}dx = \frac{1}{2}\tan^{-1}\frac{x}{2}+C$ 이므로

$$\int_0^\infty\frac{1}{x^2+4}dx = \lim_{b\to\infty}\int_0^b\frac{1}{x^2+4}dx = \lim_{b\to\infty}\left[\frac{1}{2}\tan^{-1}\frac{x}{2}\right]_0^b = \frac{\pi}{4}$$

(6) $\displaystyle\int_0^1 \frac{1}{\sqrt[3]{x-1}}dx = \left[\frac{3}{2}(x-1)^{\frac{2}{3}}\right]_0^1 = -\frac{3}{2}$

6.

$$\int_0^1 \frac{1}{x^p}dx = \begin{cases} \dfrac{1}{1-p}, & 0 < p < 1, \\ \text{발산}, & p \geq 1. \end{cases}$$

$$\int_1^\infty \frac{1}{x^q}dx = \begin{cases} \dfrac{1}{q-1}, & q > 1, \\ \text{발산}, & 0 < q \leq 1. \end{cases}$$

연습문제 4.4

1. (1) $\displaystyle\int_0^1 (x-x^2)dx = \left[\frac{x^2}{2} - \frac{x^3}{3}\right]_0^1 = \frac{1}{6}$

(2) $\dfrac{1}{2}$

(3) $\displaystyle\int_1^3 |x^2 - 4x + 3|dx = -\int_1^3 (x^2 - 4x + 3)dx = -\left[\frac{x^3}{3} - 2x^2 + 3x\right]_1^3 = \frac{4}{3}$

(4) 108

2. (1)

$$\int_0^{2\pi} \frac{1}{2}r^2 d\theta = \frac{1}{2}\int_0^{2\pi} (4\sin\theta)^2 d\theta = 8\int_0^{2\pi} \sin^2\theta d\theta$$
$$= 8\int_0^{2\pi} \frac{1-\cos 2\theta}{2}d\theta = 8\pi$$

(2) $\displaystyle\int_0^{4\pi} \frac{1}{2}r^2 d\theta = \frac{3}{4}\pi$

(3) $r^2 = 4\cos 2\theta \geq 0$이므로 $0 \leq \theta \leq \dfrac{\pi}{4}, \dfrac{3}{4}\pi \leq \theta \leq \pi$. 각 θ에 대해 r의 값이 두 개이므로 곡선은 원점에 대칭이다. (그림 A.7) 따라서

$$4 \times \frac{1}{2}\int_0^{\frac{\pi}{4}} 4\cos 2\theta d\theta = 4$$

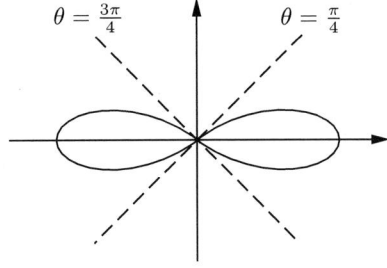

그림 A.7:

3. (1)
$$S = 2\left[\int_0^{\frac{\pi}{3}} \frac{1}{2}(1+\cos\theta)^2 d\theta + \pi\left(\frac{3}{2}\right)^2 - \int_0^{\frac{\pi}{3}} \frac{1}{2}(3\cos\theta)^2 d\theta\right]$$
$$= \int_0^{\frac{\pi}{3}} \left[(1+\cos\theta)^2 - 9\cos^2\theta\right] d\theta + \frac{9}{2}\pi = \frac{7}{2}\pi$$

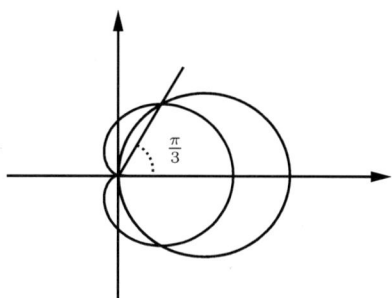

그림 A.8:

(2)
$$S = \frac{4\pi}{3} + 2\int_0^{\frac{\pi}{3}} \frac{1}{2}(3-2\cos\theta)^2 d\theta$$
$$= \frac{4}{3}\pi + \int_0^{\frac{\pi}{3}} (3-2\cos\theta)^2 d\theta = 5\pi - 6\sqrt{3} + \frac{\sqrt{3}}{4} = 5\pi - \frac{11\sqrt{3}}{2}$$

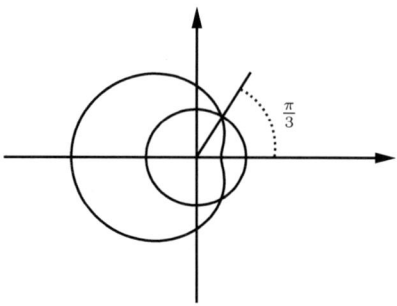

그림 A.9:

4. $S = 2\int_0^{\frac{\pi}{2}} \frac{1}{2}(2+2\sin\theta)^2 d\theta - \pi = 2\pi + 8$

5. (1) $V = \pi\int_0^2 (x^3)^2 dx = \pi\int_0^2 x^6 dx = \pi\left[\frac{x^7}{7}\right] = \frac{128\pi}{7}$

(2) $V = \pi\int_0^2 (4x^2 - x^4) dx = \pi\left[\frac{4x^3}{3} - \frac{x^5}{5}\right] = \frac{64\pi}{15}$

(3) $V = \pi\int_0^\pi \sin^2 x\, dx = \pi\int_0^\pi \frac{1-\cos 2x}{2} dx = \pi\left[\frac{1}{2}x - \frac{\sin 2x}{4}\right]_0^\pi = \frac{\pi^2}{2}$

(4)

$$V = \pi \int_{-1}^{1} (e^x)^2 dx = \pi \int_{-1}^{1} e^{2x} dx$$

$$= \pi \left[\frac{1}{2} e^{2x} \right]_{-1}^{1} = \frac{\pi}{2} \left(e^2 - e^{-2} \right) = \pi \sinh 2$$

6. (1)

$$S = 2\pi \int_{4}^{9} \sqrt{x} \sqrt{1 + \frac{1}{4x}} dx = 2\pi \int_{4}^{9} \sqrt{x + \frac{1}{4}} dx = \frac{1}{6} (37\sqrt{37} - 17\sqrt{17}) \pi$$

(2)

$$\int \sin x \sqrt{1 + \cos^2 x} \, dx = -\frac{\cos x}{2} \sqrt{1 + \cos^2 x} + \frac{1}{2} \ln(\cos x + \sqrt{1 + \cos^2 x}) + C$$

이므로

$$S = 2\pi \int_{0}^{\pi} \sin x \sqrt{1 + \cos^2 x} \, dx$$

$$= 2\pi \left[-\frac{\cos x}{2} \sqrt{1 + \cos^2 x} + \frac{1}{2} \ln(\cos x + \sqrt{1 + \cos^2 x}) \right]_{0}^{\pi}$$

$$= 2\pi \left(\sqrt{2} + \ln(\sqrt{2} - 1) \right)$$

(3) $\frac{3}{4}\pi$

(4)

$$S = 2\pi \int_{0}^{1} y \sqrt{(x')^2 + (y')^2} \, dx$$

$$= 2\pi \int_{0}^{1} t \sqrt{(3t^2 - 3)^2 + 1} \, dt$$

$$= 2\pi \int_{0}^{1} t \sqrt{9t^4 - 18t^2 + 10} \, dt = \frac{\pi}{6} (3\sqrt{10} + \sinh^{-1} 3)$$

7. (1)

$$\ell = \int_{0}^{5} \sqrt{1 + y'^2} \, dx = \int_{0}^{5} \sqrt{1 + \left(\frac{3}{2} x \right)^2} \, dx \rightarrow \frac{3}{2} x = t$$

$$= \frac{2}{3} \int_{0}^{\frac{15}{2}} \sqrt{1 + t^2} \, dt$$

$$= \frac{2}{3} \left[\frac{t}{2} \sqrt{1 + t^2} + \frac{1}{2} \ln(t + \sqrt{1 + t^2}) \right]_{0}^{\frac{15}{2}}$$

$$= \frac{1}{12} \left(15\sqrt{229} + 4 \sinh^{-1} \left(\frac{15}{2} \right) \right)$$

(2)

$$\ell = \int_{0}^{1} \sqrt{1 + \sinh^2 x} \, dx$$

$$= \int_{0}^{1} \sqrt{\cosh^2 x} \, dx = \int_{0}^{1} \cosh x \, dx = \sinh 1$$

(3)

$$\ell = \int_1^{2\sqrt{2}} \sqrt{1 + \frac{1}{x^2}}\,dx$$

$$= \int_1^{2\sqrt{2}} \frac{\sqrt{1+x^2}}{x}\,dx$$

$$= \left[\sqrt{1+x^2} - \ln\left| \frac{1+\sqrt{1+x^2}}{x} \right| \right]_1^{2\sqrt{2}} = 3 - \sqrt{2} - \ln\left(\frac{\sqrt{2}+1}{\sqrt{2}} \right)$$

(4)

$$\ell = \int_0^{2\pi} \sqrt{2 - 2\cos t}\,dt = \int_0^{2\pi} 2\sqrt{\sin^2 \frac{t}{2}}\,dt = 4\left[-\cos \frac{t}{2} \right]_0^{2\pi} = 8$$

연습문제 4.5

1. (1) $\sin x$의 테일러 3차다항식은

$$P_3(x) = x - \frac{x^3}{3!}$$

따라서 $x - \sin x$의 테일러 3차다항식은 $\dfrac{x^3}{3!}$

(2) $\dfrac{1}{1+x}$의 테일러 3차다항식은

$$1 - x + x^2 - x^3$$

2. (1) $f(x) = \cos x$라 하면

$$f'(x) = -\sin x, f''(x) = -\cos x, f'''(x) = \sin x, f^{(4)}(x) = \cos x, \dots$$

따라서

$$f^{(4n)}(0) = 1, f^{(4n+1)}(0) = 0, f^{(4n+2)}(0) = -1, f^{(4n+3)}(0) = 0 \ (n = 0, 1, 2, \dots)$$

따라서 $x = 0$에서 $f(x) = \cos x$의 테일러 급수는

$$f(0) + f'(0)x + \frac{1}{2!}f''(0)x^2 + \cdots + \frac{1}{n!}f^{(n)}(0)x^n + \cdots = 1 - \frac{1}{2!}x^2 - \frac{1}{4!}x^4 + \cdots$$

(2) $f(x) = 1 + x + x^2 + x^3$라 하면

$$f(0) = 1, f'(0) = 1, f''(0) = 2, f''(0) = 3!, f^{(n)}(0) = 0 \ (n \geq 4)$$

따라서 $x = 0$에서 f의 테일러 급수는

$$1 + x + x^2 + x^3$$

1. (1) 생략
   (2) 생략

2. (1) 생략
   (2) 생략

제 5장 연습문제풀이

연습문제 5.1

1. (1) $f(x, y) = x^2 - y^2$의 그래프 (그림 A.10)

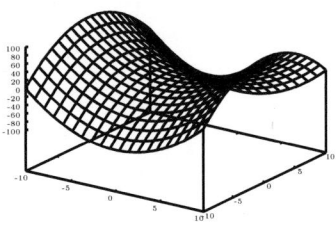

그림 A.10:

(2) $f(x, y) = xy$의 그래프 (그림 A.11)

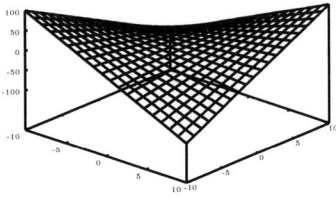

그림 A.11:

2. 생략

3. (1) x축을 따라

$$(x, y) \to (0, 0) \Rightarrow f(x, y) \to 1 \neq f(0) = 0.$$

따라서 $(0, 0)$에서 연속이 아니다. $(x, y) \neq (0, 0)$에서는 연속이다.

(2)

$$|xy^2| \le \frac{1}{2}(x^2 + y^4) \Rightarrow \left| \frac{xy^2}{\sqrt{x^2 + y^4}} \right| \le \frac{1}{2}\sqrt{x^2 + y^4}$$

따라서

$$\lim_{(x,y) \to (0,0)} \frac{xy^2}{\sqrt{x^2 + y^4}} = 0 = f(0,0)$$

따라서 $(0,0)$에서 연속이다. $(x,y) \ne (0,0)$에서도 연속이다.

연습문제 5.2

1. 쉬우므로 생략한다.

2. $f(x,y,z) = \sqrt{x^2 + y^2 + z^2}$ 이면

$$\frac{\partial f}{\partial x} = \frac{x}{\sqrt{x^2 + y^2 + z^2}}, \quad \frac{\partial f}{\partial y} = \frac{y}{\sqrt{x^2 + y^2 + z^2}}, \quad \frac{\partial f}{\partial z} = \frac{z}{\sqrt{x^2 + y^2 + z^2}}$$

3.

$$f_x(0,0) = \lim_{h \to 0} \frac{f(h,0) - f(0,0)}{h} = 0,$$
$$f_y(0,0) = \lim_{h \to 0} \frac{f(0,h) - f(0,0)}{h} = 0$$

따라서

$$f_x(x,y) = \begin{cases} \dfrac{(3x^2 y - y^3)(x^2 + y^2) - 2x(x^3 y - xy^3)}{(x^2 + y^2)^2}, & (x,y) \ne (0,0), \\ 0, & (x,y) = (0,0) \end{cases}$$

따라서

$$f_{xy}(0,0) = \lim_{h \to 0} \frac{f_x(0,h) - f_x(0,0)}{h} = \lim_{h \to 0} \frac{1}{h} \times \left(-\frac{h^5}{h^4} \right) = -1$$

비슷하게 $f_{yx}(0,0) = 1$.

연습문제 5.3

1. (1)

$$\frac{\partial f}{\partial x} = \frac{\partial f}{\partial u} \frac{\partial u}{\partial x} + \frac{\partial f}{\partial v} \frac{\partial v}{\partial x} = (e^u + ue^u)\, y - 2\, (e^v + ve^v)\, x$$

$\dfrac{\partial f}{\partial y}$ 도 비슷하게 구하면 된다.

(2)

$$\frac{\partial f}{\partial x} = \frac{\partial f}{\partial u} \frac{\partial u}{\partial x} + \frac{\partial f}{\partial v} \frac{\partial v}{\partial x} = \ln v (\sin y + y \cos x) + \frac{u}{v}(\cos y - y \sin x)$$

$\dfrac{\partial f}{\partial y}$ 도 비슷하게 구하면 된다.

2. (1) $f(x,y) = x^2 + y^2$ 이면 $\dfrac{\partial f}{\partial x} = 2x, \dfrac{\partial f}{\partial y} = 2y$. 따라서 $\nabla f(3,4) = (6,8)$.

　(2) $f(x,y) = x^2 y^3$ 이면 $\dfrac{\partial f}{\partial x} = 2xy^3, \dfrac{\partial f}{\partial y} = 3x^2 y^2$. 따라서 $\nabla f(1,2) = (16,12)$.

3. (1) $\dfrac{\partial f}{\partial x} = 2xy + y^2, \dfrac{\partial f}{\partial y} = x^2 + 2xy$ 이므로

$$df = \frac{\partial f}{\partial x}dx + \frac{\partial f}{\partial y}dy = (2xy + y^2)dx + (x^2 + 2xy)dy$$

　(2) $\dfrac{\partial f}{\partial x} = y\cos(xy), \dfrac{\partial f}{\partial y} = x\cos(xy)$ 이므로

$$df = \frac{\partial f}{\partial x}dx + \frac{\partial f}{\partial y}dy = y\cos(xy)dx + x\cos(xy)dy$$

4. $\pi x + y + z = 2\pi$

연습문제 5.4

1. (1) $\nabla f(x,y) = (2x, 2y)$ 이므로 $\nabla f(-1,3) = (-2,6)$. 그리고 $|v| = \sqrt{5}$. 따라서

$$\frac{1}{|v|}D_v f(p) = \frac{1}{|v|}v \bullet \nabla f(p) = \frac{1}{\sqrt{5}}(1,2) \bullet (-2,6) = \frac{10}{\sqrt{5}} = 2\sqrt{5}$$

　(2) $\nabla f(x,y) = (e^x \sin y, e^x \cos y)$, $|v| = \sqrt{5}$ 이므로 $\nabla f\left(0, \dfrac{\pi}{4}\right) = \left(\dfrac{1}{\sqrt{2}}, \dfrac{1}{\sqrt{2}}\right)$. 따라서

$$\frac{1}{|v|}D_v f(p) = \frac{1}{|v|}v \bullet \nabla f(p) = \frac{1}{\sqrt{5}}(1,2) \bullet \left(\frac{1}{\sqrt{2}}, \frac{1}{\sqrt{2}}\right) = \frac{3}{\sqrt{10}} = \frac{3\sqrt{10}}{10}$$

　(3) $\nabla f(x,y) = \left(\dfrac{2x}{x^2 + y^2}, \dfrac{2y}{x^2 + y^2}\right)$ 이므로 $\nabla f(1,1) = (1,1)$. 따라서

$$\frac{1}{|v|}D_v f(p) = \frac{1}{|v|}v \bullet \nabla f(p) = \frac{1}{\sqrt{5}}(2,1) \bullet (1,1) = \frac{3}{\sqrt{5}} = \frac{3\sqrt{5}}{5}$$

2. (1) $f(x,y) = \sin xy$ 라 하면

$$\frac{\partial f}{\partial x} = y\cos xy, \quad \frac{\partial f}{\partial y} = x\cos xy,$$

$$\frac{\partial^2 f}{\partial x^2} = -y^2 \sin xy, \frac{\partial^2 f}{\partial x \partial y} = \cos xy - xy\sin xy, \frac{\partial^2 f}{\partial y^2} = -x^2 \sin xy$$

따라서

$$\frac{\partial f}{\partial x}(0,0) = \frac{\partial f}{\partial y}(0,0) = 0, \frac{\partial^2 f}{\partial x^2}(0,0) = \frac{\partial^2 f}{\partial y^2}(0,0) = 0, \frac{\partial^2 f}{\partial x \partial y}(0,0) = 1$$

따라서 구하는 2차 다항식은 xy.

(2) $f(x,y) = e^{x+y}$ 라 하면

$$\frac{\partial f}{\partial x} = \frac{\partial f}{\partial y} = \frac{\partial^2 f}{\partial x^2} = \frac{\partial^2 f}{\partial x \partial y} = \frac{\partial^2 f}{\partial y^2} = e^{x+y}$$

이므로

$$f(0,0) = \frac{\partial f}{\partial x}(0,0) = \frac{\partial f}{\partial y}(0,0) = \frac{\partial^2 f}{\partial x^2}(0,0) = \frac{\partial^2 f}{\partial x \partial y}(0,0) = \frac{\partial^2 f}{\partial y^2}(0,0) = 1.$$

따라서 구하는 2차 다항식은 $1 + x + y + \frac{1}{2}(x+y)^2$.

(3) $f(x,y) = \ln(1+xy)$ 라 하면

$$\frac{\partial f}{\partial x} = \frac{y}{1+xy}, \quad \frac{\partial f}{\partial y} = \frac{x}{1+xy},$$
$$\frac{\partial^2 f}{\partial x^2} = -\frac{y^2}{(1+xy)^2}, \quad \frac{\partial^2 f}{\partial x \partial y} = \frac{1}{(1+xy)^2}, \quad \frac{\partial^2 f}{\partial y^2} = -\frac{x^2}{(1+xy)^2}$$

따라서

$$f(0,0) = 0, \frac{\partial f}{\partial x}(0,0) = 0, \frac{\partial f}{\partial y}(0,0) = 0, \frac{\partial^2 f}{\partial x^2}(0,0) = 0, \frac{\partial^2 f}{\partial x \partial y} = 1, \frac{\partial^2 f}{\partial x^2}(0,0) = 0.$$

따라서 구하는 2차 다항식은 xy.

3. 생략

4. (1) $f(x,y) = x^2 + 2xy + 2y^2 + 4x$ 라 하면

$$\frac{\partial f}{\partial x} = 2x + 2y + 4 = 0, \quad \frac{\partial f}{\partial y} = 2x + 4y = 0$$

이 식을 풀면 $(x,y) = (-4,2)$. 따라서 임계점은 $(-4,2)$.

$$A = \frac{\partial^2 f}{\partial x^2} = 2, \quad B = \frac{\partial^2 f}{\partial x \partial y} = 2, \quad C = \frac{\partial^2 f}{\partial y^2} = 4$$

따라서 $\Delta = AC - B^2 = 8 - 4 = 4 > 0, A = 2 > 0$ 이므로 $(-4,2)$는 f의 극소점.

(2) $f(x,y) = x^2 - xy + y^4$ 이라 하면

$$\frac{\partial f}{\partial x} = 2x - y = 0, \quad \frac{\partial f}{\partial y} = -x + 4y^3 = 0$$

이 식을 풀면 구하는 임계점은

$$(0,0), \left(\frac{1}{4\sqrt{2}}, \frac{1}{2\sqrt{2}}\right), \left(-\frac{1}{4\sqrt{2}}, -\frac{1}{2\sqrt{2}}\right)$$

$$A = \frac{\partial^2 f}{\partial x^2} = 2, B = \frac{\partial^2 f}{\partial x \partial y} = -1, C = \frac{\partial^2 f}{\partial y^2} = 12y^2, \Delta = AC - B^2 \text{ 에서}$$

임계점	A	B	C	Δ	
(0,0)	2	-1	0	-1	안점
$\left(\dfrac{1}{4\sqrt{2}}, \dfrac{1}{2\sqrt{2}}\right)$	2	-1	$\dfrac{3}{2}$	2	극소
$\left(-\dfrac{1}{4\sqrt{2}}, -\dfrac{1}{2\sqrt{2}}\right)$	2	-1	$\dfrac{3}{2}$	2	극소

(3) $f(x,y) = x^3 - y^3 + 3x^2 + 3y^2 - 9x$ 라 하면

$$\frac{\partial f}{\partial x} = 3x^2 + 6x - 9 = 0, \quad \frac{\partial f}{\partial y} = -3y^2 + 6y = 0$$

이 식을 풀면 임계점은 $(1,0), (1,2), (-3,0), (-3,2)$.

$A = \dfrac{\partial^2 f}{\partial x^2} = 6x + 6, B = \dfrac{\partial^2 f}{\partial x \partial y} = 0, C = \dfrac{\partial^2 f}{\partial y^2} = -6y + 6, \Delta = AC - B^2$ 에서

임계점	A	B	C	Δ	
(1,0)	12	0	6	72	극소
(1,2)	12	0	-6	-72	안점
(-3,0)	-12	0	6	-72	안점
(-3,2)	-12	0	-6	72	극대점

제 6장 연습문제풀이

연습문제 6.1

1.
$$\iint_D \sqrt{1-x^2}\,dV = \int_0^1 \int_0^x \sqrt{1-x^2}\,dy\,dx$$
$$= \int_0^1 x\sqrt{1-x^2}\,dx = -\frac{1}{2}\left[\frac{2}{3}(1-x^2)^{\frac{3}{2}}\right]_0^1 = \frac{1}{3}$$

2. (1)
$$\int_1^2 \int_1^3 (x+y)\,dx\,dy = \int_1^2 \left[\frac{x^2}{2} + xy\right]_1^3 dy$$
$$= \int_1^2 (4+2y)\,dy = \left[4y + y^2\right]_1^2 = 7$$

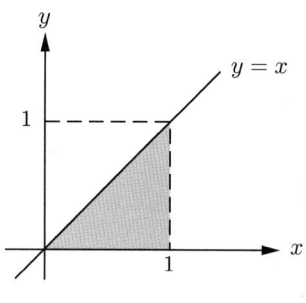

그림 A.12:

(2)

$$\int_0^1 \int_0^y \sqrt{x}\,dx\,dy = \int_0^1 \left[\frac{2}{3}x\sqrt{x}\right]_0^y dy$$

$$= \frac{2}{3}\int_0^1 y\sqrt{y}\,dy = \frac{2}{3}\left[\frac{2}{5}y^{\frac{5}{2}}\right]_0^1 = \frac{4}{15}$$

(3)

$$\int_0^\pi \int_0^x x\sin y\,dy\,dx = \int_0^\pi \left[-x\cos y\right]_0^x dx$$

$$= \int_0^\pi (x - x\cos x)dx = \frac{\pi^2}{2} + 2.$$

(4)

$$\int_1^5 \int_0^x \frac{3}{x^2+y^2}\,dy\,dx = \int_1^5 \left[\frac{3}{x}\tan^{-1}\frac{y}{x}\right]_0^x dx$$

$$= \int_1^5 \frac{3}{x}\times\frac{\pi}{4}\,dx = \frac{3}{4}\pi\left[\ln x\right]_1^5 = \frac{3}{4}\pi\ln 5$$

3. (1) $\displaystyle\int_a^b \int_a^x f(x,y)\,dy\,dx = \int_a^b \int_y^b f(x,y)\,dx\,dy$

(2) $\displaystyle\int_0^a \int_0^{\sqrt{x}} f(x,y)\,dy\,dx = \int_0^{\sqrt{a}} \int_{y^2}^a f(x,y)\,dx\,dy$

4. (1)

$$\int_0^1 \int_y^1 \sqrt{1-x^2}\,dx\,dy = \int_0^1 \int_0^x \sqrt{1-x^2}\,dy\,dx$$

$$= \int_0^1 x\sqrt{1-x^2}\,dx = -\frac{1}{2}\left[\frac{2}{3}(1-x^2)^{\frac{3}{2}}\right]_0^1 = \frac{1}{3}$$

(2)

$$\int_0^1 \int_{\sqrt[3]{x}}^1 \sqrt{1+y^4}\,dy\,dx = \int_0^1 \int_0^{y^3} \sqrt{1+y^4}\,dx\,dy$$

$$= \int_0^1 y^3\sqrt{1+y^4}\,dy = \frac{1}{4}\left[\frac{2}{3}(1+y^4)^{\frac{3}{2}}\right]_0^1 = \frac{1}{6}(2\sqrt{2}-1)$$

연습문제 6.2

1. (1) $x = r\cos\theta, y = r\sin\theta$ 일 때 $G(r,\theta) = (x,y), U = \{(r,\theta) : 0 \le r \le 1, 0 \le \theta \le \frac{\pi}{2}\}$ 이면 G 는 일대일이고 C^1 이면 $G(U) = D$. 따라서 치환적분법에 의해

$$\iint_D \sqrt{\frac{1-(x^2+y^2)}{1+x^2+y^2}}\,dxdy = \iint_U \sqrt{\frac{1-r^2}{1+r^2}}\,rdrd\theta = \int_0^{\frac{\pi}{2}} \int_0^1 \sqrt{\frac{1-r^2}{1+r^2}}\,rdrd\theta$$

$$\int \sqrt{\frac{1-r^2}{1+r^2}}\,rdrd = \frac{1}{2}\sqrt{\frac{1-x}{1+x}}\,dx \leftarrow r^2 = x$$

$$= -2\int \frac{t^2}{(1+t^2)^2}\,dt \leftarrow \sqrt{\frac{1-x}{1+x}} = t$$

$$= -2\left[\int \left(\frac{1}{1+t^2} - \frac{1}{(1+t^2)^2}\right)dt\right]$$

$$= \frac{t}{1+t^2} - \tan^{-1}t + C$$

$$= \frac{1}{2}\sqrt{1-r^4} - \tan^{-1}\sqrt{\frac{1-r^2}{1+r^2}} + C \leftarrow t = \sqrt{\frac{1-r^2}{1+r^2}}$$

따라서

$$\int_0^{\frac{\pi}{2}} \int_0^1 \sqrt{\frac{1-r^2}{1+r^2}}\,rdrd\theta = \int_0^{\frac{\pi}{2}} \left[\frac{1}{2}\sqrt{1-r^4} - \tan^{-1}\sqrt{\frac{1-r^2}{1+r^2}}\right]_0^{\frac{\pi}{2}} d\theta$$

$$= \int_0^{\frac{\pi}{2}} \left(\frac{\pi}{4} - \frac{1}{2}\right)d\theta = \frac{\pi}{8}(\pi - 2)$$

(2) $x = r\cos\theta, y = r\sin\theta$ 이면 $0 \le r \le a, 0 \le \theta \le 2\pi$. 따라서

$$\iint_D (x^2+y^2+1)^{-\frac{3}{2}}\,dxdy = \int_0^{2\pi} \int_0^a (r^2+1)^{-\frac{3}{2}}\,rdrd\theta \leftarrow x = r\cos\theta, y = r\sin\theta$$

그런데

$$\int (r^2+1)^{-\frac{3}{2}}\,rdr = \frac{1}{2}t^{-\frac{3}{2}}\,dt \leftarrow r^2 + 1 = t$$

$$= -\frac{1}{\sqrt{t}} + C = -\frac{1}{\sqrt{r^2+1}} + C$$

따라서

$$\int_0^{2\pi} \int_0^a (r^2+1)^{-\frac{3}{2}}\,rdrd\theta = \int_0^{2\pi} \left[-\frac{1}{\sqrt{r^2+1}}\right]_0^a d\theta = 2\pi\left(1 - \frac{1}{\sqrt{a^2+1}}\right)$$

(3) $x = r\cos\theta, y = r\sin\theta$ 이면 $0 \le r < \infty, 0 \le \theta \le 2\pi$. 따라서

$$\int_{-\infty}^{\infty} \int_{-\infty}^{\infty} \frac{1}{(x^2+y^2+1)^{\frac{3}{2}}}\,dxdy = \int_0^{2\pi} \int_0^{\infty} \frac{1}{(r^2+1)^{\frac{3}{2}}}\,rdrd\theta$$

그런데

$$\int_0^{\infty} \frac{1}{(r^2+1)^{\frac{3}{2}}}\,rdr = \lim_{b\to\infty} \int_0^b \frac{1}{(r^2+1)^{\frac{3}{2}}}\,rdr = \lim_{b\to\infty}\left(1 - \frac{1}{\sqrt{r^2+1}}\right) = 1$$

따라서

$$\int_{-\infty}^{\infty} \int_{-\infty}^{\infty} \frac{1}{(x^2+y^2+1)^{\frac{3}{2}}} dxdy = \int_0^{2\pi} \int_0^{\infty} \frac{1}{(r^2+1)^{\frac{3}{2}}} rdrd\theta = \int_0^{2\pi} d\theta = 2\pi$$

2. (1)

$$\begin{pmatrix} 3 & 0 \\ 0 & 1 \end{pmatrix} \begin{pmatrix} x \\ y \end{pmatrix} = \begin{pmatrix} X \\ Y \end{pmatrix}$$

라 하면

$$x = \frac{1}{3}X, y = Y$$

따라서

$$\frac{x^2}{a^2} + \frac{y^2}{b^2} = \frac{X^2}{(3a)^2} + \frac{Y^2}{b^2} \le 1$$

즉, $G(D) = \left\{ (x,y) : \frac{x^2}{(3a)^2} + \frac{y^2}{b^2} \le 1 \right\}$ 이고

$$G(D)의 \ 면적 = D의 \ 면적 \times \begin{vmatrix} 3 & 0 \\ 1 & 1 \end{vmatrix} = \pi ab \times 3$$

(2) $X = e^x \cos y, Y = e^x \sin y$ 라 하면

$$X^2 + Y^2 = (e^x)^2, \quad \frac{Y}{X} = \tan y (\cos y \ne 0)$$

따라서 $G(D) = \left\{ (x,y) : 1 \le x^2 + y^2 \le e^2, y \ge 0 \right\}$ 이고

$$G(D)의 \ 면적 = \frac{\pi}{2}(e^2 - 1)$$

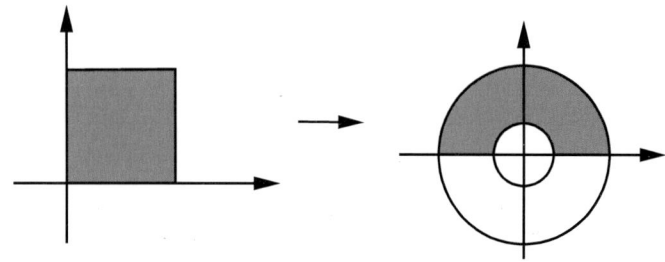

그림 A.13:

3. $x^2 + y^2 + z^2 = 1$의 윗 부분은 $z = f(x,y) = \sqrt{1 - (x^2 + y^2)}$. 그런데

$$\frac{\partial f}{\partial x} = \frac{-x}{\sqrt{1 - (x^2 + y^2)}}, \frac{\partial f}{\partial y} = \frac{-y}{\sqrt{1 - (x^2 + y^2)}}.$$

따라서

$$1 + \left(\frac{\partial f}{\partial x} \right)^2 + \left(\frac{\partial f}{\partial y} \right)^2 = \frac{1}{1 - (x^2 + y^2)}$$

따라서

$$S = \iint_D \sqrt{1 + \left(\frac{\partial f}{\partial x}\right)^2 + \left(\frac{\partial f}{\partial y}\right)^2}\, dV$$

$$= \iint_D \frac{1}{\sqrt{1 - (x^2 + y^2)}}\, dV = 4\int_0^1 \int_0^{a\sqrt{1-x^2}} \frac{1}{\sqrt{1 - (x^2 + y^2)}}\, dy\, dx$$

그런데

$$\int \frac{1}{\sqrt{1 - (x^2 + y^2)}}\, dy = \frac{1}{\sqrt{1 - x^2}} \int \frac{1}{\sqrt{1 - (y/\sqrt{1-x^2})^2}}\, dy$$

$$= \int \frac{1}{\sqrt{1 - t^2}}\, dt = \sin^{-1} t + C(x) \leftarrow t = \frac{y}{\sqrt{1-x^2}}$$

$$= \sin^{-1} \frac{y}{\sqrt{1-x^2}} + C(x)$$

따라서

$$S = 4\int_0^1 \int_0^{a\sqrt{1-x^2}} \frac{1}{\sqrt{1 - (x^2 + y^2)}}\, dy\, dx$$

$$= 4\int_0^1 \left[\sin^{-1} \frac{y}{\sqrt{1-x^2}}\right]_0^{a\sqrt{1-x^2}} dx = 4\int_0^1 \sin^{-1} a\, dx = 4\sin^{-1} a$$

제 7장 연습문제풀이

연습문제 7.1

1. (1) $A \bullet B = -4, A \times B = (-4, -3, 1)$

   (2) $A \bullet B = -3, A \times B = (-1, 1, -1)$

2. $A = (-1, 1, 4), B = (1, -2, 2), C = (1, 3, -2)$ 라 하면 $\overrightarrow{AB} = (2, -3, -2), \overrightarrow{AC} = (2, 2, -6)$. 벡터 $\overrightarrow{AB}$와 $\overrightarrow{AC}$를 포함하는 평면을 구하면 된다. $\overrightarrow{AB} \times \overrightarrow{AC} = (20, 8, 10)$ 이므로 구하는 평면의 방정식은

$$22(x + 1) + 8(y - 1) + 10(x - 4) = 0. \quad \therefore \ 11x + 4y + 5z = 13$$

3. $A = (-2, 1, -3), B = (-2, 2, 1)$ 이면 $A \times B = (7, 8, -2)$. 따라서 구하는 면적은

$$|A \times B| = \sqrt{7^2 + 8^2 + (-2)^2} = \sqrt{117}$$

4.
$$[A, B, C] = \begin{vmatrix} 1 & 2 & 3 \\ 4 & -5 & -6 \\ 7 & 0 & 1 \end{vmatrix} = 8$$

이므로 구하는 평육면체의 부피는 8.

연습문제 7.2

1. 생략

2.
$$\int_C F = \int_0^{2\pi} (-\sin t, \cos t) \cdot (-\sin t, \cos t) dt$$
$$= \int_0^{2\pi} (-\sin^2 t + \cos^2 t) dt = \int_0^{2\pi} \cos 2t \, dt = \left[\frac{1}{2} \sin 2t \right]_0^{2\pi} = 0$$

3. (1) $C(t) = (t, t^2)(0 \leq t \leq 1)$ 이면

$$\int_C xy dx + (x+y) dy = \int_0^1 [t \times t^2 + (t + t^2) \times 2t] dt$$
$$= \int_0^1 (t^3 + 2t^2 + 2t^3) dt = \frac{17}{12}$$

(2) $C(t) = (t^2, t^3)(1 \leq t \leq 2)$ 이면

$$\int_C (x + 2y) dx + (2x - y) dy = \int_1^2 [(t^2 + 2t^3) \times 2t + (2t^2 - t^3) \times 3t^2] dt$$
$$= \int_1^2 (2t^3 + 4t^4 + 6t^4 - 3t^5) dt = 38$$

4. (1) $\nabla \varphi = \left(\dfrac{\partial \varphi}{\partial x}, \dfrac{\partial \varphi}{\partial y} \right) = F$ 라 하면 $\dfrac{\partial \varphi}{\partial x} = x^2 + y^2$. 따라서

$$\varphi = \int (x^2 + y^2) dx = \frac{x^3}{3} + xy^2 + f(y),$$
$$\frac{\partial \varphi}{\partial y} = 2xy + f'(y) = 2xy$$

따라서 $f(y)$는 상수이고 F의 포텐셜 함수는 $\varphi(x, y) = \dfrac{x^3}{3} + xy^2 + C$.

(2) $\nabla \varphi = \left(\dfrac{\partial \varphi}{\partial x}, \dfrac{\partial \varphi}{\partial y} \right) = F$ 라 하면 $\dfrac{\partial \varphi}{\partial x} = 2xy$. 따라서

$$\varphi = \int 2xy dx = x^2 y + f(y),$$
$$\frac{\partial \varphi}{\partial y} = x^2 + f'(y) = x^2 + 1$$

따라서 $f(y) = y + C$ 이고, 구하는 F 의 포텐셜 함수는 $\varphi(x, y) = x^2 y + y + C$.

5. (1) $f = x, g = y, h = z$ 이면

$$\frac{\partial f}{\partial x} = \frac{\partial g}{\partial y} = \frac{\partial h}{\partial z} = 1, \frac{\partial f}{\partial y} = \frac{\partial f}{\partial z} = \frac{\partial g}{\partial x} = \frac{\partial g}{\partial z} = \frac{\partial h}{\partial x} = \frac{\partial h}{\partial y} = 0$$

따라서

$$\nabla \times F = (0, 0, 0), \quad \nabla \bullet F = 3$$

(2) $f = yz, g = xz, h = xy$ 이면 $\dfrac{\partial f}{\partial x} = \dfrac{\partial g}{\partial y} = \dfrac{\partial h}{\partial z} = 0$. 따라서 $\nabla \times F = (0, 0, 0), \nabla \bullet F = 0$

6. (1) $F(x, y) = (x^2 + y^2, 2xy)$ 라 하면 F 의 포텐셜 함수는 $\varphi(x, y) = \dfrac{x^3}{3} + xy^2 + C$. 따라서

$$\int_C (x^2 + y^2) dx + 2xy dy = \varphi(1, 1) - \varphi(0, 0) = \frac{4}{3}$$

(2) F 의 포텐셜 함수가 $\varphi(x, y) = x^2 y + y + C$ 이므로

$$\int_C 2xy dx + (x^2 + 1) dy = \varphi(P) - \varphi(P) = 0$$

여기서 P 는 C 위의 임의의 점이다.

7. (1) 정사각형을 D 라 하면 그린정리에 의해

$$\begin{aligned}
\int_C (x + y^2) dx + (y + x^2) dy &= \iint_D \left(\frac{\partial}{\partial x}(y + x^2) - \frac{\partial}{\partial y}(x + y^2) \right) dx dy \\
&= \iint_D (2x - 2y) dx dy \\
&= \int_{-1}^1 \int_{-1}^1 (2x - 2y) dx dy \\
&= \int_{-1}^1 \left[x^2 - 2xy \right]_{-1}^1 dy = \int_{-1}^1 (-4y) dy = 0
\end{aligned}$$

(2) 삼각형을 D 라 하면 그린정리에 의해

$$\begin{aligned}
\int_C (x^2 + y^2) dx - 2xy dy &= \iint_D \left(\frac{\partial}{\partial x}(-2xy) - \frac{\partial}{\partial y}(x^2 + y^2) \right) dx dy \\
&= \iint_D (-2y - 2y) dx dy \\
&= \int_0^1 \int_0^{1-y} (-4y) dx dy = \int_0^1 (4y^2 - 4y) dy = -\frac{2}{3}
\end{aligned}$$

8. D 의 넓이는 $-\displaystyle\int_{\partial D} y dx$ 이다. 여기서 ∂D 는 D 의 경계.

$$L_1 : x = a(t - \sin t), y = a(1 - \cos t) \ (0 \le t \le 2\pi),$$
$$L_2 : x = t, y = 0 \ (0 \le t \le 2\pi a)$$

라 하면 $\partial D = L_2 - L_1$.

$$\int_{L_1} ydy = \int_0^{2\pi} a(1-\cos t) \times a(1-\cos t)dt = 3\pi a^2,$$

$$\int_{L_2} ydy = 0$$

따라서 D의 면적은

$$-\int_{\partial D} ydx = -\int_{L_2 - L_1} ydx = \int_{L_1} ydx = 3\pi a^2$$

연습문제 7.3

1. S를 매개화하면 $X(u,v) = (u,v,1-u-v)(0 \leq u, 0 \leq v, 0 \leq 1-u-v)$. 따라서

$$X_u = (1,0,-1), X_v = (0,1,-1), X_u \times X_v = (1,1,1), |X_u \times X_v| = \sqrt{3}$$

따라서 $D = \{(u,v) : 0 \leq u, 0 \leq v, 0 \leq 1-u-v\}$라 하면

$$\iint_S f(x,y,z)d\sigma = \iint_D \sqrt{3}uv(1-u-v)dudv$$
$$= \int_0^1 \int_0^{1-v} \sqrt{3}uv(1-u-v)dudv = \frac{\sqrt{3}}{120}$$

2. (1) $F(x,y,z) = (x,y,z)$이고 $S = \{(x,y,z) : 2x+2y+z = 3, x \geq 0, y \geq 0, z \geq 0\}$
   이면 $X(u,v) = (u,v,3-2u-2v)(u \geq 0, v \geq 0, 3-2u-2v \geq 0)$은 S의 매개화
   이다. 따라서 $X_u = (1,0,-2), X_v = (0,1,-2)$. 따라서 $X_u \times X_v = (2,2,1)$이고
   $D = \{(u,v) : u \geq 0, v \geq 0, 3-2u-2v \geq 0\}$이면

$$\iint_S F = \iint_S F \cdot \boldsymbol{n}d\sigma = \iint_D (u,v,3-2u-2v) \cdot (X_u \times X_v)dudv$$
$$= \iint_D (2u+2v+3-2u-2v)dudv$$
$$= 3\iint_D dudv = \frac{27}{8}$$

   (2) $D = \{(u,v) : u^2+v^2 \leq 4\}$이면 $X(u,v) = (u,v,3u+2)((u,v) \in D)$는 S의
   매개화이다. 그런데 $X_u = (1,0,3), X_v = (0,1,0)$이면 $X_u \times X_v = (-3,0,1)$.
   따라서

$$\iint_S F = \iint_S F \cdot \boldsymbol{n}d\sigma = \iint_D F \bullet (X_u \times X_v)dudv$$
$$= 3\iint_D (3u+2)dudv$$
$$= 3\int_0^{2\pi} \int_0^2 (3r\cos\theta + 2)rdrd\theta = 24\pi.$$

3. $\nabla \times F = (0,0,0)$이므로

$$\iint_S \nabla \times F = 0.$$

만일 $\varphi(x,y,z)=xyz$ 이면 $\nabla\varphi(x,y,z)=F(x,y,z)$. 그런데 ∂S 가 폐곡선이므로

$$\int_{\partial S} F = \int_{\partial S} \nabla\varphi = 0.$$

따라서

$$\iint_S \nabla \times F = \int_{\partial S} F.$$

4. $S : 2z = x^2 + y^2, z \leq 2$ 라 하면 $\partial S : z = 2, x^2 + y^2 = 4$. 따라서 ∂S 를 매개화하면 $x = 2\cos t, y = 2\sin t, z = 2 \ (0 \leq t \leq 2\pi)$. 따라서 스토크스 정리에서

$$\begin{aligned}
\iint_S \nabla \times F &= \int_{\partial S} F \\
&= \int_{\partial S} 3y\,dx + (-xy)\,dy + (yz^2)\,dz \\
&= \int_0^{2\pi} \left\{ 6\sin t(-2\sin t) + (-4\sin t\cos t \times 2\cos t) \right\} dt \\
&= \int_0^{2\pi} (-12\sin^2 t - 8\sin t\cos^2 t)\,dt = 12\pi
\end{aligned}$$

5. $\nabla \bullet F = 3$ 이므로

$$\iint_R \nabla \bullet F = \iint_R 3\,dx\,dy\,dz = 3\iint_R dx\,dy\,dz = 3 \times \text{구의 부피} = 4\pi.$$

∂R^+ 을 상반구, ∂R^- 을 하반구라 하면

$$\iint_{\partial R} F = \iint_{\partial R^+} F + \iint_{\partial R^-} F$$

$D = \{(u,v) : u^2 + v^2 \leq 1\}$ 이면 $X(u,v) = (u, v, \sqrt{1-u^2-v^2})((u,v) \in D)$ 는 ∂R^+ 의 매개화이다.

$$X_u = \left(1, 0, -\frac{u}{\sqrt{1-u^2-v^2}} \right), X_v = \left(1, 0, -\frac{v}{\sqrt{1-u^2-v^2}} \right)$$

이므로

$$X_u \times X_v = \left(\frac{u}{\sqrt{1-u^2-v^2}}, \frac{v}{\sqrt{1-u^2-v^2}}, 1 \right)$$

따라서

$$\begin{aligned}
\iint_{\partial R^+} F &= \iint_D F \bullet (X_u \times X_v)\,du\,dv \\
&= \iint_D \frac{1}{\sqrt{1-u^2-v^2}}\,du\,dv = \int_0^{2\pi}\int_0^1 \frac{1}{\sqrt{1-r^2}}r\,dr\,d\theta = 2\pi.
\end{aligned}$$

비슷하게

$$\iint_{\partial R^-} F = 2\pi.$$

따라서

$$\iint_R \nabla \bullet F = \iint_{\partial R} F.$$

제 8장 연습문제풀이

1.

$$C^T = \begin{pmatrix} 5 & -3 & 2 \\ 4 & 2 & -3 \end{pmatrix}$$

이므로

$$A + C^T = \begin{pmatrix} 4 & -2 & 3 \\ 0 & 5 & -2 \end{pmatrix} + \begin{pmatrix} 5 & -3 & 2 \\ 4 & 2 & -3 \end{pmatrix} = \begin{pmatrix} 9 & -5 & 5 \\ 4 & 7 & -5 \end{pmatrix}$$

$$AB = \begin{pmatrix} 4 & -2 & 3 \\ 0 & 5 & -2 \end{pmatrix} \begin{pmatrix} 6 & -2 & -4 \\ 3 & -1 & 2 \\ 0 & 4 & 3 \end{pmatrix} = \begin{pmatrix} 18 & 22 & -11 \\ 15 & -13 & 4 \end{pmatrix}$$

2.

$$AB = \begin{pmatrix} -2 & 3 \\ 2 & -3 \end{pmatrix} \begin{pmatrix} 3 & 6 \\ 2 & 4 \end{pmatrix} = \begin{pmatrix} 0 & 0 \\ 0 & 0 \end{pmatrix}$$

$$BA = \begin{pmatrix} 3 & 6 \\ 2 & 4 \end{pmatrix} \begin{pmatrix} -2 & 3 \\ 2 & -3 \end{pmatrix} = \begin{pmatrix} 6 & -9 \\ 4 & -6 \end{pmatrix}$$

따라서 $AB \neq BA$

3. $A = \begin{pmatrix} -2 & 3 \\ 2 & -3 \end{pmatrix}, B = \begin{pmatrix} 3 & 6 \\ 2 & 4 \end{pmatrix}, C = \begin{pmatrix} 0 & 0 \\ 0 & 0 \end{pmatrix}$ 이면

$$AB = AC = \begin{pmatrix} 0 & 0 \\ 0 & 0 \end{pmatrix}$$

그러나 $B \neq C$

1. $A = \begin{pmatrix} a_{11} & a_{12} \\ a_{21} & a_{22} \end{pmatrix}$, $b = \begin{pmatrix} b_{11} & b_{12} \\ b_{21} & b_{22} \end{pmatrix}$ 이면 $|A| = a_{11}a_{22} - a_{12}a_{21}, |B| = b_{11}b_{22} - b_{12}b_{21}$ 이고

$$|AB| = \begin{vmatrix} a_{11}b_{11} + a_{12}b_{21} & a_{11}b_{12} + a_{12}b_{22} \\ a_{21}b_{11} + a_{22}b_{21} & a_{21}b_{12} + a_{22}b_{22} \end{vmatrix}$$

$$= (a_{11}b_{11} + a_{12}b_{21})(a_{21}b_{12} + a_{22}b_{22}) - (a_{11}b_{12} + a_{12}b_{22})(a_{21}b_{11} + a_{22}b_{21})$$

$$= (a_{11}a_{22} - a_{12}a_{21})(b_{11}b_{22} - b_{12}b_{21}) = |A||B|.$$

2. $|A| = 10$

3. $|A| = -2$ 이고

$$A^{-1} = \frac{1}{|A|}\text{adj}(A) = -\frac{1}{2}\begin{pmatrix} 1 & 1 & 3 \\ -2 & -4 & -8 \\ -1 & -3 & -7 \end{pmatrix}^T = -\frac{1}{2}\begin{pmatrix} 1 & -2 & -1 \\ 1 & -4 & -3 \\ 3 & -8 & -7 \end{pmatrix}$$

4. $|A| = a_{11}a_{22}\cdots a_{nn}$

5.

$$\begin{pmatrix} -2 & -3 & -4 & -5 \\ 4 & 5 & 6 & 2 \\ 7 & 8 & 9 & 5 \\ 3 & 4 & 5 & 1 \end{pmatrix} = \begin{pmatrix} -2 & -3 & -4 & -5 \\ 3+1 & 4+1 & 5+1 & 1+1 \\ 7 & 8 & 9 & 5 \\ 3 & 4 & 5 & 1 \end{pmatrix}$$

$$= \begin{pmatrix} -2 & -3 & -4 & -5 \\ 3 & 4 & 5 & 1 \\ 7 & 8 & 9 & 5 \\ 3 & 4 & 5 & 1 \end{pmatrix}$$

마지막 행렬에서 2행과 4행이 같으므로 $|A| = 0$.

연습문제 8.3.1

1. $A = \begin{pmatrix} 1 & 2 & 3 \\ 2 & -1 & 1 \\ 3 & 0 & -1 \end{pmatrix}$ 이면

$$|A| = \begin{vmatrix} 1 & 2 & 3 \\ 2 & -1 & 1 \\ 3 & 0 & -1 \end{vmatrix} = 0, \quad |A_1| = \begin{vmatrix} 9 & 2 & 3 \\ -8 & -1 & 1 \\ 3 & 0 & -1 \end{vmatrix} = 8$$

$$|A_2| = \begin{vmatrix} 1 & 9 & 3 \\ 2 & -8 & 1 \\ 3 & 3 & -1 \end{vmatrix} = 140, \quad |A_3| = \begin{vmatrix} 1 & 2 & 9 \\ 2 & -1 & -8 \\ 3 & 0 & 3 \end{vmatrix} = -36$$

따라서

$$x = \frac{|A_1|}{|A|} = \frac{2}{5}, y = \frac{|A_2|}{|A|} = 7, z = \frac{|A_3|}{|A|} = -\frac{9}{5}$$

연습문제 8.3.2

1. (1)

$$
\begin{array}{ccc|ccc}
2 & -1 & 1 & 1 & 0 & 0 \\
1 & 0 & 3 & 0 & 1 & 0 \\
1 & -2 & 1 & 0 & 0 & 1
\end{array}
$$

라 두고 다음과 같은 순서로 기본행연산을 하면 된다.

순서	기본행연산	기본행렬
1	1행−2행	$E_{(1)-(2)}$
2	2행−1행	$E_{(2)-(1)}$
3	3행−1행	$E_{(3)-(1)}$
4	3행+2행	$E_{(3)+(2)}$
5	3행×$\frac{1}{8}$	$E_{(3)\times\frac{1}{8}}$
6	2행−3행×5	$E_{(2)-(3)\times5}$
7	1행+2행	$E_{(1)+(2)}$
8	1행+3행×2	$E_{(1)+(3)\times2}$

결과는

$$
A^{-1} = \frac{1}{8}\begin{pmatrix} 6 & -1 & 7 \\ 2 & 1 & 5 \\ -2 & 3 & 1 \end{pmatrix}
$$

(2) (1)과 비슷하게 하면 된다.

2. (1)

$$
\begin{array}{ccc|c}
1 & 2 & 3 & 9 \\
2 & -1 & 1 & 8 \\
3 & 0 & -1 & 3
\end{array}
$$

라 두고 다음과 같은 순서로 기본행연산을 하면 된다.

순서	기본행연산	기본행렬
1	2행 − 1행 × 2	$E_{(2)-(1)\times2}$
2	2행 − 1행 × $(-\frac{1}{5})$	$E_{(2)-(1)\times(-\frac{1}{5})}$
3	3행 − 1행 × 3	$E_{(3)-(1)\times3}$
4	3행 × $(-\frac{1}{4})$	$E_{(3)\times(-\frac{1}{4})}$
5	2행 − 3행	$E_{(2)-(3)}$
6	1행 − 2행 × 2	$E_{(1)-(2)\times2}$
7	1행 − 3행 × 3	$E_{(1)-(3)\times3}$

결과는 $x = 2, y = -1, z = 3$

(2) (1)과 비슷하게 하면 된다.

3. (1) 계수행렬은

$$A = \begin{pmatrix} 2 & 1 & -1 \\ 0 & 3 & 1 \\ 1 & -6 & 2 \end{pmatrix}$$

따라서 $|A| = 28$ 이고

$$A^{-1} = \frac{1}{28} \begin{pmatrix} 12 & 4 & 4 \\ 1 & 5 & -2 \\ -3 & 13 & 6 \end{pmatrix}$$

(2)

$$x = \frac{\begin{vmatrix} 8 & 1 & -1 \\ 5 & 3 & 1 \\ 15 & -6 & 2 \end{vmatrix}}{|A|} = \frac{44}{7},$$

$$y = \frac{\begin{vmatrix} 2 & 8 & -1 \\ 0 & 5 & 1 \\ 1 & 15 & 2 \end{vmatrix}}{|A|} = \frac{3}{28},$$

$$z = \frac{\begin{vmatrix} 2 & 1 & 8 \\ 0 & 3 & 5 \\ 1 & -6 & 15 \end{vmatrix}}{|A|} = \frac{131}{28}.$$

(3)

$$\begin{array}{ccc|c} 2 & 1 & -1 & 8 \\ 0 & 3 & 1 & 5 \\ 1 & -6 & 2 & 15 \end{array}$$

라 두고 다음과 같은 순서로 기본행연산을 하면 된다.

순서	기본행연산	기본행렬
1	1행 $-$ 3행	$E_{(1)-(3)}$
2	2행 $\times \frac{1}{3}$	$E_{(2) \times \frac{1}{3}}$
3	3행 $-$ 1행	$E_{(3)-(1)}$
4	3행 $\times \frac{3}{28}$	$E_{(3) \times \frac{3}{28}}$
5	2행 $-$ 3행 $\times \frac{1}{3}$	$E_{(2) \times \frac{1}{3}}$
6	1행 $-$ 2행 $\times 7$	$E_{(1)-(2) \times 7}$
7	1행 $+$ 3행 $\times 3$	$E_{(1)+(3) \times 3}$

결과는 $x = \dfrac{44}{7}, y = \dfrac{3}{28}, z = \dfrac{131}{28}.$

연습문제 8.3.3

1. $A = \begin{pmatrix} 1 & 1 \\ -2 & 4 \end{pmatrix}$ 이면

$$\lambda I - A = \begin{pmatrix} \lambda & 0 \\ 0 & \lambda \end{pmatrix} - \begin{pmatrix} 1 & 1 \\ -2 & 4 \end{pmatrix} = \begin{pmatrix} \lambda - 1 & -1 \\ 2 & \lambda - 4 \end{pmatrix}$$

따라서

$$|\lambda I - A| = \lambda^2 - 5\lambda + 6 = (\lambda - 2)(\lambda - 3) = 0$$

따라서 A의 고유값은 2,3.

$$\begin{pmatrix} 1 & 1 \\ -2 & 4 \end{pmatrix} \begin{pmatrix} \alpha \\ \beta \end{pmatrix} = 2 \begin{pmatrix} \alpha \\ \beta \end{pmatrix}$$

에서 $\alpha = \beta$이므로 $\alpha \begin{pmatrix} 1 \\ 1 \end{pmatrix}$ $(\alpha \neq 0)$는 2-고유벡터. 비슷하게

$$\begin{pmatrix} 1 & 1 \\ -2 & 4 \end{pmatrix} \begin{pmatrix} \alpha \\ \beta \end{pmatrix} = 3 \begin{pmatrix} \alpha \\ \beta \end{pmatrix}$$

이면 $\beta = 2\alpha$. 따라서 3-고유벡터는 $\alpha \begin{pmatrix} 1 \\ 2 \end{pmatrix}$.

2. (1)

$$\lambda I - A = \begin{pmatrix} \lambda - 1 & -2 & 1 \\ -1 & \lambda & -1 \\ -4 & 4 & \lambda - 5 \end{pmatrix}$$

이므로 특성다항식은

$$|\lambda I - A| = \lambda^3 - 6\lambda^2 + 11\lambda - 6 = (\lambda - 1)(\lambda - 2)(\lambda - 3)$$

이고 고유값은 1,2,3.

(2)

$$\begin{pmatrix} 1 & 2 & -1 \\ 1 & 0 & 1 \\ 4 & -4 & 5 \end{pmatrix} \begin{pmatrix} \alpha \\ \beta \\ \gamma \end{pmatrix} = \begin{pmatrix} \alpha \\ \beta \\ \gamma \end{pmatrix}$$

이면 $\alpha = \beta, \gamma = 2\beta$. 따라서

$$\begin{pmatrix} \alpha \\ \beta \\ \gamma \end{pmatrix} = \begin{pmatrix} \beta \\ \beta \\ 2\beta \end{pmatrix} = \beta \begin{pmatrix} 1 \\ 1 \\ 2 \end{pmatrix} (\beta \neq 0)$$

따라서 1-고유벡터는 $\beta \begin{pmatrix} 1 \\ 1 \\ 2 \end{pmatrix}$ $(\beta \neq 0)$.

비슷하게 구하면 2-고유벡터는 $\beta \begin{pmatrix} 2 \\ 1 \\ 0 \end{pmatrix}$ $(\beta \neq 0)$.

3-고유벡터는 $\beta \begin{pmatrix} 3 \\ 5 \\ 4 \end{pmatrix}$ $(\beta \neq 0)$.

3.
$$|\lambda I - A| = \begin{vmatrix} \lambda - 1 & 0 & 0 \\ 0 & \lambda - 3 & 2 \\ 0 & 2 & \lambda - 3 \end{vmatrix} = (\lambda - 1)^2(\lambda - 5)$$

따라서 A의 고유값은 $1, 5$.

$$\begin{pmatrix} 1 & 0 & 0 \\ 0 & 3 & -2 \\ 0 & -2 & 3 \end{pmatrix} \begin{pmatrix} \alpha \\ \beta \\ \gamma \end{pmatrix} = \begin{pmatrix} \alpha \\ \beta \\ \gamma \end{pmatrix}$$

이면 $\beta = \gamma$. 따라서 A의 1-고유벡터는 $\begin{pmatrix} \alpha \\ \beta \\ \beta \end{pmatrix}$ $(\alpha\beta \neq 0)$. 특히 $\begin{pmatrix} 1 \\ 0 \\ 0 \end{pmatrix}, \begin{pmatrix} 0 \\ 1 \\ 1 \end{pmatrix}$ 은 독립인 A의 1-고유벡터이다.

$$\begin{pmatrix} 1 & 0 & 0 \\ 0 & 3 & -2 \\ 0 & -2 & 3 \end{pmatrix} \begin{pmatrix} \alpha \\ \beta \\ \gamma \end{pmatrix} = 5 \begin{pmatrix} \alpha \\ \beta \\ \gamma \end{pmatrix}$$

이면 $\alpha = 0, \beta = -\gamma$이므로 $\beta \begin{pmatrix} 0 \\ 1 \\ -1 \end{pmatrix}$ 는 A의 5-고유벡터이다. 따라서 만일

$$P = \begin{pmatrix} 1 & 0 & 0 \\ 0 & 1 & 1 \\ 0 & -1 & 1 \end{pmatrix}$$

이면

$$P^{-1} = \frac{1}{2} \begin{pmatrix} 2 & 0 & 0 \\ 0 & 1 & -1 \\ 0 & 1 & 1 \end{pmatrix}$$

이고

$$P^{-1}AP = \frac{1}{2} \begin{pmatrix} 2 & 0 & 0 \\ 0 & 10 & 0 \\ 0 & 0 & 2 \end{pmatrix} = \begin{pmatrix} 1 & 0 & 0 \\ 0 & 5 & 0 \\ 0 & 0 & 1 \end{pmatrix}$$

4. (1)

$$ax^2 + 2bxy + cy^2 = a\left(x^2 + \frac{2b}{a}xy + \frac{b^2}{a^2}y^2\right) - \frac{b^2y^2}{a} + cy^2$$

$$= a\left(x + \frac{b}{a}y\right)^2 + \frac{ac - b^2}{a}y^2$$

따라서 모든 $(x, y) \neq (0, 0)$에 대해

$$ax^2 + 2bxy + cy^2 > 0 \iff a > 0, ac - b^2 > 0$$

(2) (1)에서 모든 $(x, y) \neq (0, 0)$에 대해

$$ax^2 + 2bxy + cy^2 < 0 \iff a < 0, ac - b^2 > 0$$

(3) $q(x, y) = a\left(x + \frac{b}{a}y\right)^2 + \frac{ac - b^2}{a}y^2$에서 $ac - b^2 < 0$이라 하자. 만일 $a > 0$이면 $x + \frac{b}{a}y = 0$인 모든 $(x, y) \neq (0, 0)$에 대해 $q(x, y) < 0$. $y = 0, x \neq 0$인 (x, y)에 대해 $q(x, y) > 0$.

만일 $a < 0$이면 $x + \frac{b}{a}y = 0$인 모든 (x, y)에 대해 $q(x, y) > 0$. 그리고 $y = 0, x \neq 0$인 모든 (x, y)에 대해 $q(x, y) < 0$.

비슷하게 하면 이것의 역도 성립함을 보일 수 있다.

5.

$$A = \begin{pmatrix} 4 & -5 \\ -5 & 4 \end{pmatrix}$$

이면 $|\lambda I - A| = (\lambda + 1)(\lambda - 9) = 0$. 따라서 A의 고유벡터는 $-1, 9$. 그리고 A의 1-고유벡터는 $\alpha \begin{pmatrix} 1 \\ 1 \end{pmatrix} (\alpha \neq 0)$, 9-고유벡터는 $\alpha \begin{pmatrix} 1 \\ -1 \end{pmatrix} (\alpha \neq 0)$.

$$P = \frac{1}{\sqrt{2}} \begin{pmatrix} 1 & 1 \\ -1 & 1 \end{pmatrix}$$

이면

$$P^T = P^{-1} = \frac{1}{\sqrt{2}} \begin{pmatrix} 1 & -1 \\ 1 & 1 \end{pmatrix}$$

따라서

$$P^T A P = \frac{1}{2} \begin{pmatrix} 18 & 0 \\ 0 & -2 \end{pmatrix} = \begin{pmatrix} 9 & 0 \\ 0 & -1 \end{pmatrix}$$

따라서
$$\begin{pmatrix} x \\ y \end{pmatrix} = P \begin{pmatrix} x' \\ y' \end{pmatrix} = \frac{1}{\sqrt{2}} \begin{pmatrix} 1 & 1 \\ -1 & 1 \end{pmatrix} \begin{pmatrix} x' \\ y' \end{pmatrix}$$

이면
$$x = \frac{1}{\sqrt{2}}x' + \frac{1}{\sqrt{2}}y'$$
$$y = -\frac{1}{\sqrt{2}}x' + \frac{1}{\sqrt{2}}y'$$

따라서
$$4x^2 - 10xy + 4y^2 = 9x'^2 - y'^2 = 1$$

6. (1) $|-A| = |A|$ 이므로 $A > 0 \iff -A < 0$.

(2) A, B가 양행렬이면 모든 $(x, y) \neq (0, 0)$에 대해

$$(x, y)A \begin{pmatrix} x \\ y \end{pmatrix} > 0, \quad (x, y)B \begin{pmatrix} x \\ y \end{pmatrix} > 0$$

따라서 모든 $(x, y) \neq (0, 0)$에 대해

$$(x, y)(A + B) \begin{pmatrix} x \\ y \end{pmatrix} = (x, y)A \begin{pmatrix} x \\ y \end{pmatrix} + (x, y)B \begin{pmatrix} x \\ y \end{pmatrix} > 0$$

따라서 $A + B$도 양행렬이다.

7. $\alpha_2 \neq 0$이면 $\alpha_1 = -\dfrac{\beta_2}{\alpha_2}\beta_1$ 이므로

$$\frac{\beta_2^2}{\alpha_2^2}\beta_1^2 + \beta_1^2 = 1$$

따라서 $\beta_1^1 = \alpha_2^2$.

만일 $\beta_1 = \alpha_2$ 이면 $\alpha_1 = -\beta_2$. 따라서

$$\alpha_1^2 + \beta_2^2 = \alpha_1^2 + \beta_1^2 = 1, \beta_1^2 + \beta_2^2 = \alpha_2^2 + \beta_2^2 = 1,$$
$$\alpha_1\beta_1 + \alpha_2\beta_2 = \alpha_1\alpha_2 + \beta_1\beta_2 = 0.$$

그리고
$$|P| = \alpha_1\beta_2 - \alpha_2\beta_1 = -\alpha_1^2 - \alpha_2^2 = -1.$$

$\beta_1 = -\alpha_2$ 인 경우도 비슷하게 보일 수 있다.

만일 $\alpha_2 = 0$이면 $\beta_1\beta_2 = 0$. 그런데 $\beta_2 \neq 0$이므로 $\beta_1 = 0$. 따라서 $\alpha_1^2 = \beta_2^2 = 1$. 즉, $\alpha_1 = \pm 1, \beta_2 = \pm 1$. 따라서 $|P| = \alpha_1\beta_2 = \pm 1$. 그리고

$$PP^T = \begin{pmatrix} \alpha_1 & 0 \\ 0 & \beta_2 \end{pmatrix} \begin{pmatrix} \alpha_1 & 0 \\ 0 & \beta_2 \end{pmatrix} = \begin{pmatrix} 1 & 0 \\ 0 & 1 \end{pmatrix}$$

참고 문헌

[1] R. Creighton Buck, *Advanced Calculus*, McGraw-Hill, New York, 1983.

[2] Robert G. Bartle, *The Elements of Real Analysis*,John Wiley & Sons. Inc., 1976.

[3] C. H. Edwards, Jr., *Advanced Calculus of Several Variables*, Academic press, New York, 1973.

[4] George B. Thomas, Jr., *Thoma's Calculus*, Pearson Educations, Inc.

[5] 황인홍 · 석영우 · 이계오, 선형대수학, 청문각, 1985.

[6] 김성기· 김도한· 계승혁, 해석개론, 서울대학교출판부, 2001.

[7] 고영소· 김도한· 김홍종, 미적분학, 서울대학교출판부, 1993.

[8] 정재명 · 김명환 · 김홍종, 벡터와 행렬, 서울대학교출판부, 1996.

[9] 이일해, 선형대수학, 희중당, 1987.

찾아보기

강승필 ————————————————————————

제주대학교 수학교육과 졸업
서울대학교 대학원 이학석사
서울대학교 대학원 이학박사
서울대학교 강사
현) 제주대학교 교육과학연구소 특별연구원
　　제주대학교 강사

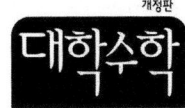

개정판
대학수학

초판인쇄 | 2007년 2월 28일
초판발행 | 2007년 2월 28일
개정인쇄 | 2010년 9월 3일
개정발행 | 2010년 9월 3일

지 은 이 | 강승필
펴 낸 이 | 채종준
펴 낸 곳 | 한국학술정보(주)
주　　소 | 경기도 파주시 교하읍 문발리 파주출판문화정보산업단지 513-5
전　　화 | 031) 908-3181(대표)
팩　　스 | 031) 908-3189
홈페이지 | http://ebook.kstudy.com
E-mail | 출판사업부 publish@kstudy.com
등　　록 | 제일산-115호(2000. 6. 19)

ISBN　　978-89-268-1468-0 93410 (Paper Book)
　　　　978-89-268-1469-7 98410 (e-Book)